"创新设计思维"
数字媒体与艺术设计类新形态丛书

U0692011

短视频拍摄与剪辑
实战教程

剪映 +Premiere

文薏涵 主编

范钊 副主编

人民邮电出版社

北 京

图书在版编目（CIP）数据

短视频拍摄与剪辑实战教程：剪映+Premiere：微课版 / 文蕙涵 主编. -- 北京：人民邮电出版社，2025.7

（"创新设计思维"数字媒体与艺术设计类新形态丛书）

ISBN 978-7-115-64101-4

Ⅰ．①短… Ⅱ．①文… Ⅲ．①视频制作—教材 Ⅳ．①TN948.4

中国国家版本馆CIP数据核字(2024)第066924号

内 容 提 要

本书以短视频创作理论和技术为基础，通过将理论与实践结合，辅以各种实战案例来讲解创作短视频的方法，并提供微课视频，帮助读者提升短视频创作能力。

全书共包含 10 章内容。其中第 1～4 章介绍基础知识，从短视频概述开始，由浅入深地讲解短视频的策划、拍摄、剪辑等知识。第 5、6 章介绍剪映及 Premiere Pro 软件，从软件界面开始，结合之前的基础知识，讲解两款软件的功能及其使用技巧等。第 7～9 章结合案例讲解电商广告短视频、Vlog、微电影的创作流程与技巧等。第 10 章讲解短视频运营和变现的方法等，帮助读者快速学会利用短视频进行流量转化、变现。

本书适合作为本科院校和职业院校数字媒体艺术等专业短视频拍摄与剪辑相关课程的教材，也可作为短视频拍摄与剪辑爱好者的参考书。

◆ 主　　编　文蕙涵
　　副 主 编　范　钊
　　责任编辑　韦雅雪
　　责任印制　胡　南

◆ 人民邮电出版社出版发行　　北京市丰台区成寿寺路 11 号
　　邮编　100164　　电子邮件　315@ptpress.com.cn
　　网址　https://www.ptpress.com.cn
　　北京宝隆世纪印刷有限公司印刷

◆ 开本：787×1092　1/16
　　印张：13.25　　　　　　　　　　2025 年 7 月第 1 版
　　字数：408 千字　　　　　　　　2025 年 7 月北京第 1 次印刷

定价：79.80 元

读者服务热线：(010)81055256　印装质量热线：(010)81055316
反盗版热线：(010)81055315

前　言

　　短视频是当下极为火爆的互联网内容传播形式，已经成为传播观点、推广品牌及销售产品不可或缺的工具。无论是呈现家庭生活趣事、美食烹饪过程，还是展示风景名胜、解析时事新闻、进行商业宣传，均可通过短视频实现。此外，随着各大短视频平台的蓬勃发展，众多企业逐渐认识到短视频在网络营销领域的关键作用，这进一步推动了短视频行业的蓬勃发展。因此，无论是出于个人兴趣还是职业需要，掌握短视频的策划、拍摄和剪辑技能都显得至关重要。在这一背景下，编者总结了自身在短视频策划、拍摄和剪辑方面的实践经验，结合短视频行业的现状，编写了本书。

本书特色

　　精选热门案例，实战示范　全书采用"知识讲解+案例实操"的教学方法，精选多个短视频平台上的热门案例，为读者讲解短视频创作的各种实用技巧，步骤详细，简单易懂，能够帮助读者快速入门。

　　内容新颖全面，实用易懂　本书内容新颖全面，难度适当，从基础理论出发，结合各种案例实操，逐步推进，系统讲解短视频的团队组建、策划、拍摄、剪辑、运营等知识。

　　附赠讲解视频，边看边学　本书提供由专业讲师录制的微课视频，读者可以扫描书中二维码观看微课视频并按照步骤制作短视频。

内容框架

　　第1章　短视频入门基础　首先介绍短视频的概念、特点、发展态势，然后讲解短视频的制作流程和热门短视频平台的特点，最后讲解高流量短视频的特点。

　　第2章　选题策划与拍摄准备　讲解短视频选题策划的注意事项、撰写短视频脚本、准备合适的拍摄器材与拍摄道具等相关知识。

　　第3章　短视频拍摄技巧　介绍短视频拍摄的各种技巧，以及如何在各种拍摄技巧下呈现出不同的画面效果。

第4章　视频剪辑基础知识　讲解视频剪辑的目的和常见术语，介绍视频后期剪辑的要则和一般流程。

第5章　剪映基础　介绍剪映的界面，讲解在剪映中添加素材、创建字幕、添加转场效果、给视频调色等操作，并运用剪映的特色功能进行视频创作。

第6章　Premiere Pro基础　介绍Premiere Pro的界面，讲解Premiere Pro的各项功能。

第7章　电商广告短视频制作　以综合案例的形式讲解电商广告短视频的制作流程。

第8章　Vlog制作　以综合案例的形式讲解Vlog的选题策划与拍摄技巧，以及后续的剪辑、制作流程。

第9章　微电影制作　以综合案例的形式讲解微电影的策划流程、拍摄技巧，以及后续的剪辑、制作流程。

第10章　短视频运营与变现　介绍各大短视频平台，讲解各种运营技巧、变现方式。

配套资源

本书提供了丰富的配套资源，读者可登录人邮教育社区（www.ryjiaoyu.com），在本书相关页面中下载。

微课视频　本书案例配套微课视频，支持线上线下混合式教学，读者扫码即可观看。

素材文件和效果文件　本书提供了案例需要的素材文件和效果文件，素材文件和效果文件均以案例名称命名。

素材文件　＋　效果文件

教学辅助文件　本书提供了教学课件、教学大纲、教案等。

教学课件　＋　教学大纲　＋　教案

编　者

2025年1月

目录

第4章

视频剪辑基础知识

第5章

剪映基础

第 9 章

微电影制作

第 10 章

短视频运营与变现

第1章

第 **1** 章

短视频入门基础

　　短视频即短片视频，它随着新媒体行业的发展应运而生，是一种新兴的互联网内容传播形式。短视频与传统的视频不同，它具有生产流程简单、制作门槛低和参与性强等特性，同时，又比直播更具传播价值，因此深受视频爱好者及新媒体创业者的青睐。

　　本章将为各位读者详细介绍短视频的基础知识，帮助读者快速了解"短视频"这一新兴的视频形式，为之后学习短视频的拍摄与制作奠定良好的基础。

【学习目标】

➢ 掌握短视频的特点。

➢ 掌握短视频的发展态势。

➢ 掌握短视频的制作流程。

➢ 了解热门短视频平台。

1.1 短视频概述

短视频作为一种影音结合体，能够给人们带来非常直观的感受。它利用用户的碎片时间，极大地满足了用户对信息和娱乐的需求。

1.1.1 短视频的概念

短视频是指内容较为精简、时长较短的视频，又称为微视频。它作为一种新兴的互联网内容传播形式，掀起了一波独属于短视频的热潮。通常将播放时长在5min以内的视频统称为短视频。

随着智能手机和5G网络的普及，时长短、互动性强的短视频逐渐获得各大平台和企业的青睐。抖音平台上用户发布的短视频如图1-1所示。

图1-1

1.1.2 短视频的特点

一般来说，短视频具有以下4个显著特点。

1. 制作门槛低

传统的视频拍摄是一项需要进行细致分工的团队工作，个人难以完成，但短视频的出现降低了视频的制作门槛，用户不需要经过专业的训练就可以进行视频拍摄。对创作者而言，无论是几十秒的生活小片段视频，还是几分钟的工具使用小技巧介绍视频，甚至是一个简短的自拍视频，通过平台审核后都可以上传。

2. 时长短

短视频的时长比传统视频的时长短，基本保持在5min内。短视频的整体节奏较快，视频内容一般都比较紧凑、充实。因为其时长较短，用户可以利用碎片时间观看，所以短视频的浏览量比传统视频多。

3. 内容生活化

短视频的内容五花八门，大多贴近日常生活，用户可以选择自己感兴趣的内容进行上传。通过记录生活中的琐碎片段，或是传递生活中实用、有趣的内容，用户会更有代入感，也更愿意利用休闲时间去观看。

4. 易于传播、分享

随着短视频的大热，越来越多的平台开始重视短视频领域，类似抖音、快手这种专注于短视频创作的App越来越多。这些短视频App不仅具备丰富的自定义编辑功能，还支持创作者将短视频实时分享到微信、微博等社交平台。这样创作者制作的短视频不仅能在短视频平台上扩散，也可以在创作者自己的社交圈中扩散。

1.1.3　短视频的发展态势

短视频的诞生与兴起改变了许多用户原本的生活习惯。平台和企业如果能加以利用，就能够得到更多的发展机遇。

1. 短视频成为一种新的社交语言

在过去传统使用图文的社交模式下，用户往往通过文字和图片的形式向他人传递自己的所见所感，这种社交模式包含的信息量较少。而短视频本身时长较短，便于用户浏览，用户不用花费大量的时间和精力去阅读图文，可以直接观看视频来获取更多的信息。

以抖音为例，抖音是一个以短视频为主要内容的社交媒体平台。它允许用户创建和分享短视频，并与其他用户进行互动。这种新颖的交流方式为人们提供了一个全新的社交平台，让用户可以更直接地分享生活、学习、娱乐等各种内容。用户上传自己的短视频后，平台往往会在首页进行推荐。热度越高（点赞量大、转发量大）的短视频在首页被推荐的次数会越多，从而可使更多的用户看到这条短视频，如图1-2所示。

图1-2

2. "短视频自媒体"时代来临

短视频自媒体是一种全新的媒体形式。相比传统的文字和长视频，短视频主要有以下几点优势。

首先，短视频更吸引人。相比传统的文字和长视频，短视频短小精悍，更能吸引眼球。在快节奏的生活中，人们的碎片时间更多了，因此人们更愿意在碎片时间中浏览一段简短而有趣的视频来满足精神上的需求。

其次，短视频可以更好地传递信息。传统的文字内容往往难以快速表达想法或概念，而且大部分用户不愿意花心思和时间去浏览大量的文字内容。通过对信息进行图像化处理并用简明扼要的语言表述出来，就能够使用户更加直观地理解创作者想要表达的信息。

再次，与传统视频相比，短视频的互动性更强，能够更好地吸引用户的注意力。良好的互动性为用户带来了参与感，让用户切身感受到自己是这个短视频的一部分；通过评论和分享，引导用户参与到对话中，可以使用户体会到短视频所带来的乐趣。

最后，也是最重要的一个优势，小微企业可以利用短视频在现有的平台上用较低的成本进行自我宣传。在这一点上，短视频的影响力是传统媒体所无法匹敌的。

3. 促进线下场景向线上转移

短视频行业的不断发展促进了线下场景向线上转移。在传统行业领域中必须经过实体操作的内容也开始逐渐向虚拟过渡。其中存在许多发展机遇，各个行业都受到了不同的冲击，而能否抓住机遇对企业来说是一个严峻的考验。下面就以几个行业作为例子，讨论短视频是如何促进线下场景向线上转移的。

（1）广告业

广告业是受短视频发展冲击较大的行业之一。传统的广告往往由广告公司为企业提供创意设计，然后制成展板在线下进行推广。很长时间内线上的推广只是照搬线下模式，例如把展板换成适合在计算机或手机上观看的详情图。但是随着短视频的兴起，越来越多的企业开始为自己的产品或企业文化拍摄短视频，毕竟相对图片而言，视频具有无可比拟的传播优势。

短视频可以在展示产品特点的基础上，对企业文化和企业精神加以宣传，从而为企业树立更加正面的形象。原本形式单一的广告策划案也逐渐变成短视频脚本。甚至线下推广的城市交通站台、电梯等场景的宣传海报都变成屏幕，以便播放广告短视频。以天猫Logo的设计和天猫的品牌广告短视频为例，使用黑猫作为品牌形象，使黑猫趴在象征着网络的"对外窗口"上，配合红色背景和白色文字而形成整体品牌Logo。图1-3所示为天猫的Logo。使用猫来进行Logo设计，是因为在世人看来，猫天生挑剔，挑剔品质，挑剔品牌，挑剔环境，这就是天猫网购要全力打造的品质之城，要让消费者发自内心地认为天猫网购代表的就是时尚、潮流和品质。

在天猫的品牌广告短视频中，除了合作的品牌以及宣传的产品信息外，处处可见天猫Logo和天猫的品牌形象，这能强化消费者对天猫的品牌认知，让人一看到这个Logo就会想到天猫，想到购物消费，形成品牌认知链。

（2）销售业

随着电商的发展，实体销售业受到了较大的冲击。但是由于图片与实物存在一定的差异，许多销售人员还是会选择实体进货的方式，以免出现差错。短视频在销售业的应用很广泛，通过短视频能全面地对产品加以展示，有效解决了信息不对称的问题。

以服装行业为例，服装行业原本非常依靠实体看货，购买者通过实体看货才能确定服装的材质以及样式是否满足其购买需求。但是随着短视频的发展，许多商家都会雇用模特进行试穿，并以短视频的方式记录下来，然后让购买者通过观看该短视频的方式来确定是否满足其购买需求，如图1-4所示。

图1-3

图1-4

1.2 短视频制作流程解析

相比传统视频，短视频的制作流程要短许多，但也需要制作者付出一定的心血和精力来打磨作品，使作品呈现出更好的效果。

1.2.1　策划与筹备

策划与筹备阶段主要是为中后期的短视频拍摄和剪辑做好准备工作，主要包括组建短视频制作团队、撰写和确定脚本、准备资金，以及落实拍摄准备工作。

1. 组建短视频制作团队

短视频制作团队通常包括导演、编剧、摄像师和剪辑师等人员。有时为了节约成本，许多短视频制作团队仅由一两个人组成，每个人都身兼数职。

短视频制作流程主要包含策划、拍摄和制作3个板块，短视频制作团队可以根据这3个板块的具体工作需求来设置团队岗位。一个专业的短视频制作团队主要包含导演、演员、编剧、摄像师、剪辑师、运营人员以及辅助人员等岗位，下面分别对各岗位进行介绍。

导演：在短视频制作团队中起统领全局的作用，短视频创作的每一个环节通常都需要由导演来把关。导演在短视频制作团队中的主要工作职责包括拍摄工作的现场调度和管理。

演员：演员是真人类短视频不可或缺的一部分。这类短视频凭借独特的人物设定，以及演员在语言、动作和外在形象等方面的呈现，塑造出具有特色的人物形象，从而加深观者的印象。演员在短视频制作团队中的主要工作职责包括根据短视频脚本完成短视频剧情的演绎，在外拍的时候完成对观者或者路人的采访和在创作过程中提供创意，提高短视频的吸引力。

编剧：编剧的主要工作是确定选题，搜寻热点话题并撰写脚本。编剧在短视频制作团队中的主要工作职责包括根据短视频内容的类型和定位，确定短视频的选题，收集和整理短视频创意，撰写短视频脚本。

摄像师：摄像师的主要工作是拍摄短视频、搭建摄影棚，以及确定短视频的拍摄风格等。专业的摄像师会在拍摄时使用独特的手法，呈现出独特的视觉感官效果，并使短视频呈现出有质感的画面。摄像师在短视频制作团队中的主要工作职责包括与导演一同策划拍摄的场景、构图和景别等，熟悉手机、相机和摄像机等摄影摄像器材的使用方法，能独立完成或指导其他工作人员完成场景布置和布光等，按照短视频脚本完整地拍摄短视频，编辑和整理拍摄的所有短视频素材。图1-5所示为摄像师工作的场景。

图1-5

剪辑师：剪辑师需要对最后的成片负责，其主要工作是把拍摄的短视频素材组接成短视频，配音配乐、添加字幕文案、调色以及制作特效等。好的剪辑工作能起到画龙点睛的作用，做不好则会严重影响成片效果。剪辑师在短视频制作团队中的主要工作职责包括根据短视频脚本的要求独立完成相关短视频的后期剪辑工作（包括视频剪辑、特效制作和音乐合成等）。

运营人员：运营人员的主要工作是针对不同平台及用户的属性，通过文字引导提升用户对短视频内容的期待度，尽可能增加短视频的完播量、点赞量和转发量等数据，进行用户反馈管理、维护以及评论维护。这些工作都有利于提高用户活跃度，使短视频账号更容易得到平台的推荐。运营人员在短视频制作团队中的主要工作职责包括负责各个平台中短视频账号的运营，根据短视频账号的发展方向和目标规划短视频账号的运营重点和内容主题。运营人员需要具备一定的运营经验，拥有一定的人脉资源，能够借助已有资源对短视频进行推广，与用户互动，提升用户黏性。

辅助人员：辅助人员主要是指灯光、配音、录音、化妆造型和服装道具等岗位的人员，这些人员通常只会在预算比较充足的短视频制作团队中出现。辅助人员的主要工作是辅助拍摄和剪辑，提升短视频的输出质量。

短视频制作团队的岗位设置通常是由预算和具体的内容定位来决定的。例如资金充足时可以组建分工明确的多人团队，内容定位为科技产品测评类的短视频制作团队通常比美食测评类的短视频制作团队人数要多。按照岗位的数量，短视频制作团队可以分为高配、中配、低配3种类型。

高配团队：高配团队人数较多，通常有8人或以上，团队中每个成员分工明确，能够有效把控每一个环节，当然这样的团队产出的短视频质量也较高。高配团队通常包括导演、编剧、演员、摄像、剪辑、运营、灯光和配音/录音等岗位。

中配团队：中配团队人数通常低于8人，以5人的配备最为普遍，岗位包括编导、演员、摄像、剪辑和运营。其中编导就是编剧和导演，灯光由摄像兼任，配音/录音也由其他岗位兼任。

低配团队：低配团队人数很少，甚至只有一人，此时整条短视频的创作由一个人完成。低配团队要求个人具备策划、摄像、表演、剪辑和运营等多种技能，以及有耐心。

短视频制作团队中的每个团队成员都至关重要，所有人都把各自的工作做好，才能确保最终的短视频达到预期效果。

提示

为了提升短视频的输出质量，一些专业用户生产内容模式和专业生产内容模式的短视频制作团队中还可能出现监制、制片人、副导演、场务，以及各种助理等岗位。

2. 撰写和确定脚本

短视频能否成功取决于内容的打造，而这与短视频的脚本有关。脚本就如同作文，需要具备主题思想、开头、中间和结尾。情节的设计可以丰富脚本，可以将其看成小说中的情节设置。一部成功的、吸引人的小说少不了跌宕起伏的情节，脚本也是如此。在进行脚本策划时，短视频创作者需要注意以下两点。

➢ 在脚本构思阶段，要思考什么样的情节能满足观者的需求，好的情节应当是能够直击观者内心、引发强烈共鸣的。因此了解观者的喜好是十分重要的。

➢ 注意角色的定位，台词的设计要符合角色性格，并且要有爆发力和内涵。

3. 准备资金

资金是拍摄短视频的物质基础。在拍摄短视频前，需要根据团队的规模、各种器材、拍摄时间和难度以及剪辑过程等，预估并获得尽可能多的资金。

4. 落实拍摄准备工作

准备好资金之后，就可以开始落实各项拍摄准备工作。例如，导演和编剧需要根据脚本对短视频的故事情节、场景安排、道具灯光和镜头设计等进行策划，设计好拍摄使用的分镜头脚本。制片人、编剧和导演等需要安排好演员、服装道具、场景灯光、食宿交通和拍摄剪辑日程等方面的事宜，最好制订一个详细的工作计划。图1-6所示为商讨制订工作计划的场景。

图1-6

1.2.2　拍摄

拍摄是短视频创作过程中十分繁忙且重要的阶段，起着承上启下的作用。拍摄阶段是在策划和筹备阶段的基础上进行短视频的实际拍摄，为后面的剪辑阶段提供充足的视频素材，为最终的短视频成片奠定基础。

拍摄阶段的主要工作人员是导演、摄像师和演员。导演需要安排和引导演员、摄像师的工作，处理和控制拍摄现场的各项工作；摄像师则负责根据导演和脚本的安排，拍摄好每一个镜头；演员则需要在导演的指导下，完成脚本中设计的所有表演。另外，拍摄过程中灯光、道具和录音等方面的工作人员也需要全力配合，如图1-7所示。

图1-7

1.2.3　剪辑

拍摄完成后，就可以进入短视频创作的剪辑阶段了。在该阶段，剪辑师要使用专业的视频剪辑软件进行短视频素材的后期剪辑（包括剪辑、配音、调色、添加字幕和特效等具体工作），最终制作出一个完整、统一的短视频作品。

短视频的后期制作通常可以分为整理视频素材、粗剪、精剪和输出成片这4个步骤，具体介绍如下。

➢ **整理视频素材**：这一步骤的基本工作是对拍摄阶段拍摄的所有视频素材进行整理和剪辑，并按照时间顺序或脚本中设置的剧情顺序进行排序，甚至还可以对所有视频素材进行编号归类。

➢ **粗剪**：粗剪就是观看所有整理好的视频素材，从中挑选出符合脚本需求，并且清晰、精美的视频画面，然后按照脚本中的剧情顺序进行重新组接，使画面连贯、有逻辑，形成第一稿影片。

➢ **精剪**：精剪就是在第一稿影片的基础上进一步分析和比较，剪去多余的视频画面，并为视频画面设置色调，添加滤镜、特效和转场效果，以增强视频画面的吸引力，进一步突出内容主题。

➢ **输出成片**：在完成短视频的精剪后，可以对其进行一些细微的调整和优化，然后添加字幕，并配上背景音乐或旁白解说，再为短视频添加片头和片尾，形成一条完整的短视频。最后将剪辑好的短视频上传到各大短视频平台中进行发布。

由于短视频的制作门槛很低，很多短视频创作者仅用一部手机就能独立完成创作。所以，在创作短视频时，不一定要严格遵照以上的流程和框架，只要认真地拍摄和实践，摸索出一套适合自己的短视频制作流程，就能创作出效果很好的短视频。

1.3 热门短视频平台介绍

短视频时长一般介于15s和5min之间。短视频因为具有时长短、内容短小精悍的特点，迅速成为近年来最火热的新媒体形式之一。同时短视频也成了人们口中最常提到的词。由短视频的发展衍生出了短视频营销、短视频创业、Vlog等短视频形式，不少企业和个人都开始进入短视频平台谋求更多机会。而面对各大热门短视频平台，我们该如何选择呢？

1.3.1 抖音

抖音于2016年上线，是一款音乐创意视频社交软件。用户可以通过这款软件选择歌曲，拍摄音乐短视频，形成自己的作品。抖音目前是短视频行业的龙头，用户规模排名第一。图1-8所示为抖音的Logo。

1. 抖音平台定位

在上线初期，抖音的标签是"潮""酷""时尚"，这确定了抖音"年轻、时尚"的风格。这个定位让抖音在开始发力时占据了优势，并吸引了大量一线、二线城市的年轻人。随着用户群体的不断扩大，抖音的定位也发生了变化。2018年3月，抖音正式启用全新的品牌口号"记录美好生活"。该定位体现了抖音向生活化方向的转变，让抖音从主要面对追求"潮""酷"的年轻人群走向大众。

2. 抖音平台的特点

图1-8

抖音平台具有以下5个特点。

➤ 泛娱乐化：受到抖音前期"潮""酷""时尚"定位的影响，音乐、舞蹈、搞笑段子等泛娱乐化的内容在抖音平台上比较受欢迎，促使创作者在创作短视频时向轻松、娱乐的方向靠拢。

➤ 个性化推荐：在抖音平台上，用户是在"全屏"模式下浏览短视频的，可以通过向上、向下滑动手机屏幕切换短视频。抖音首创"全屏自动播放"模式，进入抖音首页后，用户无须按照主题选择短视频的类型，而是以平台推送的顺序进行观看。抖音平台会根据用户观看短视频时的停留、点赞、评论等行为特征为用户优化短视频推荐机制。在该个性化的推荐机制下，用户观看的短视频都是由抖音平台决定的，但用户可以关注某些抖音账号，然后在自己账号的"关注"板块中查看感兴趣的短视频。

➤ 流量叠加支持：创作者将短视频上传到抖音后，抖音平台会对短视频进行审核，查看短视频是否存在违规内容。如果短视频存在违规内容，将无法在抖音平台上发布。当短视频通过审核后，抖音平台会将短视频放进一个比较小的流量池内，在小范围内测试该短视频的潜力。例如，将短视频推荐给同城5万个用户，然后对该视频的完播率、点赞率、评论数、转发量等指标进行统计和分析，决定是否继续对其给予流量支持。如果该短视频在这些数据上表现良好，抖音平台就会将其放进一个更大的流量池内，为其提供更大的流量支持。如果在第二波推荐中该短视频的数据表现依然良好，抖音平台就会给予其更大的流量支持，如此层层递进，不断增加对该短视频的流量支持。抖音平台更加看重短视频内容的质量，这有利于提升优质短视频的传播率。

➤ 内容为王：抖音会对原创的、有创意的内容给予更大的流量支持。创作者只有持续地生产优质内容，才能获得抖音平台更多的流量推荐，才能让自己的作品展现在更多的用户面前，并获得用户的认可。

➤ 强大的搜索算法：抖音平台上的短视频数量非常多，而用户对自己需求的表达通常是比较模糊的，所以就需要一个强大的搜索算法。这个算法一方面理解短视频的内容，另一方面了解用户需求，充当两者之间的桥梁，完成两者之间的匹配。用一句话来概括，抖音的搜索算法就是利用尽可能多的数据来加深对短视频的理解和对用户需求的了解。创作者要想让自己的短视频被更多的用户搜索到，需要做好两个方面的工作：一是创作高质量的短视频，增加短视频获得的流量支持，扩大短视频的影响范围；二是给短视频添加精准的文字描述，以便搜索算法更好地理解短视频。

1.3.2 快手

快手的前身是"GIF快手"，那是一款用来制作、分享GIF图片的手机应用。2012年11月，快手从纯粹的工具应用转型为短视频社区，成为用户记录和分享生活的平台。随着智能手机的普及和移动流量成本的下降，快手逐渐迎来更广阔的市场。互联网数据统计显示，2023年快手在短视频平台中名列第二，其用户多生活于三线、四线城市，热衷于"老铁文化"，热衷于分享生活。快手的宣传语为"拥抱每一种生活"，如图1-9所示，用户在快手上可分享各自的生活。

1. 快手的定位

快手是由一款GIF图片手机应用发展起来的，所以在早期，快手平台上的短视频更类似于有声版的GIF，以搞怪、搞笑为主体的短视频占比较高。与抖音"记录美好生活"和"潮、酷、时尚"的定位不同，快手坚持"每个人都值得被记录"的理念，以"记录世界记录你"为口号，鼓励用户上传各类原创生活视频。从人们的日常生活到体育、二次元、教育、时尚、购物等，快手的多元内容几乎涵盖了每一个普通人的"日常和远方"。

2. 快手的特点

快手平台的特点主要体现在以下3个方面。

图1-9

➤ 两种浏览模式：与抖音单一的"全屏自动播放"模式不同，快手为用户提供了两种浏览模式。一种是点击播放模式。进入快手首页后，首页会展示多个短视频的封面图，用户点击短视频封面图后即可播放该短视频。在此模式下，用户可以比较方便地找到自己感兴趣的短视频。另一种是全屏播放模式，类似于抖音的"全屏自动播放"模式。进入快手首页后，短视频会自动播放，用户可以按照平台推送的顺序浏览短视频，通过向上、向下滑动屏幕来切换短视频。在浏览短视频时，用户可以根据自己的使用习惯在两种浏览模式之间进行切换。

➤ "普惠式"运营理念：快手的流量分发遵循"普惠"原则，"普惠式"即普遍性的优惠。快手一直坚持以普通用户为中心、用户平等的观念，因此成为普通民众分享自己生活的"乐园"，而不是追求潮流的"时尚圈"。

➤ "去中心化"流量分发模式：快手会基于用户社交关注点和兴趣来调控流量分发，向用户推荐的内容主要是用户关注的某个账号的短视频。因此，某个短视频账号发布新的短视频后，关注该账号的用户看到新短视频的概率会更大。这种流量分发模式虽然在一定程度上限制了短视频内容的辐射范围，但有利于增进短视频账号与用户之间的联系，提高用户黏性，让短视频账号沉淀私域流量，与高黏性用户形成信任度较高的"老铁关系"。

1.3.3 视频号

微信视频号是2020年1月22日腾讯公司推出的位于微信内的短视频平台，其Logo如图1-10所示。微信视频号不同于已经推出的订阅号、服务号，它是一个全新的内容记录与创作平台，也是一个了解他人、了解世界的窗口。

视频号内容以图片和视频为主，创作者在视频号内可以发布时长不超过1min的视频，或者不超过9张的图片，并能附带文字和公众号文章链接，以便用户查看。发布时不需要PC端后台，可以直接在手机上进行，非常方便、快捷。视频号支持点赞、评论等互动操作。依托于微信自带的社交圈，用户可以将视频号内容转发到朋友圈和聊天场景，与好友分享。

图1-10

2023年1月10日，在2023微信公开课PRO上，视频号团队介绍，2022年视频号总用户使用时长已经超过了朋友圈总用户使用时长的80%，视频号直播的看播时长增长156%，直播带货销售额增长800%。视频号成为具有影响力的短视频平台之一。2023年4月7日，微信视频号创作分成计划正式上线，旨在鼓励用户参与创作。

1. 视频号的定位

视频号的定位包括3点：打通、导流和闭环。

➤ 打通是指打通微信生态圈中的所有功能，甚至包括腾讯生态圈中的大量功能（如腾讯视频、腾讯新闻、腾讯公益等），从而形成以微信为主导的生态圈，为用户提供便捷操作的同时提升用户黏性。

➤ 导流是指在打通之后把视频号内容以信息流广告的方式对用户进行投放，而且这种广告的用户体验更佳。从理论和技术上讲，视频号内容下方可以链接公众号、订阅号、小程序、第三方应用等，在地址选项中还可以链接地址。用户看完短视频后，若产生消费冲动就可以实现直接转化。

➤ 闭环是指通过视频号，将用户沉淀在微信生态圈的内部，形成闭环，即将用户的注意力、流量乃至购买力留在微信的生态圈内。因为只要用户在微信的"五指山"之内流动，最后找到一个落脚点停下来，就会形成闭环。

2. 视频号的特点

➤ 视频号是一种呈现信息流的方式。与抖音的单屏呈现方式不同，它更加注重社交关系。

➤ 视频号是社交领域中最大的私域流量池之一，可以借助用户的社交关系来传递视频号内容，其推送更加符合用户口味的内容。

➤ 视频号采用的是一种以社交关系为主的推荐算法，当微信用户点赞视频号上的某个作品后，该用户的好友就能在视频号的"朋友"界面中看到被点赞的作品。

1.4 高流量短视频的特点

短视频作为近年来新出现的视频类型，深受广大用户的喜爱。越来越多的人进入短视频赛道，想要借此机会乘着行业东风出名。同时，"信息化"时代互联网的高速发展极大地提高了大家的话语权，各大短视频平台成了普通人展现自我的平台，而这也使得内容产出者出现了角色大众化的倾向，呈现出人人都可以做自媒体的局面。特别是短视频平台兴起后，精神需求得到满足的人们把短视频的热度推得更高。

1.4.1 兼具故事与情感

讲故事不仅要有故事情节，也要融入情感，这样才能做到扣人心弦。所以在剪辑短视频的过程中，只有对故事背后所蕴含的深刻情感进行有效挖掘和准确表达，将故事与情感结合，才能让故事穿透屏幕，挣脱"电子束缚"，在观者心中留下浓墨重彩的一笔。

故而在进行短视频的制作之前，剪辑师要构思好故事，通过剪辑表达想要表达的情感。可以以故事线作为明线、感情线作为暗线的形式对短视频进行剪辑。故事线叙述故事内容，让感情不是只有干巴巴的一个词或者一句话；感情线叙述感情，使故事情节更加丰富，建立起和观者的情感纽带，让观者身临其境，沉浸其中。

一个好的短视频能够通过故事吸引观者，并通过故事情节引发观者的情感共鸣，由浅入深、由小及大，层层递进，抓住观者的情感痛点，让观者难以忘怀。比如在儿童教育类视频中，可以通过母女一起看书的温馨场景（见图1-11）来让观者深刻感

图1-11

受亲子共读活动的重要性。

1.4.2 创作内容有价值

观者在通过短视频放松的时候，也希望满足视觉上的需求和精神上的需求。剪辑师在制作短视频时，前期应明确用户画像，明确短视频内容定位，在细分领域找到抓手，形成方法论，根据过往经验和竞品短视频的播放次数、点击量、互动量等数据进行分析，在自我沉淀后对准观者痛点发力，打通行业蓝海，力求创作出更有价值的短视频内容。

明确用户画像，找准用户喜爱的短视频内容，对用户有用、有吸引力的短视频才是有价值的短视频，比如艺术创作类题材（见图1-12）是较受欢迎的题材之一。将短视频内容创作当作产品进行运营，明确3个问题：我的用户是谁？解决用户的什么问题？与竞争对手相比，我的优势在哪里？

明确问题后，大致清楚自己想要创作的短视频内容，然后持续性地输出高价值内容，同时紧跟时代潮流，制作出有个人特色的短视频。

图1-12

1.4.3 制作水准高

一个高流量的短视频的封面和开头是能够吸引观者的。人们的碎片时间越来越多，已经很少进行长时间的阅读和思考了。在这样的环境下，短视频创作者首要考虑的就是短视频的吸睛力。短视频开头五秒被称为"黄金五秒"。剪辑师可在短视频开头处运用唤起需求、引起共鸣、设计反转等技巧，用这"黄金五秒"留住观者后再来详细把握内容细节。图1-13所示为抖音平台上的一个短视频封面。

在高度信息化的时代，人们每天接收的信息数量和以前人们每天接收的信息数量不可同日而语。故而在短视频的剪辑过程中，剪辑师需要增加信息厚度，尽可能在一个核心上往各个维度做信息延伸，这样就不会因为短视频内容无聊和没有耐心而流失观者。

在短视频中，剪辑手法也是非常重要的一环，好的剪辑手法可以让短视频质量更上一层楼。通过各种各样的剪辑手法，可以提升观者对短视频中打造的人设、情感价值等的认同感。剪辑师可以通过为短视频配音配乐、添加字幕、制作转场效果等来满足受众需求，提升短视频内容质量。

图1-13

1.5 课堂实训——分析高品质短视频的特点

从2022年抖音热点数据报告可知，抖音每月热点短视频播放量高达4000亿，众多创作者上传后成为热点的短视频数量突破百万，而在数百万的热点短视频中，点击量最多的当属社会类和娱乐类短视频。在如此庞大的内容数量背后，是抖音热点和用户生活的紧密结合。

在这种大环境下，如何提升短视频的质量和价值以吸引人们成为创作者最关心的问题。

一个高品质的短视频具有强吸睛力、大信息量、好交流感、极强的内化力和认同感。其中吸睛力、信息量和交流感是短视频创作者遵守的基本方向，而内化力和认同感则可以拉高短视频内容价值上限。

吸睛力由五大要素构成：美（美观）、直（直接）、奇（奇特）、名（名气）、热（热点）。当我们用短视频的"黄金五秒"留住观者后，接着就要丰富短视频中间的内容。通过丰富短视频中间的内容来让这五大要素的其中一个或者多个凸显出来，从而提升短视频的吸睛力，促使观者在度过"黄金五秒"后还能继续观看短视频，提高有效观看率。

图1-14所示为《中国国家地理》杂志社的官方抖音账号所制作的一个高质量短视频的封面。该短视频封面中像QQ糖一样的毛毛虫就具有强吸睛力，将该封面与标题"它是谁？！可以用手盘的'QQ糖毛毛虫'"结合使用，向观者提问，从而吸引观者带着好奇心看完短视频。而该短视频也具有大信息量和好交流感的特点，在较短的时间内用口语化的表达方式向观者介绍封面中的毛毛虫是什么、有什么样的别称、外观特点是什么、遇到它该怎么办等知识，因此收获了不错的数据，也借此向屏幕前的观者传递了科普知识。

通过前面的短视频不难发现，短视频创作者想要观者了解并接受短视频的内容价值，就要认真加工短视频内容，不仅要使短视频简单易懂，还要有广度和深度，能够迎合观者的喜好，从而提升短视频内容的内化力。在提升短视频内容的内化力之后，创作者就要提升观者对短视频内容的认同感。屏幕前的观者在接受一种信息后，会产生决策行为，一般分成两种情况：一种是结合自身需求在理性分析后进行决策；另一种是通过偏爱等情感因素影响形成认同感，促进决策。因此，要想观者因偏爱和认同而产生决策，短视频内容的制作就要从受众的心理满足点出发，戳中观者痛点。例如，前面的短视频就是通过满足观者对封面好奇，想要了解有趣的生物这一观者需求出发，促使观者接受短视频中知识的价值来进行内化，进而决策。

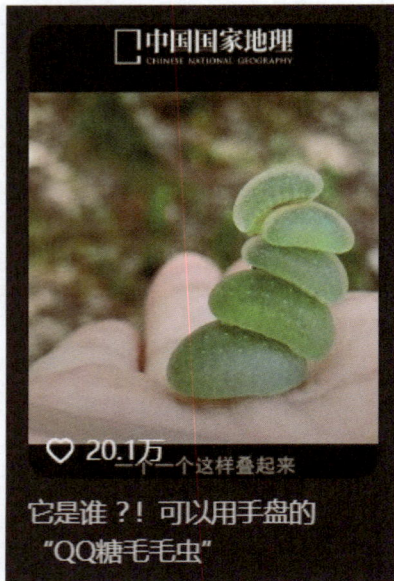

图1-14

1.6　课后练习——详细了解短视频制作的各个流程

1. 任务
详细了解短视频制作的各个流程。

2. 任务要求
了解各个流程的详细步骤和每个流程的目的。

第2章

选题策划与拍摄准备

　　抖音的爆火预示着短视频行业迎来了最好的时代，在激烈的行业竞争和庞大的用户群体之下，获取流量并实现用户转化变得越来越困难。为什么有的短视频一夜爆火，而有的短视频却无人问津？这里面除了内容、音乐、拍摄、演员表演等影响因素外，还有两个非常重要的因素——短视频的选题策划和拍摄准备。

【学习目标】

➤ 了解短视频选题策划。

➤ 了解如何撰写短视频脚本。

➤ 了解短视频拍摄器材与拍摄道具。

2.1 短视频选题策划的注意事项

短视频选题的确定是短视频创作很难绕开的一个环节，选题策划的过程就是不断调整选题方向、内容和素材的过程。在短视频创作前期做好选题框架和内容的规划，不仅便于后期制作同类型的短视频，形成个人特色，提升用户黏性，而且更容易制作出精品内容和爆款短视频，精准定位目标用户。

2.1.1 明确用户群体需求

在进行短视频选题策划前，需要深入了解目标用户群体，因为用户是短视频创作的基础，任何短视频创作的前提都是获得用户的喜爱。而要深入了解目标用户群体，就要先收集用户的基本信息。在收集了用户的基本信息后，就要开始归纳用户的特征属性、整理用户画像和推测用户的基本需求。

1. 收集用户的基本信息

用户的基本信息是指短视频用户在网上观看和传播短视频的各种数据。通过收集这些数据可以归纳用户特征属性、整理用户画像和推测用户的基本需求等，所以也可以把这些用户的基本信息称为用户特征变量，主要包括以下几个方面。

➤ 人口学变量：在收集短视频用户的基本信息时，涉及的人口学变量包括用户的年龄、性别、婚姻状况、教育程度、职业和收入等。通过这些人口学变量对用户进行分类，可以了解每类用户对短视频内容的需求差异。

➤ 用户目标：用户目标是指用户在观看短视频的过程中的各种行为和行为目的，例如用户使用某一款短视频App的目的，特别关注科普短视频的目的，以及下载短视频的目的等。了解不同目的的用户特征，有助于定位目标用户。

➤ 用户使用场景：用户使用场景是指用户在什么时候、什么情况下观看短视频的相关信息。通过这些信息，可以了解用户在各类使用场景下的偏好或行为差异。

➤ 用户行为数据：用户行为数据是指用户在观看短视频的过程中的各种行为特征，例如观看短视频的频率、时长，通过短视频购物的客单价等。通过收集用户行为数据，可以分析和划分用户的活跃等级和用户价值等级等，为短视频的内容定位和脚本创作提供数据支持。

> **提示**
>
> 在收集用户基本信息时可以使用态度倾向量表，归纳出不同价值观、不同生活方式的用户群体在消费取向或行为上的差异。态度倾向量表是一种较为客观的测量用户态度倾向的工具，常用的态度倾向量表数据信息包括用户的消费偏好和价值观等。

2. 归纳用户特征属性

在收集了短视频用户的基本信息后，就可以分析这些信息并归纳用户特征属性，从而精准定位短视频用户群体。归纳用户特征属性的数据可以从专业的数据统计机构发布的报告中获取，例如QuestMobile的报告、巨量算数发布的抖音用户画像报告等。图2-1所示为QuestMobile的网站界面。

通过这些报告，短视频创作者能够了解到用户规模、日均活跃用户数量、使用频次、使用时长、性别分布、年龄分布、地域分布和活跃度分布等更详细的数据，从而归纳出用户特征属性。

3. 整理用户画像

在归纳出用户特征属性后，就可以将这些信息整理成一个完整的短视频用户画像。这里的画像就是根据用户的属性、习惯、偏好和行为等信息抽象描述出来的标签化用户模型。从用户画像信息中推导出用户偏好的短视频内容类型，再针对用户偏好策划选题，可以有效促进用户数量的增长，提升内容定位的精准度。

4. 推测用户的基本需求

推测用户的基本需求有助于短视频创作者创作出更有吸引力的短视频，提升用户黏性。短视频用户的基本需求主要有这5种：获取技能知识、获取新闻资讯、休闲娱乐、满足心理需求并提升自我归属感、寻求指导消费。

假设现在我们运营一个"美妆类"账号，首先是收集用户的基本信息、归纳用户特征属性，整理得出该类短视频的用户画像是追求时尚和潮流，寻求美、年龄较小、愿意为此消费的时尚达人，然后是结合用户画像深入挖掘和关联该领域内的关键词，如平价护肤品、个人妆容选择、口红色号与肤色搭配、日常清洁注意事项等。通过向用户传授各种美妆相关技巧，账号内提供的内容可以更好地满足用户群体的基本需求，同时根据他们的特征进行"种草带货"，实现流量的转化。图2-2所示为摆放好的美妆产品。

图2-1

图2-2

2.1.2　借助热点话题吸引用户

短视频创作者想让一条短视频在短时间内被更多的人浏览，最常用的方法就是及时抓住热点。"热点"是流量吸铁石，更是新媒体内容创作者的命题作文。在"短视频"领域，需要对热点话题进行筛选，结合视频内容，符合账号定位，这样才能精准吸引用户。例如在北京冬奥会期间，冰墩墩"破圈"大火，一举成为互联网"顶流"，风靡一时。而许多短视频创作者也通过购买冰墩墩的相关周边产品，并使用周边辅助拍摄短视频，从而获得不错的浏览量。

热点的发现可以借助热搜榜实现。许多社交软件都自带热搜榜，热搜榜是最能够体现当下互联网的热点信息的榜单之一。图2-3所示为实时更新的抖音热榜，通过热榜用户可以迅速跟上热点话题，了解互联网的发展潮流。

图2-3

2.1.3 强化内容的互动性及参与性

有时候，制作完成的短视频有一定的播放量，但是点赞数、评论数却寥寥无几，互动率不高，以致不能被推荐算法推入下一级流量池。

> 互动率是影响短视频获得推荐的主要指标之一，由点赞率、评论率和转发率3个因素组成。

> 互动率最大的作用是影响算法对短视频的推荐量。在完播率良好的情况下，短视频的互动率越高，算法对短视频的推荐量就越多，短视频也就越有可能被推荐上首页。

短视频创作者在制作短视频的过程中，可以在片头、片尾加入引导，请求观者点赞，对观者进行暗示。虽然点赞的成本很低，但前提是短视频内容不能太过粗制滥造，要能够为观者提供价值。图2-4所示为剪映中自带的趣味片头效果，通过这样的片头引导观者"参与"创作者的生活，以便后续与观者进行互动（例如，让大家一起看看我的今日美食计划是什么吧！大家对这样的美食计划感觉怎么样呢？），从而提升短视频的互动性与参与性，给观者以切身体会这种生活的感觉。

图2-4

除了片头、片尾可以引导观者并暗示其点赞，标题也可以引导观者点赞。比如短视频内容主题是"一百个小国故事"，标题是"每周一更新，一百个鲜为人知的小国故事，建议点赞收藏防止迷路"。只要创作者的内容有价值，观者在观看短视频时回想起标题的引导，自然就想要去点赞、收藏，避免以后找不到这个短视频。

短视频结尾处或标题引导留言应多用疑问句，比如在美食类短视频中，短视频创作者可以提问："下次想看什么样的菜？欢迎在评论区积极留言。""你们知道这一步是为什么吗？"总而言之，提出有互动性的问题，让观者感兴趣，他们自然会在评论区留言讨论、互动。

短视频创作者也可以加强情感渲染，用情感激发观者留言，引起观者共鸣。但要注意的是，不要为了刻意提升评论率，在评论区故意发布一些虚假不实的内容，引发观者反感。

2.1.4 输出积极向上的正能量内容

当前，我国网络视听行业健康、快速发展。调查数据显示，截至2023年6月，我国网民规模达10.79亿人，互联网普及率达76.4%。在庞大的网民规模面前，短视频行业应该保持正确方向，实现高质量创新性发展，以质量优势、创新能力弘扬主旋律，传播正能量。

如果无底线地制造话题，一味博取人们眼球，用低俗不堪的内容或许能在短时间内吸引人们，但长此以往只会让短视频行业的生态环境越来越差。所以短视频创作者在进行短视频创作时，需要输出积极向上的正能量内容，通过短视频这一新兴媒体形式向大众传达积极向上的正能量。图2-5所示为抖音账号"共青团中央"制作的展示我国科技上的新突破的正能量短视频。

图2-5

2.2 撰写短视频脚本

脚本通常是指表演戏剧、拍摄电影所依据的底本，而短视频脚本是介绍短视频的详细内容和具体拍摄工作的说明书。最初的短视频创作通常没有脚本，短视频拍摄也较为随意。后来随着对短视频质量的要求越来越高，内容越来越丰富，进一步明确短视频的具体内容和各项具体工作就变得很有必要，于是为短视频撰写脚本成了一项重要工作。下面详细介绍撰写短视频脚本的相关知识。

2.2.1 短视频脚本的类型

短视频脚本是短视频创作的关键，是短视频的拍摄大纲和要点规划，用于指导整个短视频的拍摄方向和后期剪辑，具有统领全局的作用。虽然短视频的时长较短，但优质短视频的每一个镜头都是经过创作者精心设计的。短视频创作者通过撰写短视频脚本，可以提高短视频的拍摄质量。

1. 短视频脚本的功能

短视频脚本为短视频创作提供了内容提纲和框架，提前安排好了每一个成员要做的工作，能够为后续拍摄、制作提供流程指导，明确职责分工，加快短视频的拍摄进度。一份好的短视频脚本可以确定内容的发展方向，有助于呈现出反转、反差或令人疑惑的情节，引起观者的兴趣。

2. 短视频脚本的作用

短视频脚本的一个重要作用就是提高短视频制作团队的工作效率。首先，短视频脚本可以让拍摄团队有清晰的目标，形成顺畅的拍摄流程；其次，一份完整、详细的脚本能够让摄像师在拍摄过程中更有目的性和计划性；再次，短视频脚本有助于为拍摄做好准备工作；最后，短视频脚本能为后期剪辑提供依据，提升成片拍摄质量。

在拍摄短视频之前，通过脚本明确拍摄的主题能保证整个拍摄过程都围绕核心主题进行，为核心主题服务。

短视频脚本可以降低拍摄过程中由调解分歧和争论产生的沟通成本，让整个拍摄工作进行得更加顺畅。

短视频脚本可以呈现景别、场景、演员服装、道具、化妆、台词和表情，以及BGM（Background Music，背景音乐）和剪辑效果等，有助于完善短视频画面细节，提升短视频的制作质量。

3. 短视频拍摄提纲

拍摄提纲是指短视频的拍摄要点，它只对拍摄内容起提示作用，适用于一些不易掌握与预测的拍摄内容。

拍摄提纲的写作主要分为以下几步。

➤ 明确短视频的选题、立意和创作方向，确定创作目标。
➤ 呈现选题的角度和切入点。
➤ 阐述不同体裁短视频的表现技巧和创作手法。
➤ 阐述短视频的构图、光线和节奏。
➤ 呈现场景的转换、结构、视角和主题。
➤ 完善细节，补充音乐、解说等内容。

4. 短视频脚本类型

短视频脚本大致分为两类：分镜头脚本和文学脚本。脚本类型可以依照短视频的拍摄内容而定。

（1）分镜头脚本

分镜头脚本的内容十分细致，每个画面都要在短视频创作者的掌控之中，包括每个镜头的时长、细节等。分镜头脚本是前期拍摄的依据，也是后期制作的依据，还可以作为短视频时长和经费预算的依据。分镜头脚本对画面要求比较高，创作比较费时费力。类似于微电影的短视频，可以使用这种类型的短视频脚本。

分镜头脚本主要包括镜号、分镜头时长、画面内容、景别、拍摄方式、机位、声音、背景音乐、台词等内容，具体内容要根据情节来定。分镜头脚本在一定程度上已经是"可视化"的影像，可以帮助短视频制作团队最大限度地还原创作者的想法，因此分镜头脚本适用于故事性较强的短视频。图2-6所示为剪映中提供的分镜头脚本，用户在撰写分镜头脚本时可以适当进行参考。

（2）文学脚本

文学脚本要求短视频创作者列出所有可能的拍摄思路，但不需要像分镜头脚本那样细致，只需写明在整个短视频中人物需要完成的任务、说的台词、所选用的拍摄方式和整个短视频的时长即可。文学脚本除了适用于有剧情的短视频外，也适用于非剧情类短视频，如教学类短视频和测评类短视频。

要想写好文学脚本，短视频创作者需要注意以下几点。

首先要做好前期准备，前期准备包括很多方面，具体如下。

➢ 搭建框架：确定被摄主体、故事线索、人物关系、场景等。

➢ 主题定位：故事背后有何深意？想反映什么主题？运用哪种内容形式？

➢ 人物设置：需要多少人出镜？这些人的任务分别是什么？

➢ 场景设置：室内还是室外？

➢ 故事线索：剧情如何发展？

➢ 影调运用：根据所要表现的情绪搭配相应的影调。

➢ 背景音乐：选择符合主题的背景音乐。

图2-6

其次要确定具体的写作结构。短视频创作者在写文学脚本时，一般要先拟定一个整体框架。文学脚本的整体框架以"总-分-总"结构居多，这样可以让短视频有头有尾。开始的"总"是指表明主题，在短视频开头3～5s内就要表明主题，如果超过5s观者还不知道短视频的主题，观者很有可能会选择离开，影响短视频的完播率；"分"是指详细叙事，用剧情来表达短视频的主题；最后的"总"是指对结尾进行总结，重申主题，以引发观者思考和回味。

提示

完播率即完整观看视频的观者人数和打开视频的观者人数的比率。完播率越高，说明视频质量越高，越能够吸引观者看完视频。

最后要增添细节，根据框架撰写简单明了的人物台词，体现人物性格和情节发展。注意人物台词不应太长，否则会让观者在观看时感到较为吃力。除了台词外，人物相应的动作和表情也能帮助观者体会人物的状态和心理。同时，使用场景可以渲染故事氛围。创作者需注意场景要与剧情相吻合，而且不能使用过多。图2-7所示为使用昏暗场景拍摄的情侣吵架，通过拍摄剪影的拍摄手法，突出画面中两人正在争吵，渲染了愤怒的情绪氛围。

图2-7

提示

文学脚本较之分镜头脚本，创作上更难，更费时间。短视频创作者应根据自身需求，选择合适的脚本类型。

2.2.2　短视频脚本的写作思路

短视频脚本的写作思路主要包括以下4个方面。

1. 主题定位

短视频的内容通常都有一个主题，这个主题可以展示内容的具体类型。例如，以乡村生活为主题的短视频，其内容应该始终围绕乡村生活的日常细节来展开，如田间耕种过程、村民的日常生活，以及传统风俗和工具等，如图2-8所示。明确的主题定位可以为后续的脚本撰写奠定基调，让短视频内容与相应账号的定位更加契合，有助于形成鲜明的个性，提升短视频的吸引力。

图2-8

2. 写作准备

写作准备是指为撰写短视频脚本进行的一些前期准备，主要包括确定拍摄时间、拍摄地点和拍摄参照等。

➢ 拍摄时间：确定拍摄时间通常有两个好处。一是可以落实拍摄方案，为短视频拍摄确定时间范围，从而提高拍摄效率；二是可以提前与摄像师约定拍摄时间，规定好拍摄进度。

➢ 拍摄地点：提前确定好拍摄地点有利于内容框架的搭建和内容细节的填充，因为不同的拍摄地点对布光、演员和服装等的要求不同，也会影响成片拍摄质量。例如，以乡村美食"达人"为主角的短视频最好选择风景秀丽的农村地区作为拍摄地点，提前确认这一点有助于在脚本中明确布光、服装等细节。

➢ 拍摄参照：通常情况下，短视频脚本描述的拍摄效果和成片效果会存在差异。为了尽可能避免这个差异，可以在撰写短视频脚本前找到同类型的短视频，并与摄像师进行沟通，说明具体的场景和镜头运用，这样摄像师才能根据需求进行内容拍摄。

3. 内容框架搭建

做好前期准备工作后，就可以开始搭建短视频的内容框架了。搭建内容框架是指确定通过什么样的内容细节以及表现方式来展现短视频的主题（包括人物、场景、事件以及转折点等），并对此做出详细的规划。例如，短视频的主题是普通社区工作人员扎根基层实现人生价值，那么人物可以是一个大学毕业生，事件可以是居委会的工作日常、帮助社区居民、为普通老百姓排忧解难等。

在搭建内容框架时需要明确以下要素，并将其详细记录到脚本中。

➢ 内容：内容是指具体的情节，就是把主题内容通过各种场景加以呈现，而脚本中具体的内容就是将主题内容拆分为单独的情节，并使之能用单个镜头来展现。

➢ 镜头运用和景别设置：镜头运用是指镜头的运动方式，包括推、拉、摇、移等。景别设置是指选择拍摄时使用的景别，如远景、全景、中景、近景和特写等。

➢ 时长：时长是指单个镜头的时长。撰写脚本时，撰写者需要根据短视频整体的时间以及故事的主题和主要矛盾冲突来确定每个镜头的时长，以加强故事性，方便后期进行剪辑处理，提高后期制作效率。

➢ 人物：在短视频脚本中要明确主角的数量，以及每个主角的人物设定、作用等。

➢ BGM：在短视频中，符合画面气氛的BGM是渲染主题的最佳手段。例如，拍摄以时尚街拍为主题的短视频，可以选择快节奏的嘻哈音乐；拍摄中国风短视频，可以选择慢节奏的古典或民族音乐；拍摄自然风景，则可以选择轻音乐等。在短视频脚本中使用合适的背景音乐，可以让后期制作人员更加了解短视频的调性，让剪辑工作更加顺利。

4. 细节内容填充

短视频内容质量的好坏很多时候体现在一些细节上，比如一句打动人心的台词，或唤起观者记忆的道具。细节最大的作用就是加强观者的代入感，调动观者情绪，让短视频的内容更富有感染力。短视频脚本中常见的细节如下。

> ➢ 机位选择：机位是摄像机相对于被摄主体的空间位置，包括正拍、侧拍或俯拍、仰拍等。选择不同的机位展现出的效果也是截然不同的。图2-9所示为正拍机位拍摄的画面。

图2-9

> ➢ 台词：无论短视频内容中有没有人物对话，台词通常都是必不可少的。短视频创作者应该根据不同的场景和镜头设置合适的台词。台词是为了镜头表达准备的，可起到画龙点睛、推动剧情发展、增强人物设定、吸引观者留言和提高观者黏性等作用。台词应精练、恰到好处，能够充分表达内容主题。例如，时长为60s的短视频，其台词最好不要超过180个字。

> ➢ 影调运用：影调是指画面的明暗层次、虚实对比和色彩的色相明暗之间的关系，应根据短视频的主题、内容类型、事件、人物和风格等来综合确定。在短视频脚本中，短视频创作者应考虑画面运动时影调的细微变化，以及镜头衔接时不同镜头的色彩、影调和节奏关系。简单来说，影调要与短视频的主题相契合。例如，冷调配合悲剧、暖调配合喜剧等。

> ➢ 道具：在短视频中，好的道具不仅能够起到推动剧情发展的作用，还有助于优化短视频内容的呈现效果。道具会影响短视频平台对短视频质量的判断，选择足够精准、妥帖的道具会在很大程度上提高短视频的流量、观者的互动率等。

提示

恰当的细节补充能够使短视频内容的质量有所提升，但细节不是短视频内容质量提升的根本，只有在好的短视频脚本和短视频内容框架中，不错的细节才能使短视频内容的质量显著提升。

2.3　准备合适的拍摄器材与拍摄道具

高质量的视频作品往往需要借助一些专业设备来完成，拍摄设备又决定了最终画面的质量；同时针对不同场景，也需要用到不同的拍摄设备。在拍摄短视频的过程中，创作者的短视频拍摄水平会不断提高，创作者可以根据自身水平变化选择适合自己的拍摄设备。

2.3.1　选择合适的拍摄器材

拍摄器材是短视频创作最重要的工具之一，主要功能是拍摄短视频的画面。目前在短视频的拍摄中，常用的拍摄器材包括手机、相机和无人机等。

1. 手机

大部分短视频是使用手机拍摄，然后通过手机中的App剪辑后直接发布到短视频平台上的。在短视频拍摄方面，使用手机具有拍摄方便、操作智能、编辑便捷和互动性强等优势。这些都是手机成为主流拍摄器材的原因。

➤ 拍摄方便：人们在日常生活中会随时携带手机，这就意味着只要看到有趣的画面、绝美的风景或突然发生的新闻事件，都可以使用手机进行捕捉和拍摄。图2-10所示为正在使用手机拍摄美食。

➤ 操作智能：无论是使用手机自带的相机还是App拍摄短视频，其操作都非常智能。用户只需点击相应的按钮即可开始拍摄，拍摄完成后手机会自动将拍摄的短视频保存到默认的文件夹中。

➤ 编辑便捷：使用手机拍摄的短视频直接存储在手机中，可以通过相关App来进行剪辑，剪辑好后直接发布。而使用相机和摄像机拍摄的短视频通常需要传输到计算机中进行剪辑后再发布。

➤ 互动性强：手机具备极强的互动性，能够在拍摄的同时通过网络与其他用户进行交流。这一点是其他拍摄器材所不具备的。

但使用手机拍摄也有一定的缺点。相较于使用相机、摄像机进行拍摄，使用手机拍摄在以下方面与它们存在一定的差距。

➤ 防抖：手机的防抖功能相对于相机较弱。在使用手机拍摄短视频的过程中容易抖动，导致成像效果不好。这一点可以使用手机稳定器或三脚架来弥补。图2-11所示为使用了稳定器的手机。

➤ 降噪：降噪是指减少噪点。噪点是短视频画面中肉眼可见的小颗粒。噪点过多会让画面看起来比较混乱、模糊、朦胧和粗糙，无法突出拍摄重点，影响短视频的成像效果。目前，大部分手机的降噪功能较弱，需要通过后期剪辑实现降噪。

➤ 广角或微距：广角功能可以使短视频画面在纵深方向上产生强烈的透视效果，进而增强画面的感染力。微距功能则可以拍摄一些细节画面，在提升画面质感的同时带给观者视觉上的震撼。

图2-10

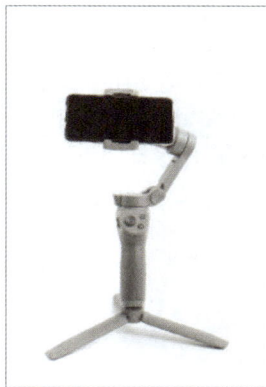

图2-11

2. 相机

如果短视频制作团队中的摄像师具备一些拍摄的基础知识，且团队的运营资金较为充足，可以考虑选用相机作为短视频的拍摄器材。相机有很多种类型，能够进行短视频拍摄的相机主要有单反相机、微单相机和运动相机3种。下面分别进行介绍。

（1）单反相机

单反相机（Single Lens Reflex，SLR）的全称是单镜头反光式取景照相机，是指单镜头，并且光线通过此镜头照射到反光镜上，通过反光取景的相机。

单反相机拍摄短视频的优势主要在于其比手机拥有质量更高的画面和更丰富的镜头可供选择，同时其价格和使用的综合成本又低于摄像机，且兼顾静态和动态的图像画面拍摄功能，可谓一机两用，具有极强的便利性和很高的视频画面质量。单反相机的感光元件、动态范围、码率和镜头直径都比手机大。单反相机的另一优势是镜头可以拆卸和更换，即可以选择不同的镜头拍摄不同景别、景深及透视效果的画面，丰富视觉效果。表2-1所示为不同型号的单反相机的参数及性能对比。

表2-1

型号	主要规格	性能优势	主拍类型
佳能200D Ⅱ	视频拍摄：4K@25p 屏幕类型：3英寸（1英寸=0.0254米）触控翻转屏 ISO值范围：100～25600	容易上手，操作简单、直观，同时带有可翻转的触控屏（侧翻、旋转都可以实现）	Vlog、"种草"等静态物品展示类
尼康D7500	视频拍摄：4K@30p 屏幕类型：3.2英寸触控上翻屏 ISO值范围：100～51200	支持进行8帧/秒的连续拍摄，具备成熟的51点自动对焦系统以及捕获4K视频的能力，性价比高	Vlog、美食、剧情等室内动态类
佳能5D Mark Ⅳ	视频拍摄：4K@30p 屏幕类型：3.2英寸触控固定屏 ISO值范围：100～32000	顶级的画质，优秀的动态范围，令人满意的直出色彩，能够完美胜任绝大部分短视频拍摄工作	各种类型均适用，特别是体育运动或极限运动类

（2）微单相机

微单相机（Mirrorless Interchangeable-lens Camera，MILC）是指无反光镜的可换镜头相机，又被称为"无反相机"。

微单相机和单反相机最大的区别在于取景结构不同。单反相机既可以采用光学取景结构，也可以采用电子取景结构，机身内部有反光板和五棱镜；而微单相机仅采用电子取景结构，机身内部既没有反光板，也没有五棱镜。尽管"微单"被无数人理解为"微型单反"，但它和单反相机没有什么必然联系，更不是单反相机的分支。

单反相机和微单相机在取景结构上的不同不会影响成像效果与画质，也就是说两种类型的相机之间无绝对优劣之分。微单相机内部没有反光板和五棱镜等部件，因此普遍比单反相机更轻，体积更小，具有更好的便携性。表2-2所示为不同型号的微单相机的参数及性能对比。

表2-2

型号	产品特点	主拍类型
佳能EOS M200	小巧、便携，具备美颜功能，2410万像素半画幅传感器，人眼自动对焦，最高ISO值为25600	人像、Vlog、日常记录
索尼Alpha 6400	支持实时眼部对焦，实时追踪被摄主体，高速连拍，摄像最高ISO值为32000，支持4K画质的视频拍摄	风景、运动、抓拍
尼康Z5	支持多种格式视频的拍摄，预装N-log，丰富的对焦模式，双轴防抖	各种类型，甚至包括商业广告

（3）运动相机

运动相机是一种专门用于记录运动（特别是体育运动和极限运动）画面的相机。由于这种相机拍摄的对象是运动中的人，且通常安装在运动物体上（例如滑板底部、头盔顶部和汽车空间内等），所以必须具备防水、防摔、防尘、结实耐用、体积小、可穿戴、不影响摄像活动，以及超强的防抖技术等基本特性。

3. 无人机

如今，"带着无人机去旅行"早已不是一句口号，越来越多的朋友已经带上了无人机去记录旅途中的风景。无人机的"上帝视角"不仅能够让我们看到更为开阔、壮观的景象，还能给我们带来更多独特的拍摄体验。使用无人机独特的拍摄视角拍出来的素材能够使短视频的质量更上一层楼。

使用无人机进行拍摄需要注意以下问题。

➤ **画面质量和传输**：无人机拍摄有广阔的视角，所以需要广角摄像镜头，这样才能获得较好的视频质量。使用无人机拍摄的视频画面通常需要通过连接到手机或平板电脑上实现实时观看。这些都是在选择无人机拍摄短视频时应考虑的问题。

➤ **操控方式**：通常用于拍摄视频的无人机可以通过遥控器、手机和平板电脑等实现操控。遥控器是主流的操控方式，手机和平板电脑的操控则需利用App，拍摄时可根据操控的难易程度和操控习惯进行选择。

➤ **便携性和拍摄质量**：一般来说，在户外使用无人机的概率较大，这就要求无人机整体装备的便携性要强。但是轻巧的无人机扛不住风吹，稳定性较差，进而会影响拍摄质量，所以要根据具体情况来选择。如果需要进行高质量拍摄，就只能选择相对笨重的无人机了。

➤ **续航能力**：出门在外，充电可能不方便，所以续航对无人机来说是很重要的，一般续航时间越长越好。通常高端的无人机的续航能力更强一些。

总之，无人机作为一种拍摄短视频的器材，不如手机和相机常用，只是在需要拍摄一些特殊的视频画面时才使用，其定位更多的是一种拍摄短视频的辅助器材。图2-12所示为正在使用无人机进行拍摄。

图2-12

2.3.2　辅助拍摄的道具

为了保证短视频的拍摄质量和拍摄的顺利完成，有时候还需要一些辅助道具。这些辅助道具通常在短视频拍摄的筹备阶段就要准备好。短视频拍摄常用的辅助道具包括录音设备、补光灯、三脚架、稳定器等。

1. 录音设备

对于短视频拍摄而言，声音与画面同等重要，很多人在入门时容易忽略掉这一点。在进行短视频拍摄时，不仅要考虑后期对声音的处理，还要做好同期声音的录制工作。

很多短视频创作都是在户外进行的，因此难免会存在一些嘈杂的声音。为了降低这些声音对短视频音质的影响，拍摄时可以选择使用录音设备，例如常见的领夹式麦克风、外接麦克风和智能录音笔。

（1）领夹式麦克风

领夹式麦克风有点儿类似耳机线，配有一个小夹子，可以直接夹在衣领上，使用起来很方便，插上手机即可，如图2-13所示。领夹式麦克风适用于多种场合，例如舞台演出、人物对话等。

这种麦克风在短视频拍摄中使用比较多。它不像传统的话筒那么笨重，而是便于携带，录音非常方便，性价比也很高。同时相较于拍摄设备自带的麦克风，领夹式麦克风能够提供更好的音质表现，深受众多短视频创作者的喜爱。

图2-13

（2）外接麦克风

外接麦克风的运用场景广泛，样式多变。图2-14所示为音乐节中使用的外接麦克风。不同价位的麦克风的收音效果会有很大的差别，好的麦克风自带降噪效果，能够在一定程度上降低环境噪声对录制的影响，同时人声的清晰度比较高。大家在挑选和购买时一定要多比较，根据自己的拍摄情况选择性价比最高的麦克风。

（3）智能录音笔

智能录音笔是基于人工智能技术，集高清录音、录音转文字、同声传译、云端存储等功能于一体的智能硬件，体积轻便，非常适合日常携带。

与过去的数码录音笔相比，新一代的智能录音笔最显著的特点是可将录音实时转换为文字，录音结束后，即时成稿并支持分享，大大方便了后期字幕的处理工作。此外，市面上大部分智能录音笔支持文件互传，或是通过App进行录音控制、文件实时上传等，非常适用于对手机短视频的同期声进行即时处理和制作。图2-15所示为新一代的智能录音笔。

图2-14

图2-15

2. 补光灯

灯光对画面质量有着重要影响。一般来说，当初学者开始拍摄短视频时，他们对配光的技巧和原则还不太熟悉，如果对照明效果有要求，或想在晚上拍摄短视频，可以使用补光灯进行照明。补光灯的光线较为柔和，加装补光灯进行拍摄可以有效地提亮周围拍摄环境和人物肤色。

补光灯大致可以分为两种。一种是可以在手机和相机上使用的补光灯，非常小巧、便携，价格也很便宜，如图2-16所示。

另一种是带有支架的补光灯，如图2-17所示。这种补光灯可以把手机固定在支架上，解放双手，任意调节角度。这种补光灯除了可以在拍摄过程中使用，也可以在日常生活中使用。这种补光灯的价格相对来说会高一些。

图2-16

除以上两种非常方便的补光灯以外，还有在摄影棚中使用的专业补光灯，这种补光灯效果更好，但携带不方便，如图2-18所示。

图2-17

图2-18

3. 三脚架

在拍摄中，三脚架的作用不可忽视。特别是在拍摄一些机位固定、特殊的大场景或进行延时拍摄时，使用这类辅助道具可以很好地稳定机器，帮助拍摄者拍出更好的画面，如图2-19所示。

　　市面上有许多不同形态的拍摄支架，且越来越趋于便利化。同时为了拍摄方便，在常规的、传统的三脚架的基础上，还出现了一些新型三脚架，如壁虎支架等。这类支架除了有普通支架的稳定性之外，还因其特殊的材质能随意变换形态，可以固定在诸如汽车后视镜、户外栏杆等狭小的地方上（见图2-20），从而获得出乎意料的镜头视角。

　　除此之外，还有一些三脚架支持安装补光灯、机位架等道具，可以满足更多场景和镜头的拍摄需求，如图2-21所示。

图2-19　　　　　　　　　　　　图2-20　　　　　　　　　　　　图2-21

4. 稳定器

　　在拍摄短视频时，最重要的就是保持画面的稳定性。如果画面抖动比较厉害，就会影响观感。尤其是在拍摄一些运动镜头时，画面的稳定性更难控制，就需要用到稳定器。

　　使用三轴手机稳定器可以最大限度地消除画面抖动，以确保画面的流畅和稳定。同时三轴手机稳定器持握方便，可以满足多种场景的拍摄需求，几乎是所有短视频创作者的首选，如图2-22所示。

图2-22

2.3.3　丰富场景的道具

　　场景和道具在短视频中有着非常重要的作用。一方面，场景和道具能够体现短视频的真实性，反映出剧情的社会背景、历史文化和风土人情；另一方面，场景和道具能体现短视频内容的意境，利用一景一物传达出短视频创作者想要表达的内心情感，从而触动观者的内心，引发观者共鸣，并获得观者的关注。所以，在短视频拍摄的筹备过程中，创作者还需要提前设置场景和准备道具，让场景变得更加丰富。

1. 场景

　　短视频可以通过设置各种增加内容价值的场景来制造更大的传播价值。在拍摄短视频前，创作者需要对相关的场景进行考量。

短视频中的日常生活场景包括居家住所、宿舍、舞蹈室和室外运动场地等。

➤ 居家住所：以居家住所为场景拍摄的短视频的内容涉及亲情、爱情、友情和与宠物之间的感情，甚至是一个人独处的情感。这种场景布置方便，通常只要求干净、明亮。而且，在不同房间场景中拍摄，所表达的内容也可以不同。图2-23所示为居家住所场景。

➤ 宿舍：宿舍场景（见图2-24）中拍摄的内容主要是主角与室友的生活，如唱歌、搞怪表演、正能量互动等，展现同学间的友谊，以及个人才艺等。这种场景的短视频能使学生群体或初入职场的年轻人产生较强的代入感，适合植入定位偏年轻化的产品。

图2-23

图2-24

➤ 舞蹈室：以舞蹈室为场景拍摄的短视频的内容主要集中在人物角色互动及舞蹈表演、教学上，很多热门的舞蹈短视频最初都是在舞蹈室中拍摄的。

➤ 室外运动场地：在室外运动场地中拍摄的短视频由于视野较为开阔，能够容纳很大的信息量，内容主要集中表现强对抗运动或高难度运动挑战，以及运动会集体跳操或舞蹈、接力赛等。

➤ 办公室：以办公室为短视频的拍摄场景可以给参加工作的人们很强的代入感。办公室场景的短视频内容包括表现职场关系的各种剧情故事、办公室娱乐和职场技能教学等。办公室场景的短视频适合植入白领们常用的化妆品、办公用具和电子产品等。图2-25所示为写字楼中的办公室。

➤ 课堂：以课堂为场景的短视频主要针对在校学生群体，内容主要涉及友情、同学情和师生情。目前利用该场景创作短视频的创作者多为年轻的学校教师，其通过拍摄短视频来展示学校的日常生活，或展现一些有趣的场面。

➤ 专业工种工作场所：以专业工种工作场所为场景的短视频主要是展现该职业的工作内容（例如，快递员的日常送货工作、播音员的新闻播音工作和二手车商收购汽车的流程等），让观者能够身临其境地感受不同的工作氛围。

➤ 公共交通出行场景：公交、地铁等公共交通出行场景与大多数观者的日常出行密切相关，所以也是短视频内容创作的主要场景之一。这类场景的主要内容是与陌生人互动或路边趣闻，以及街头艺人的表演等。图2-26所示为地铁站场景。

图2-25

图2-26

2. 道具

短视频拍摄中通常需要用到两种道具：一种是根据剧情需要而布置在场景中的陈设道具，例如居家住所中的各种家具和家用电器，其功能是充实场景环境；另一种则是直接参与剧情或与人物动作直接产生联系的戏用道具，其功能是修饰人物的外部造型、渲染场景的气氛，以及串联故事情节、深化故事主题等。例如，在很多短视频中出现过的巨型拖鞋、迷你键盘和超长筷子等就是戏用道具。这些戏用道具被故意放大或缩小，利用强烈的大小对比来制造喜剧效果。甚至拖鞋等日常用品，配合着主角的固定动作，也可以作为标志性戏用道具贯穿于短视频的剧情中，

图2-27

成为吸引观者关注的记忆点。图2-27所示为使用了道具后制作的短视频封面，适当的道具可以使画面主题更加突出。

2.4　课堂实训——分析优质短视频脚本并学习其写作手法

脚本是短视频创作中不可缺少的一部分，是创造优质短视频的基础和前提。一份完整、优秀、高质量的短视频脚本不仅可以帮助创作者节省写作时间、经费等，还可以帮助创作者在短时间内拍摄出优秀的短视频。在进行短视频创作的时候，我们可以分析优质的短视频脚本，并学习其写作手法，进一步提升自己，以在后续创作出更好的短视频。

以抖音账号"暴走夫妻"的安徽黄山旅游短视频为例，表2-3所示为该短视频的分镜头脚本，从中可以看到这份脚本主题明确，介绍安徽黄山的美丽风景，并且主要内容清晰，包括黄山的著名景观、人文特色和路线攻略这三大部分。

表2-3

镜号	景别	拍摄手法	画面内容	台词
1	近景	推镜头	特色风光，人物背对镜头，逆光拍摄	哇，这是什么好地方！
2	全景	固定镜头	黄山上观看日出的人们	
3	远景	固定镜头	日出	日出
4	远景	推镜头	奇山	奇山
5	远景	移镜头	云海	云海
6	远景	推镜头	怪石	怪石
7	远景	推镜头	雾凇	雾凇
8	近景	固定镜头	在黄山上的人物自拍	我们现在在安徽黄山
9	全景	固定镜头	人物爬山	都说
10	远景	拉镜头	黄山	登黄山，天下无山
11	近景	固定镜头	人物在雪中行走	冬天来黄山
12	远景	移镜头	黄山山顶的建筑	这份两日游玩攻略，请收好！
13	全景	固定镜头	云谷索道	第一天从云谷索道上山

续表

镜号	景别	拍摄手法	画面内容	台词
14	远景	推镜头	始信峰	游览始信峰
15	远景	推镜头	猴子观海	梦笔生花和猴子观海
16	近景	固定镜头	人物自拍	小学课本里说的黄山奇石就在这里
17	全景	抬升镜头	白云宾馆	晚上住白云宾馆
18	全景	摇镜头	白云宾馆内部	需要提前预订
19	中景	固定镜头	人物逆光在雪上行走	第二天一早
20	全景	抬升镜头	人们在山上看日出	到光明顶上看日出
21	全景	摇镜头	日出	这是我们2021年看的第一场日出
22	全景	固定镜头	人物下山	下午途经鳌鱼峰
23	全景	降低镜头	人们在云梯上行走	百步云梯
24	全景	移镜头	玉屏楼	到玉屏楼看迎客松
25	全景	固定镜头	索道	最后坐索道下山
26	远景	摇镜头	黄山	黄山适合游玩两到三天
27	全景	摇镜头	山上建筑物	山上风大、温度低
28	近景	固定镜头	人物向手哈气	一定要注意保暖
29	远景	拉镜头	黄山	听说除夕来到这里还有年夜饭吃哦！

2.5 课后练习——创作一份简单的拍摄脚本

1. 任务
创作一份简单的拍摄脚本。

2. 任务要求
脚本类型：分镜头脚本。
脚本内容：不少于15个镜头组合。

第**3**章

短视频拍摄技巧

随着短视频行业的快速兴起，观看短视频已经成为人们日常生活中必不可少的娱乐活动。随着短视频行业的影响力日益增大，短视频用户群体的年龄和地域的跨度也在不断扩大。

【学习目标】

➤ 了解画面构图方式，制作更加精美的画面。

➤ 了解景深与景别。

➤ 了解光在画面中的作用。

➤ 了解拍摄手法，并掌握拍摄手法的使用方法。

3.1 构图：提升画面美感

构图能够创造画面，表现节奏与韵律，是短视频作品中空间美学效果的直接体现，有着无可非议的表现力。构图传达给观者的不仅是一种认知信息，更是一种审美情趣。摄像师在构图的过程中，既要遵循一定的原则，又要根据被摄主体及自身想表达的思想情感，采取不同的构图方式，这样才能拍摄出优质的短视频作品。

3.1.1 短视频画面构成的基本要素

短视频画面构成的基本要素包括被摄主体、陪体和环境。

1. 被摄主体

被摄主体是指摄像师要表现的主要对象，它既是内容表现的重点，也是短视频主题的主要载体，同时还是画面构图的结构中心。被摄主体可以是一个被摄对象，也可以是一组被摄对象；被摄主体可以是人，也可以是物。

2. 陪体

陪体是指在画面中与被摄主体有着紧密联系，或者辅助被摄主体表达主题的对象。陪体可以增加画面信息，使画面更自然、更生动、更有感染力，但不能喧宾夺主。可以说，陪体与被摄主体共同表达短视频主题，陪体起着陪衬的作用。摄像师只有分清被摄主体与陪体，拍出的画面才有主次和重心。

3. 环境

环境围绕着被摄主体与陪体，包括前景与后景两个相对应的部分。其中，位于被摄主体之前或者靠近镜头的人物或景物统称为前景。前景有时也可能是陪体。后景是指位于被摄主体之后的人物或景物，一般多为环境的组成部分。

图3-1所示为具备被摄主体、陪体、环境的画面。其中，被摄主体为小雪人，陪体为雪中的松果，环境则为雪松和鹿。

图3-1

3.1.2 短视频画面构图的基本要求

构图是一项富有创造性的工作，其根本目的是使短视频尽可能获得完美的形象结构和画面效果。因此，摄像师需要了解一些短视频画面构图的基本要求。

1. 遵循美学原则

短视频画面构图的基本要求之一是遵循美学原则，这是制作既吸引人又有艺术感的短视频不可或缺的一部分。美学原则包括3个方面的内容。

首先，基本的构图原则包括平衡、对称和比例。平衡是指在画面中均匀分布元素，避免画面过于拥挤或空旷。对称可以在画面中创造出稳定、和谐的感觉。比例则可确保各个元素的大小和位置相互协调，不会引起观者视觉不适。

其次，构图中的线条和形状是重要的考虑因素。各种线条和形状的运用可以营造出动态或静态的氛围。摄像师可根据短视频的主题和情感来选择使用线条和形状。

同时，颜色也是构图的关键因素。颜色的选择和搭配可以增强短视频的情感和氛围。冷暖色调的对比、鲜艳颜色的突出可以吸引观者的目光和引起观者的情感共鸣。

图3-2所示为较好地遵循了美学原则的画面：线条流畅；使用慢门摄影技巧拍摄，包含了人物的行动轨迹，突出了生产车间的忙碌；而暖色的灯光与冷色的机械、人物服装形成了强烈的对比，给观者带来视觉冲击力。

最后，构图需要考虑前景和背景的关系。前景可以帮助短视频增加深度，使画面更具立体感；而背景则应与短视频的主题相符，以免分散观者的注意力。

2. 画面要有表现力和造型美感

在构图时，摄像师可以根据所要拍摄的内容和现实条件，通过画面的设置、光线的运用、拍摄角度的选择，以及影调、色彩、线条、形状等造型元素的调动，创作出具有表现力和造型美感的构图，如图3-3所示。

图3-2

图3-3

3. 均衡画面

均衡画面是让画面构图更加和谐的一个重要原则，均衡的画面结构能够在视觉上带给观者美感。若要判断一个画面是否均衡，可以将该画面分为四等份，形成一个"田"字格。若"田"字格的4个格子里都有相应的元素，那么这些元素之间就有均衡感，由此可以判断出该画面均衡。

需要注意的是，均衡与对称不同，对称的画面常常会给观者以沉闷感，而均衡的画面绝不会在视觉上引起观者的不适。摄像师要想让画面的构图达到均衡，就要让画面中的形状、颜色和明暗区域相互补充并相互呼应。

4. 动态构图

短视频最大的特点为画面是动态的，因此动态构图是短视频拍摄中一个很重要的部分。动态构图下的被摄主体与镜头同时或分别处于运动状态，画面内视觉形象的构图组合及相互关系连续或间断地发生变化。摄像师只有保证画面运动有迹可循，才能使短视频画面合乎情理，从而被观者接受和认可。

在动态构图中，摄像师自始至终都要注意被摄主体的运动方向、运动速度和运动节奏等因素的变化。如果被摄主体是人物，摄像师应以人物的运动轨迹作为画面构图依据；如果短视频介绍环境和交代背景，画面中没有人物出现，摄像师应找出能够表现环境特色的主要对象作为画面构图依据。

5. 构图服务于主题

短视频画面的构图必须为短视频的主题服务，所以摄像师在构图时应当遵循服务主题原则，具体内容如下。

➢ 为了表现被摄主体，要采用合适、舒服、具有形式美感的构图方式。

➢ 为了突出表现被摄主体，有时甚至可以破坏画面构图的美感，使用不规则的构图。

➢ 若某个构图优美的画面与整个短视频的主题不相符，甚至妨碍到了短视频主题的表达，可以考虑将其剪掉。

3.1.3　不同的构图方式

构图方式是摄像师构思立意的直接体现。每个画面所要传达、表现的思想内容必须是明确且集中的，切忌模棱两可、不明不白。这就要求摄像师以鲜明的构图方式反映出短视频的主题与立意。摄像师只有熟悉构图规则，且又不拘泥于这些规则，才能创作出优秀的作品。接下来介绍几种常用的构图方式。

1. 中心构图

　　中心构图是一种简单且常见的构图方式，其通过将被摄主体放置在相机或者手机画面的中心进行拍摄，能更好地突出被摄主体，让观者一眼就能看出短视频的重点，从而将目光锁定在被摄主体上，了解被摄主体所传递的信息。采用中心构图方式拍摄短视频的优点在于主体突出、明确，画面容易达到左右平衡的效果，并且构图简单。中心构图方式非常适用于表现画面的对称性，如图3-4所示。

图3-4

　　如果被摄主体只有一个，就可以采用中心构图方式来拍摄短视频。这种构图方式操作十分简单，运用网格功能便能很好地确定被摄主体在画面中的位置，且对技巧的要求不高，所以对于新手来说是一种极易上手的构图方式。

提示

　　摄像师在使用中心构图方式时应保证画面背景简洁、干净，避免喧宾夺主导致被摄主体不够突出。

2. 三分法构图

　　三分法构图是一种常见的构图方式，用于在摄影、电影制作中组织画面元素，以提高视觉吸引力和画面平衡感。它分别在水平和垂直方向上对画面进行三等分，形成一个九宫格，主要元素通常位于这些分割线的交点上。

　　三分法构图有助于平衡画面元素，使画面看起来更加和谐、有序。主要元素位于分割线的交点上，可避免画面过于拥挤或出现失衡。同时，分割线和交点在画面上形成明显的引导线，可帮助观者将视线自然地聚焦在主要元素上。这种构图方式有助于强调关键信息或主题。图3-5所示为使用三分法构图拍摄的画面。

3. 前景构图

　　前景构图是指摄像师在拍摄短视频时，利用离镜头最近的物体进行遮挡，体现画面的虚实、远近关系，突出被摄主体，增强画面空间感和深度感的构图方式。

　　利用前景构图拍摄短视频可以增强画面的层次感，在使短视频画面内容变得更丰富的同时，很好地展现短视频的被摄主体。

　　前景构图分为两种情况。一种是将被摄主体作为前景进行拍摄，这样不仅可使被摄主体更加清晰、醒目，而且可使短视频画面更有层次感。另一种就是将除被摄主体以外的事物作为前景进行拍摄。如图3-6所示，利用树枝作为前景，让画面在产生一种向里的透视感的同时，让观者产生身临其境之感。

图3-5

图3-6

4. 引导线构图

引导线构图是指短视频画面中的某一条线或某几条线由近及远形成延伸感，能使观者的视线沿着短视频画面中的线条汇聚到一点。

短视频拍摄中的引导线构图大致可分为单边引导线和双边引导线两种。单边引导线是指短视频画面中只有一边有由近及远形成延伸感的线条，如图3-7所示。

双边引导线则是指短视频画面中两边都有由近及远形成延伸感的线条，如图3-8所示。

图3-7

5. 框架构图

框架构图也称为景框式构图，是指在场景中利用环绕框架突出被摄主体，如图3-9所示。使用框架构图拍摄短视频能让画面充满神秘感和视觉冲突，并让观者产生一种窥视的感觉，引起其观看兴趣并使其将视觉焦点集中于框架内的被摄主体上。可以作为环绕框架的元素包括人造的门框、篱笆，自然生长的树干、树枝，一扇窗、一座拱桥或一面镜子等。

图3-8

图3-9

> **提示**
>
> 短视频拍摄中可以使用的构图方式有很多种，而且不同的构图方式可以组合或交替使用。但受播放短视频的设备屏幕一般较小、短视频内容节奏较快等因素的影响，摄像师在进行短视频画面构图的时候，应该保证被摄主体能够清楚展示，故拍摄短视频时应多采用能够突出被摄主体的构图方式。

3.2 景深与景别：提升空间表现力

景深与景别是两个不同的概念，景深是在画面上获得相对清晰影像的主体空间深度范围，景别是被摄主体在画面中呈现的范围。短视频拍摄中合理运用景深与景别可以提升画面的空间表现力。

3.2.1 景深

景深（Depth of Field，DOF）是摄影和摄像中一个重要的概念，是指在一张照片或一段视频中能够保持焦点清晰的距离范围。景深影响着图像中不同距离处物体的清晰度和模糊程度，如图3-10所示。

景深由光圈大小、镜头焦距、拍摄距离三大因素决定。光圈是摄像机或相机镜头的一部分，它可以调整光线进入镜头的多少。较小的光圈（如f/16）会产生较大的景深，使前景和背景都能保持清晰。而较大的光圈（如f/1.8）会产生较浅的景深，使得只有一小部分物体能处于清晰的焦点范围内。焦距是镜头的特性之一，它决定着图像中的可见范围。较长的焦距（如长焦镜头）通常会产生较浅的景深，而较短的焦距（如广角镜头）通常会产生较大的景深。在相同的光圈和焦距下，离镜头近的物体通常更容易保持在清晰的焦点范围内，如图3-11所示。

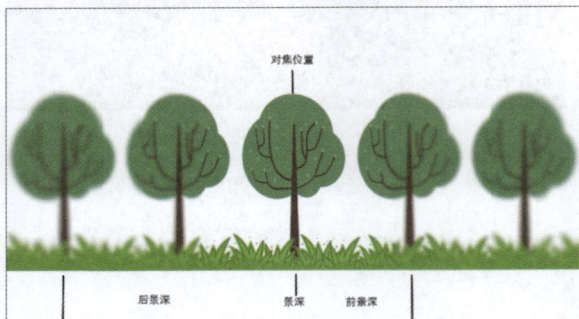

图3-10

图3-11

运用景深可以帮助摄像师在拍摄过程中创造不同的视觉效果。例如，使用较浅的景深可以将焦点集中在主要物体上，使背景模糊，创造出美丽的背景虚化效果，这通常用于人像摄影中。相反，使用较大的景深可以确保整个场景都保持清晰，这通常用于风景摄影或需要展示细节的摄影。摄像师通常通过调整光圈、焦距和拍摄距离来控制景深，以创造出所期望的效果。

景深的变化在摄影、电影制作中具有重要的艺术和叙事作用，可以用来传达不同的情感、吸引观者的注意力，以及创造视觉效果。短视频创作者在拍摄过程中要将各种景深组合使用，从而制作出不一样的画面。

短视频创作者在拍摄过程中可以通过改变景深来吸引观者的注意力。当使用较浅的景深时，将焦点集中在一个特定的物体或人物上，使背景模糊，观者的注意力将自然地被吸引到焦点物上，如图3-12所示。这有助于强调主题或情感。

在表达上，景深的变化可以传达不一样的情感和氛围。较浅的景深通常用来创造亲近感、浪漫感或紧张感。

在叙事上，景深的变化可以表示时间、地点或情节的变化。例如，在电影中，从一个场景切换到另一个场景时，通过改变景深可以帮助观者理解故事的发展。

图3-12

景深的变化可以用来创造艺术效果。较浅的景深可用于制作抽象、模糊或梦幻的图像，而较大的景深则可用于呈现清晰、详细和现实的场景。通过使用较浅的景深，摄像师可以将前景或被摄主体与背景分隔开来，创造出美丽的背景虚化效果。这在人像摄影中十分常见，可以使被摄主体更加突出。较大的景深可用于展示场景或物体的细节，适用于风景摄影、建筑摄影和产品摄影等领域。

景深是摄影和电影制作中的重要工具，它可以帮助短视频创作者在视觉和叙事上实现不同的目标。通过控制景深，短视频创作者可以创造出多样的影像效果，从而满足不同的创作需求。

3.2.2 景别

景别是指在焦距一定时，摄像机与被摄主体的距离不同，而造成被摄主体在摄像机录像器中所呈现的范围大小的区别。景别一般可分为5种，由近至远分别为特写（指人物肩部以上）、近景（指人物胸部以上）、中景（指人物膝部以上）、全景（指人物的全部和周围部分环境）、远景（指被摄主体所处环境）。在短视频拍摄中，导演和摄像师利用复杂多变的场面和镜头调度，交替使用各种不同的景别，可以使短视频剧情的叙述、人物思想感情的表达、人物关系的处理更具表现力，从而增强短视频的艺术感染力。

1. 远景

远景一般用来表现远离摄像机的环境全貌，展示人物及其周围广阔的环境、自然景色和群众活动场面。它相当于从较远的距离观看景物和人物，视野宽广，能包容广大的空间，人物较小，背景占主要地位，即画面给人以整体感，细节部分不算很清晰。

远景通常用于介绍环境，抒发情感。摄像师在拍摄外景时，使用这样的镜头可以有效地描绘雄伟的峡谷、豪华的庄园、茂密的丛林，也可以更好地描绘现代化的工业区或者城市，如图3-13所示。

图3-13

2. 全景

全景用于呈现场景的整体概貌及人物的全身动态，如图3-14所示。它用以描绘人物之间及人物与环境之间的相互关系。全景画面主要凸显人物的整体形象，包括体型、服饰搭配及身份，使屏幕前的观者能够更快地了解人物，也使环境和道具的呈现更加明了。在拍摄短视频时，开头和结尾部分选择运用全景或远景可以为观者带来更好的感官体验。

全景画面涵盖了整个人物的外貌特征，既不像远景画面那样难以清晰展现细节，又不像中景、近景画面那样无法展现人物全身的姿态和动作。在叙事、抒情及展示人物与环境之间的关系上，全景画面发挥了其独特的作用。

图3-14

　　远景、全景又称为交代镜头。但全景可以展示出人物的行为动作、表情相貌，也可以从某种程度上表现人物的内心活动，故比远景更能够全面阐释人物与环境之间的密切关系，进而通过特定环境来表现特定人物。

3. 中景

　　中景用于呈现人物膝盖以上部位的左右或局部场景，如图3-15所示。

　　摄像师在构图时一般不会卡在人物膝盖部位，因为卡在关节部位是摄像构图中所忌讳的，比如腰关节、腿关节、脚关节等。

　　相对于全景，中景画面的范围略微缩小，更强调人物的上半身动作，而环境则处于次要位置。在处理中景画面时，摄像师需要注意避免过于刻板的直线构图，合理选择拍摄角度和安排演员，以及注重姿势的合理搭配，以免因构图单一产生刻板印象。在实际拍摄的过程中，摄像师需灵活掌握内容和构图，以获得更为生动和富有变化的画面效果。

图3-15

　　中景是叙事功能最强的一种景别。在包含对话、动作和情绪交流的场景中，利用中景最有利于表现人物之间、人物与周围环境之间的关系。中景的特点决定了它可以更好地表现人物的身份、动作及动作的目的。在画面中人物较多时，它还可以清晰地表现人物之间的相互关系。

4. 近景

　　近景用于呈现人物胸部以上的部位或物体的局部，如图3-16所示。近景以其近距离观察的特质，使观者能够清晰地观察到人物微妙的动作。近景是最具表现力的一种构图方式，可重点突出人物的面部表情，有助于表达人物的内心世界、深刻描绘人物的性格。

　　由于近景强调对人物局部细节的关注，因此在短视频拍摄中，近景的运用较为频繁。特别是在较小的观看屏幕上，近景能够更深入地传递画面的情感，为观者提供更加沉浸式的观影体验。因此，拍摄短视频时采用近景，可以加强观者与画面之间的紧密联系。

图3-16

　　由于近景的人物十分清楚，人物缺陷也会得到突出表现，所以使用近景时，在造型上要求细致，无论是妆容、服装还是道具都要十分逼真和生活化，以免被观者看出破绽。

　　近景中的环境居于次要地位，画面构图应尽量简洁，以免杂乱的背景抢夺视线，因此常用长焦镜头拍摄，利用景深小的特点虚化背景。人物近景画面用人物局部背景或道具做前景可增加画面的深度、层次感和线条结构。人物近景画面一般只有一人作为画面主体，其他人物往往作为陪体或前景。

　　介于中景和近景之间的表现人物的镜头通常被称为"中近景"，主要表现人物大约腰部以上的部分，所以又被称为"半身镜头"。这种景别不是常规意义上的中景和近景。在一般情况下，处理这样的景别以中景为依据，还要充分考虑对人物神态的表现。正是由于这种景别能够兼顾中景的叙事功能和近景的表现功能，很多短视频都会使用它进行拍摄。

5. 特写

特写镜头用于呈现人物肩部以上的部位（见图3-17），或其他被摄对象的局部。

特写镜头中被摄对象充满画面，比近景更加接近观者。特写镜头能够提示信息，制造悬念；还能展现人物面部细微表情，刻画人物形象，表现复杂的人物关系。这样的镜头主要用来描绘人物的内心活动。在特写镜头中，演员通过面部表情把内心活动传达给观者。在特写镜头中，无论是人物还是其他对象均能给观者留下强烈的印象，而背景则处于次要地位，甚至消失。所以，观者不易观察到特写镜头中对象所处的环境。短视频创作者可以利用这样的镜头来转换场景和时空，避免不同场景直接连接在一起时产生突兀感。

特写镜头不能滥用，要用得恰到好处，使其在整个短视频作品中起到画龙点睛的作用。滥用特写镜头会使观者感到厌烦，同时出现视觉错乱，从而削弱它的表现力。

图3-17

> **提示**
>
> 镜头越接近被摄主体，场景越窄；镜头越远离被摄主体，场景越宽。取景距离直接影响着电影画面的容量。摄入画面景框内的主体形象，无论是人物、动物还是景物，都可统称为"景"。画面的景别取决于摄像机与被摄主体之间的距离和所用镜头焦距的长短两个因素。不同景别的画面会在人的生理和心理上产生不同的影响。

3.3　光：增强画面层次感

在拍摄短视频的过程中，摄像师无时无刻不与光打交道。光不仅能够照亮环境，还能通过不同的强度、色彩和角度等来呈现场景，影响短视频画面的呈现效果。因此，摄像师要对光的运用有全面的了解，从而更好地完成短视频的拍摄工作。

3.3.1　色彩基调

光具有很重要的表达效果，有些光是硬的、刺目的、聚集的、直接的，有些光是软的、柔和的、散射的、间接的。在短视频拍摄中，光能够影响被摄主体再现的形状、影调、色彩、空间感、美感、真实性等。

摄像师需要对各种光加以分析，了解光的各种特性，掌握光的不同作用，这样在拍摄短视频时才能充分发挥光的作用，更好地展现被摄主体的形象。

通常把拍摄所用光的软硬性质称为光质，光据此又可分为硬质光和软质光。

1. 硬质光

硬质光即强烈的直射光（如晴天的阳光），或者直接照射在人或物体上的人造灯光（如闪光灯、照明灯等的光），它们产生的阴影清晰而浓重。被摄主体在硬质光的照射下有受光面、背光面和投影，可以产生明暗对比强烈的效果。硬质光适合表现被摄主体粗糙表面的质感和清晰的轮廓形态。图3-18所示为阳光照射下的茶叶。

2. 软质光

软质光是一种漫散射性质的光，没有明确的方向，不会让被摄主体产生明显的阴影。例如，阴天、雨天、雾天的天空光，或者添加了柔光罩的灯光等，都属于典型的软质光。

摄像师在这种光线下拍摄出的视频画面没有明显的受光面、背光面和投影，明暗反差小，影调平和，如图3-19所示。摄像师利用这种光线拍摄时，能够较为理想地将被摄主体细腻且丰富的质感和层次表现出来，但对被摄主体的立体感表现不足，且画面色彩比较灰暗。在实际拍摄中，摄像师可以在画面中创建一些颜色鲜艳的视觉兴趣点，使画面效果更加生动。

图3-18

图3-19

3.3.2　光位

光位是指光源相对于被摄主体的位置，即光线的方向与角度。同一被摄主体在不同的光位下会产生不同的明暗效果。常见的光位主要有顺光、逆光、侧光、顶光与底光等。

1. 顺光

顺光也称为正面光或前光，即光源与拍摄设备处于同一侧且高度一致时进行拍摄的打光方式，如图3-20所示。摄像师采用顺光拍摄时，画面中前后物体没有明显的亮暗反差，被摄主体朝向镜头的部分会受到均匀的光照，画面中的阴影很少甚至没有。摄像师采用顺光拍摄能够真实再现被摄主体的色彩，尤其是拍摄风景时能获得清雅的画面效果。

但是，采用顺光拍摄不利于表现被摄主体的立体感与质感，不能突出画面中的重点并交代主次，导致画面缺乏光影变化和影纹层次。所以在拍摄过程中，摄像师可以使用顺光作为主光，然后打上辅助光，这样拍摄的画面会变得好看很多。图3-21所示为用顺光加辅助光拍摄出的照片。

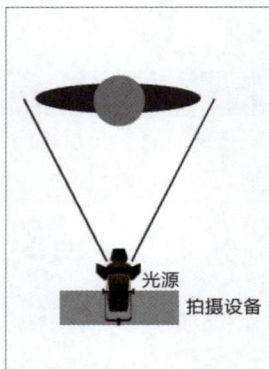

图3-20

图3-21

2. 逆光

逆光也称为背光、轮廓光或隔离光，其光源在被摄主体的后方、拍摄设备的前方，如图3-22所示。有时，拍摄设备、被摄主体、光源三者几乎在一条直线上。

摄像师采用逆光拍摄能够清晰地勾勒出被摄主体的轮廓形状，即被摄主体只有边缘部分被照亮，从而形成轮廓光或剪影效果。这对表现人物的轮廓形状，以及把物体与物体、物体与背景区分开来都极为有效。

摄像师运用逆光拍摄能够获得造型优美、轮廓清晰、影调丰富和质感突出的画面效果，如图3-23所示。在采用逆光拍摄的时候，摄像师需要注意背景与陪体，以及拍摄时间的选择，还要考虑是否需要辅助光等。

图3-22

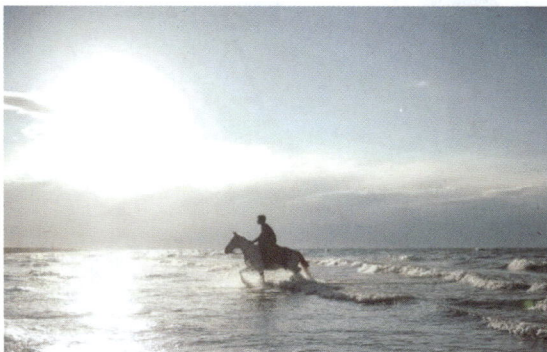

图3-23

提示

逆光可以单独作为主光使用，也可以作为辅助光使用。

3. 侧光

侧光是用于表现被摄主体的立体感和质感的光位之一。当光源位于拍摄设备的正侧面时，被摄主体处于侧光的照射下，光位如图3-24所示。侧光能够在被摄主体表面形成明显的受光面、阴影和投影，表现被摄主体的立体形态和表面质感。摄像师在拍摄人物时，通常将光线打在人物的侧面，以表现人物情绪，如图3-25所示。

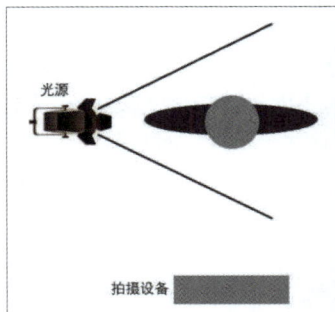

图3-24

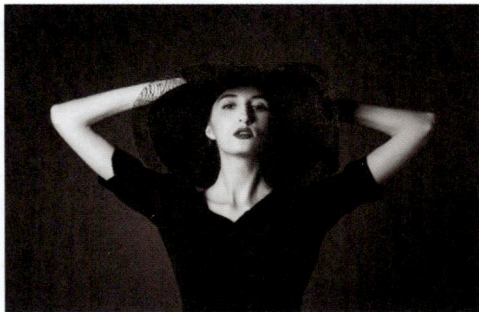

图3-25

不同角度的侧光可以表现或突出强调被摄主体的不同部位。摄像师在拍摄短视频时，可以根据想要达到的画面效果采用不同角度的侧光。

4. 顶光与底光

顶光与底光是两个比较特殊的光位。顶光是指光源位于被摄主体顶部的光位，如图3-26所示。

它通常用于反映被摄主体的特殊精神面貌，如憔悴、缺少活力等。

底光与顶光相反，是指光源位于被摄主体下方的光位，如图3-27所示。它可以稍微照亮其他光线在被摄主体下形成的阴影，表现特定的光源特征、环境特点，通常用于烘托恐怖、神秘、古怪的气氛。

图3-26

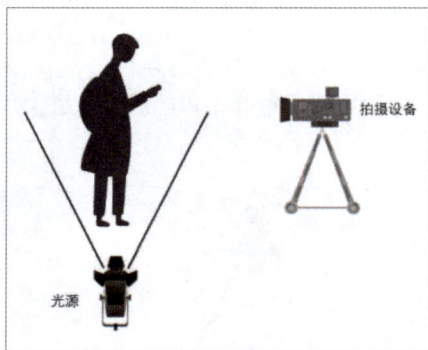
图3-27

3.3.3 布光手法

光线根据其在画面中的不同作用，可以分为主光、辅助光、轮廓光、环境光、眼神光、修饰光等。本小节主要讲解三灯布光法，而三灯布光法主要针对以人为拍摄主体的灯光布设方案，包括主光、辅助光和轮廓光。

1. 主光

主光又称为塑形光，是刻画人物和表现环境的主要光线，也是视频画面中最引人注目的光线之一。不管方向如何，其都应在各种光线中占主导地位。主光处理的好坏会直接影响到被摄主体的立体形态和轮廓特征的表现，也会影响到画面的基调、光影结构和风格。因此，主光是摄像师首要考虑的光线。

主光光源通常位于被摄主体的侧前方，并且与被摄主体和摄像机之间的连线成45°～90°。在拍摄人物时，主光最完美的角度是与被摄主体和摄像机之间的连线成45°，并以略高于被摄主体的高度俯射被摄主体。采用这样的主光拍摄会在被摄主体的脸部、鼻子侧面和眼睛下方形成一块明显的三角阴影，使被摄主体的脸部具有立体感。

2. 辅助光

辅助光又称为副光，是用于补充主光的光线。辅助光一般是无阴影的软光，用于减少主光造成的生硬、粗糙的阴影，降低受光面和背光面的反差，提高暗部阴影的表现力。

辅助光光源通常位于被摄主体（人物）的另一侧，并且与被摄主体和摄像机之间的连线成45°到90°。辅助光的角度不同，在被摄主体脸上呈现的艺术效果也不同。辅助光大多需要与主光配合使用。

通常，主光与辅助光的光比（即主光与辅助光形成的亮度比值）决定着被摄主体的影调反差，所以控制和调整主光与辅助光的光比十分重要。主光与辅助光的光比没有固定值，但需要注意的是，主光的强度一定要比辅助光的强度大。摄像师常设置的主光与辅助光的光比为2∶1或4∶1。

3. 轮廓光

轮廓光为三种光中唯一不是模拟自然光的一种光线。轮廓光通过照亮被摄主体的头发、肩膀等边缘，将被摄主体和背景分开，增强视频画面的层次感和纵深感。

轮廓光光源通常位于被摄主体后侧方与主光光源大致相对的位置，并以略高于被摄主体的高度俯射被摄主体。经过柔化的轮廓光不易被肉眼察觉，适用于采访、访谈等纪实类影像的拍摄；而较硬且较亮的轮廓光则具有艺术化的修饰效果，通常用于音乐短片（Music Video，MV）及某些充满渲染氛围的剧情片的拍摄。

图3-28所示为组合使用多光源的摄影棚拍摄现场。

图3-28

3.4　运镜：创造视觉艺术效果

运镜即通过移动镜头制作出不一样的效果。在拍摄短视频过程中，摄像师运用不同的拍摄手法可以制作出不一样的效果，从而使短视频画面更加精致。

3.4.1　固定镜头

固定镜头是指在拍摄一个镜头的过程中，摄像机位置、镜头光轴和焦距都固定不变，而被摄主体可以是静态的，也可以是动态的。固定镜头在短视频拍摄中很常用，摄像师可以在固定的框架下长久地拍摄运动的或静态的事物，从而体现其发展规律。

使用固定镜头拍摄可以展示被摄主体的细节、介绍被摄主体所处的环境及推动视频节奏，同时因为固定镜头的边框具有半封闭性的特点，所以观者看见的画面具有一定的局限性。短视频创作者可以利用这一特点为观者设置悬念。

3.4.2　推、拉镜头

推镜头是指将镜头面向被摄主体不断靠近（见图3-29），或者变动镜头焦距使画面由远及近的拍摄手法。推镜头可以形成视觉前移效果，使被摄主体由小变大。

推镜头在拍摄中起到的作用是突出被摄主体，将观者的注意力从整体引向局部。在推镜头的过程中，画面中所包含的内容会逐渐减少，从而突出重点。推镜头速度的快慢也会影响画面的节奏，短视频创作者在拍摄过程中可以利用这一点控制画面的节奏。

　　拉镜头与推镜头相反，是指将镜头不断远离被摄主体（见图3-30），或者变动镜头焦距使画面由近及远的拍摄手法。

　　拉镜头的作用可以分为两个方面：一是表现主体人物或景物在环境中的位置，即通过将镜头向后移动逐渐扩大视野范围，从而在一个镜头中反映局部与整体的关系；二是满足镜头之间衔接的需要，如前一个镜头是一个场景的特写，而后面的镜头是另一个场景，两个场景通过拉镜头的方式衔接起来会显得比较自然。

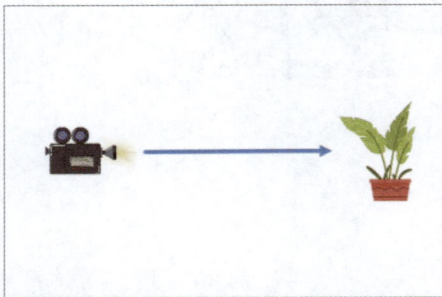

图3-29

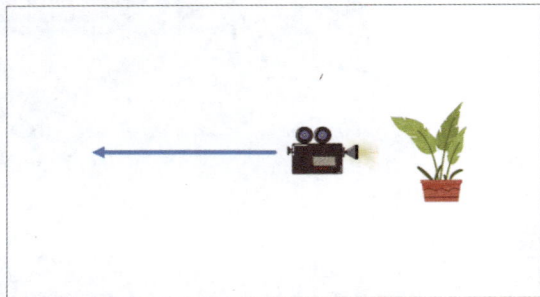

图3-30

3.4.3　升降镜头

　　升降镜头指摄像机上下运动拍摄画面，是一种从多视角表现场景的方法，其变化的技巧有垂直升降、斜向升降和不规则升降。在拍摄过程中，摄像师不断改变摄像机的高度和俯、仰角度，会给观者带来丰富的视觉感受。升降镜头如果在速度和节奏方面运用得好，则可以创造性地表达一个情节的情调。升降镜头常常用来展示事件发生的规律，或表达在场景中做上下运动的主体对象的主观情绪。升降镜头如果在实际拍摄中与镜头表现的其他技巧结合运用，则能够表现出丰富多变的视觉效果。图3-31所示为升降镜头示意。

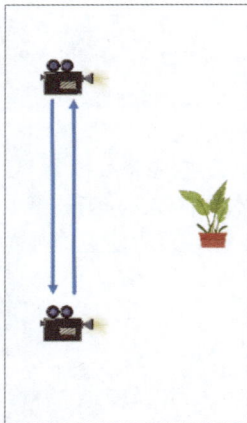

图3-31

3.4.4　旋转镜头

　　旋转镜头是指摄像机沿镜头光轴或接近光轴的角度旋转拍摄，如图3-32所示。这是影视摄影中常用的一种拍摄手法，可以使观者产生眩晕的感觉。

　　在拍摄旋转镜头时，摄像师可以手持稳定器快速做超过360°的旋转拍摄，实现旋转镜头的效果；也可以手持稳定器原地转动，实现反向环绕旋转镜头的效果；还可以将稳定器对着被摄主体进行低角度环绕旋转拍摄，这种镜头比较适合展现被摄主体高大的形象。

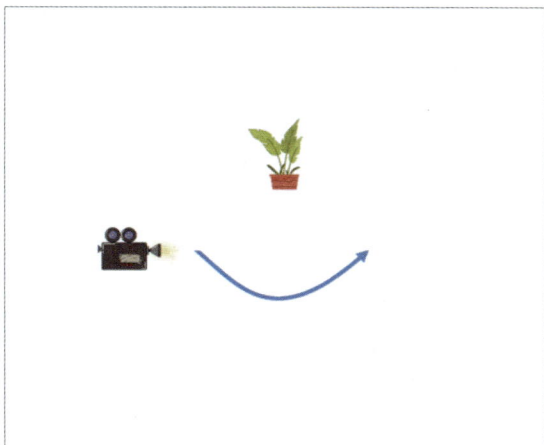

图3-32

3.4.5 移镜头

　　移镜头也称为摄像机移动，是一种常见的拍摄手法。它涉及摄像机在水平、垂直或三维空间中的移动，以改变视角、镜头位置和画面构图，如图3-33所示。这种拍摄手法常用于创造动态、引人注目的画面效果。例如，从静态场景到富有动感的追逐场景，以提高观者的参与感和对观者的视觉吸引力。

　　移镜头可以采用不同的方式实现，以下是几种常见的方式。

　　平移：摄像机水平移动，从一个位置平稳地移向另一个位置，以捕捉水平运动或改变视角。

　　抬升/降低：摄像机上下移动，以改变视角的高度，如低角度和高角度拍摄。

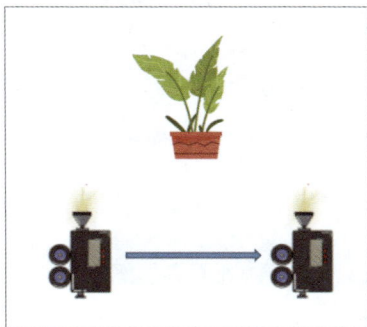

图3-33

　　旋转：摄像机围绕被摄主体或自身轴线旋转，以创造环绕和跟踪的运动效果。

　　变焦：使用变焦镜头可以远距离或近距离拍摄，改变焦距，从而调整被摄主体的大小和背景的深度。

　　三维移动：结合水平、垂直和旋转运动，以在三维空间中自由移动摄像机。

　　移镜头的主要作用是表现场景中的人与物、人与人、物与物之间的空间关系，或者把一些事物连贯起来加以表现。移镜头与摇镜头的相似之处在于，都是为了表现场景中的被摄主体与陪体之间的关系。但是，两者在画面上给人的视觉效果是完全不同的。

　　摇镜头是摄像机的位置不变，拍摄角度和被摄主体的角度发生变化，适合拍摄距离较近的物体和主体；而移镜头则是拍摄角度不变，摄像机移动（或是在摄像机不动的情况下，改变焦距或者移动后景中的被摄主体），以形成跟随的视觉效果。

3.4.6 摇镜头

　　摇镜头也称为镜头晃动或相机晃动，是摄影、电影制作中的一种特殊效果技术。它涉及将摄像机有意地晃动、振动或摆动，以在画面中创造一种颤动或不稳定的感觉。这种技术可以通过不同的方式实现，如手持摄像机、稳定器或后期处理效果。

　　摇镜头模拟了拍摄过程中的不稳定性或手持拍摄的效果，可能包括轻微的摇晃或颤动。摇镜头通常用于拍摄紧张、紧迫的场景，以增强戏剧性效果、紧迫感或不安定感。摇镜头易于使观者更快地投入画面中，因为它模仿了人类在移动或激动时的视觉效果。

摇镜头是一种具有创意和表现力的技术，通常用来传达特定的情感或情节要素。通过微妙的摇晃或振动，摇镜头可以增强戏剧性效果和视觉吸引力。

3.4.7　晃镜头

晃镜头是指在拍摄过程中，摄像机机身上下前后摇摆。晃镜头常用作主观镜头，在特定情况下使用往往能产生强烈的震撼感和主观情绪，形成特定的艺术效果，如表现精神恍惚、头晕、乘车摇晃颠簸等效果。

3.5　课堂实训——拍摄一段图书馆内的短视频素材

前面我们了解了短视频拍摄的各种技巧，现在我们将运用这些技巧来拍摄一段女大学生在图书馆内安静看书且神情专注的短视频素材。

1. 构图方式
画面内的被摄主体为女大学生，陪体为其手中的图书，环境为图书馆内，主要使用中心构图这种构图方式引导观者将视线聚焦于学生身上。

2. 景深
使用较浅的景深，适当模糊环境，因为人物离镜头更近，故人物清晰可见，而背景中的图书则稍显模糊，以免背景分散观者的注意力。

3. 景别
使用近景进行拍摄，使观者能够清晰地观察到学生专注的神情，重点突出学生的面部表情。

4. 光位
为了让画面有更好的表现效果，选择下午时段且天气明媚情况下的太阳光作为主光进行拍摄。因为图书馆的窗户相对人物较高，故最后拍摄时使用了顶光与侧光相结合的光位。

5. 运镜方式
整段视频素材使用了升镜头、移镜头、摇镜头、推镜头4种运镜方式。通过镜头的移动，学生的动作、神态都得到了较好的展示。

拍摄出来的最终效果如图3-34所示。

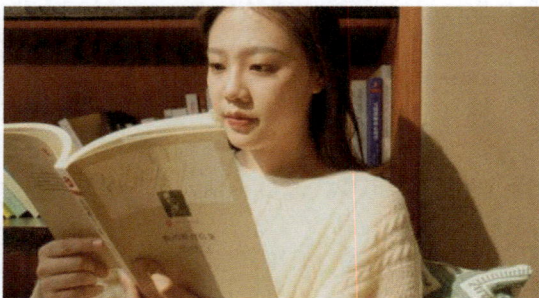

图3-34

3.6　课后练习——拍摄校园生活的短视频素材

1. 任务
请根据前文中介绍的运镜方式，拍摄校园生活的短视频素材。

2. 任务要求
时长：1min30s。

素材数量：不少于10段。

素材要求：选择合适的构图方式、景深、景别、光位、运镜方式。

制作要求：挑选符合主题、节奏感合适的音频，整理素材并进行剪辑，制作出完整的短视频。

第4章

视频剪辑基础知识

视频剪辑为电影、电视、社交媒体和在线内容创作提供了无限的可能性。它并非简单地将视频拼接在一起，而是一门综合性的艺术与技术，需要短视频创作者掌握一系列的基础知识和技能。

【学习目标】

➤ 了解剪辑的目的。

➤ 了解常见的视频剪辑术语。

➤ 了解短视频后期剪辑要则，进行更流畅的剪辑。

➤ 了解剪辑工作的不同阶段。

4.1 剪辑的目的

"剪辑"可以说是视频制作中不可或缺的一部分。短视频创作者如果只依赖前期拍摄，那么在跨越时间和空间的画面中就会出现很多冗余的部分，也很难把握画面的节奏与变化。所以，短视频创作者需要利用"剪辑"来重新组合各个视频片段，并剪掉多余的片段，令画面的衔接更为紧凑、结构更为严密。

4.1.1 去掉多余部分

剪辑最基本的目的在于将不需要的、多余的部分删除，如视频的开头与结尾往往会有一些无实质性内容的片段影响视频节奏，而将这些部分删除可令画面变得紧凑。同时，在拍摄过程中难免会受到干扰，导致一些画面有瑕疵，这些也需要通过剪辑来删除。

除此之外，若遇到画面没有问题，但在剪辑过程中发现与视频主题有偏差，或者很难与其他片段衔接的情况，也可以将其剪掉，只保留所需部分。剪辑素材前后的对比效果如图4-1所示。

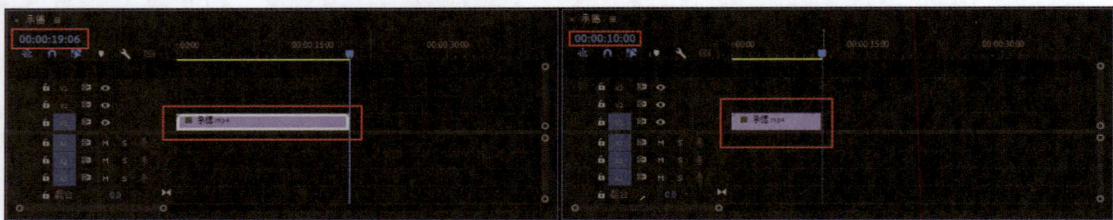

图4-1

4.1.2 把控视频节奏

通过剪辑来把控视频节奏是一项重要的技能，可帮助短视频创作者在视频制作中传达情感、提高视频吸引力和为观者提供更好的观看体验。

1. 通过调整素材时长和播放速度来调整视频节奏

在剪辑时，通过调整画面播放速度和持续时间，短视频创作者可以创造出不同的节奏感。例如，快速的切换和短时的画面可以增强节奏的紧迫感，而较长时的画面可以为观者提供冷静和深思熟虑的时间与空间。同时，控制剪辑速度也能达到类似的效果。剪辑速度是指切换镜头和画面的速度，快速切换可以增强节奏感，而慢镜头或过渡效果可以放慢节奏。短视频创作者可根据视频的情感来选择适当的剪辑速度。调整播放速度后的素材如图4-2所示。

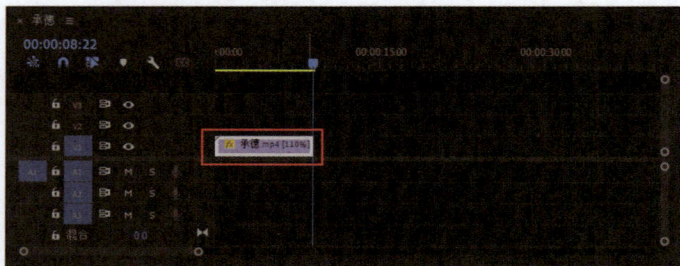

图4-2

2. 通过添加音乐来调整视频节奏

音乐在控制视频节奏方面发挥着关键作用。需要注意的是，选择的音乐的节奏和情感应与视频内容一致。短视频创作者可以通过对音乐的高潮部分进行剪辑来增强戏剧性效果和情感。通过音乐在视频中引入节奏变化，可以给观者带来丰富的感受。通过快节奏部分和慢节奏部分的交替，可以引起观者的兴趣。添加背景音乐后的素材如图4-3所示。

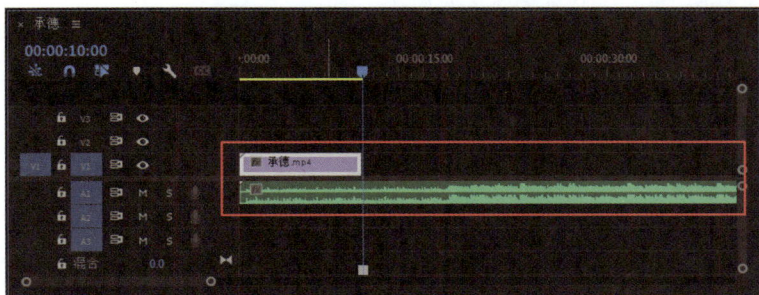

图4-3

3. 通过逻辑顺序来把握视频节奏

创作者可以通过剪辑合理地安排画面顺序。例如，影视剧在播放中虽然画面在不断变化，但给人的感觉依然很连贯，而非断断续续。其原因在于，通过剪辑将符合心理预期及逻辑顺序的画面衔接在一起后，由于画面彼此之间存在联系，因此每一个画面的出现都不会让观者感到突兀，自然会给观者带来流畅、连贯的视觉感受。

所谓的"心理预期"，即观者在看到某一个画面后，根据"视觉惯性"本能地对下一个画面产生联想。如果视频画面与观者脑海中联想的画面有相似之处，就会给观者带来连贯的视觉感受。

图4-4

而"逻辑顺序"则可以理解为现实场景中一些现象的自然规律。例如，一大片乌云来了，晴天变成阴天，接下来就是下雨到雨水落下的画面。该画面既可以通过一个镜头表现，也可以通过多个镜头表现。如果通过多个镜头表现，那么乌云出现时的画面如图4-4所示。

其下一个画面理应是变成阴天，如图4-5所示。最后则是雨水落下的画面，如图4-6所示。

图4-5　　　　　　　　　　　　　　图4-6

因为以上画面符合自然规律，也就符合正常的逻辑。通过逻辑关系衔接的画面，哪怕镜头数量再多，也会给观者带来连贯的视觉感受。

值得一提的是，如果短视频创作者想营造悬念感，则可以"不按照常理出牌"，即将不符合心理预期及逻辑顺序的画面衔接在一起，从而引发冲突，让观者思考这种"不合理"出现的原因。

在视频制作中，剪辑是一个具有创意性的过程，短视频创作者需要不断练习和尝试不同的方法。通过不断改进和调整，短视频创作者可以更好地控制视频节奏，使观者产生更深的情感共鸣。

4.1.3　二次创作视频

剪辑之所以能够成为独立的艺术门类，主要在于它是镜头语言和视听语言的再创作。"创作"就意味着即便是相同的视频素材，通过不同的方式进行剪辑，也可以形成画面效果、风格甚至情感都完全不同的视频。

剪辑的本质就是对视频画面中的人或物进行从解构到重组的过程，使得不同镜头经过组合、拼接产生了镜头单独存在时不具备的新的含义，也就是所谓的"蒙太奇"。

同样的视频素材，经过不同的短视频创作者剪辑，其最终呈现的效果往往是不尽相同，甚至天差地别的。这也从侧面证明，剪辑不是机械化劳动，它需要发挥剪辑师的主观能动性，充分利用其对视频内容的理解和思考。

4.2 视频剪辑术语

视频剪辑术语是视频制作过程中的基础知识，了解和掌握这些术语能够帮助创作者有效地表达故事和创意，从而有效地剪辑和制作出高质量的视频内容。

4.2.1 素材

素材是指影片的一小段或者一部分内容，可以是音频、视频、静态图像或者字幕标题。

4.2.2 时长

时长是指视频的长度，基本单位是s。 一般短视频的时长为15s至5min。短视频的类型不同，时长也不同。像宣传类的短视频，时长一般在1min至3min；而知识类的短视频，时长要更长一点儿，在5min左右。

4.2.3 帧

作为动画影像，影片都是由一系列连续的静态图像所组成的。在单位时间内，可以理解为一张静态图像就是一帧。

4.2.4 转场

转场是指两个编辑点之间的视觉或者听觉效果，如视频叠化或者音频交叉渐变。剪映与Premiere Pro中都具有视频转场效果和音频转场效果，以便短视频创作者迅速添加。若短视频创作者觉得已有的转场效果不能满足其剪辑需求，也可以通过使用关键帧功能来制作转场效果。

4.2.5 帧速率

帧速率是指显示器上每秒扫描的帧数。帧速率的高低决定了视频播放的流畅程度。帧速率越高，视频播放越流畅；帧速率越低，视频会越卡顿。在剪辑软件中，帧速率非常重要，它能帮助短视频创作者通过量化的数值来衡量视频画面的流畅程度。通常，项目的帧速率与视频影片的帧速率相匹配。

不同的视频类型会有不同的帧速率要求标准。例如电影的帧速率一般为24帧/秒，拍摄快动作的视频则要求帧速率为60帧/秒，甚至为更高的120帧/秒。短视频创作者可以根据素材类型、视频风格和视频类型来选择合适的帧速率。

4.2.6 关键帧

关键帧是指素材中的特定帧，这些特定帧被标记为进行特殊的编辑或者其他操作，以便控制动画流、回放等。

4.2.7 视频制式

观者平日看到的电视视频都是经过处理后才播放的。由于世界上各个国家或地区对电视视频制定的标准不同，其制式也有一定区别。各种制式的区别主要表现在帧速率、分辨率、信号带宽等方面，现行的彩色电视制式有NTSC、PAL和SECAM这3种。

1. NTSC

这种制式主要在美国、加拿大等大部分西半球国家，以及日本、韩国等国家或地区被采用。

2. PAL

这种制式主要在中国、英国、澳大利亚、新西兰等国家或者地区被采用。PAL可以进一步被划分为PAL-G、PAL-I、PAL-D等制式。

3. SECAM

这种制式主要在法国、东欧、中东等国家或地区被采用，是按照顺序传送与存储彩色信号的制式。

4.2.8　像素

像素是构成图像的基本单元，是"图像元素"的简称，是画面中最小的可见点，通常是一个方形的区域，具有特定的颜色和亮度。像素是数字图像中的最小数据单元，它们组合在一起可形成图像。

每个像素可以有不同的颜色值，这取决于图像的颜色模式。在常见的彩色图像中，像素通常由红、绿和蓝3个颜色通道组成，每个通道都有自己的颜色值。通过合并这些颜色通道的颜色值，可以创建出各种颜色的像素。

图像的分辨率通常以像素为单位来描述，比如"1920×1080"表示图像宽度为1920像素、高度为1080像素。分辨率决定了图像的大小和清晰度，高分辨率的图像通常具有更多的像素，因此可以显示更多的细节。

4.2.9　视频画幅

视频画幅也称为画幅比例、屏幕纵横比或宽高比，是指视频画面的宽度与高度的比值，通常用两个数字的形式表示。例如，16：9或4：3，第一个数字表示画面的宽度，第二个数字表示画面的高度。

常见的视频画幅有9：16（竖屏视频，见图4-7）、16：9（横屏视频）、4：3、2：1、1.85：1等。画幅越大，视频画面展示的场景就越大，对拍摄场景的要求也就越高。

图4-7

画幅比例对视频制作和观者的体验感非常重要，因为它会影响画面的外观、构图和视觉效果。不同的画幅比例适用于不同的媒体和屏幕，短视频创作者需要根据自己的创作目标选择适当的画幅比例。

提示

一般 9∶16 的视频画幅多用于短视频中，以便观者观看。

4.2.10　深度

此处的深度是指色彩深度，一般视频常见的色彩深度为8bit，对应到Premiere Pro中，在3个RGB（红、绿、蓝）通道上，每个通道都是8bit，整体就是24bit。除此之外，还有32bit，较24bit多了一个Alpha通道（透明度和半透明度）。同理，色彩深度为12bit对应Premiere Pro中的36bit，色彩深度为16bit对应Premiere Pro中的48bit。

4.2.11　声道与音轨

1. 声道

声道是指录音或音频信号的分离通道或轨道，通常用于表示不同的声音元素或音频源。单声道音频中只有一个声道，而双声道音频中通常有左声道和右声道。多声道音频中可以有许多声道，用于处理多个音频源和效果。声道通常与声音的方向、位置和声音元素相关。

2. 音轨

音轨是视频剪辑软件中用于组织和编辑音频的容器。音轨通常位于"时间轴"面板中，允许短视频创作者将不同的声音元素、音效和音乐叠加到视频中。通常，视频剪辑软件会提供多个音轨，以便短视频创作者在同一"时间轴"面板中处理多个音频源。音轨可用于控制音量、淡入淡出、音频效果等。

在音频剪辑中，短视频创作者可以将不同的声音元素分别放置在不同的音轨上，以更好地管理和编辑它们。这使得短视频创作者能够精确地控制声音的定位、音量和效果，以确保最终的音频与视频配合得当。

总的来说，声道是音频信号的单独通道，而音轨是用于组织和编辑音频的容器。两者配合使用，能够使短视频创作者有效地处理和调整声音元素，以获得所需声音效果。图4-8所示为支持多声道录制的录音棚。

图4-8

4.2.12　渲染

在视频剪辑中，渲染是指将编辑过的视频和音频素材合成最终的输出文件，以便播放或导出。这个过程涉及多个步骤，其中包括将不同的媒体资源、转场效果和过渡效果整合到一个完整的视频流中。

视频剪辑软件通常提供实时预览功能，以便创作者在剪辑时查看效果，从而在进行完整渲染之前做出初步审查。实时预览画面通常以较低的分辨率和质量提供给短视频创作者，以确保流畅性。图4-9所示为"节目监视器"面板中实时预览的画面。

图4-9

在渲染时，视频会以更高的质量进行处理。

一旦渲染完成，短视频创作者就可以导出视频文件，以便在各种媒体平台上分享或播放。导出时，短视频创作者可以选择所需分辨率、帧速率、编解码器和格式。最终渲染是将整个项目渲染为最终输出文件的过程。这个过程可能需要一定的时间，具体取决于项目的复杂性、分辨率和质量设置。

渲染是视频剪辑过程中的关键步骤，它确保了最终的视频文件达到所需质量和效果。短视频创作者可以通过选择适当的设置和导出选项来控制渲染的输出质量与文件大小。

4.3 短视频后期剪辑要则

在对拍摄的短视频进行后期剪辑时，短视频创作者需要严格按照后期剪辑的各种要点和法则来操作。这将有利于剪辑工作更快地进行，帮助短视频创作者制作出更高品质的视频。

4.3.1 镜头组接的原则

短视频中的镜头不是随意组接的，短视频创作者在编辑视频时往往会根据剧情的需要，选择不同的组接方式。镜头组接的总原则为：合乎逻辑、内容连贯、衔接巧妙。但还有一些需要注意的事项，具体如下。

1. 符合观者的思维逻辑和影视表现规律

镜头的组接不能太过随意，必须符合观者的思维逻辑和影视表现规律。因此影视节目要表达的主题与中心思想一定要明确，这样才能根据观者的心理需求，依据思维逻辑考虑选用哪些镜头，以及如何更好地将镜头组接在一起。

2. 遵循镜头调度的轴线规律

这里要注意拍摄的画面是否有"跳轴"现象。在拍摄时，如果摄像机始终在被摄主体的同一侧，那么构成画面的运动方向、被摄主体的放置方向都是一致的，否则称为"跳轴"。存在"跳轴"的画面一般情况下无法组接，若将存在"跳轴"的画面强行组接在一起，则容易出现方向性混乱，从而使视频画面整体表现效果变差。

图4-10所示为运动方向向前、被摄主体位于画面中心偏左的素材画面。根据前面的轴线规律，短视频创作者在组接镜头时，应该在该画面后组接运动方向同样向前、被摄主体同样位于画面中心偏左的素材画面。

图4-10

3. 景别的过渡要自然合理

组接表现同一主体的两个镜头时要遵循以下原则。

➤ 两个镜头的景别要有明显变化，不能把同机位、同景别的镜头组接在一起。因为同一环境中的主体一样，机位不变，景别也相同，两镜头相接后会出现明显的跳动，使观者的感官体验变差。

➤ 景别相差不大时，要改变摄像机的位置，否则也会出现明显的跳动，就像一个连续的镜头被截去了一段。

➤ 组接不同主体的镜头时，同景别或不同景别的镜头都可以组接。

4. 遵循"动接动"和"静接静"的规律

如果画面中同一主体或不同主体的动作是连贯的，那么短视频创作者在组接镜头时可以将动作镜头和动作镜头相接，达到顺畅、简洁过渡的目的。这种镜头组接方式被称为"动接动"。

如果两个画面中的主体运动是不连贯的，或者中间存在停顿，那么必须在前一个画面主体动作结束并停下后，再去衔接另一个画面主体从静止开始运动的镜头。这种镜头组接方式被称为"静接静"。"静接静"时，前一个镜头结尾停止的片刻叫"落幅"，后一个镜头运动前静止的片刻叫"起幅"。起幅与落幅的时间间隔为1～2s。

运动镜头和固定镜头组接同样要遵循以上规律。如果一个固定镜头要接一个摇镜头，则摇镜头开始要有起幅；相反，如果一个摇镜头要接一个固定镜头，则摇镜头结尾要有落幅，否则画面就会给人一种跳动感。

> **提示**
>
> 有时候为了实现一些特殊的画面效果，短视频创作者也会用到"动接静"或者"静接动"的镜头组接方式。

5. 光线、色调的过渡要自然

在组接镜头时，短视频创作者要注意相邻镜头的光线与色调不能相差过大，否则会导致画面变化太突然，使观者感觉不连贯、不流畅。

4.3.2　镜头组接的技巧

利用镜头的自然过渡来组接镜头或者段落，再结合一些镜头组接技巧，可以保证短视频流畅，同时产生明确的段落变化和层次分明的效果。

本小节主要介绍以下常用的镜头组接技巧。

➤ 渐隐与渐显：这种转场方式又称为淡入、淡出。渐隐是指画面由正常逐渐转暗，直到完全消失；渐显则完全相反，是指画面从全黑中逐渐显露，直到清晰、明亮，恢复正常，如图4-11～图4-13所示。这种技巧可以给人一种间歇感，适用于自然段落的转换。

图4-11　　　　　　　　　　　图4-12　　　　　　　　　　　图4-13

➤ 叠化：这种转场方式又称为化入、化出，是指前一镜头的画面与后一镜头的画面相叠加，前一镜头的画面渐渐隐去，同时后一镜头的画面逐渐显现，镜头从清晰到重叠模糊再到清晰。两个镜头的连接融合给观者以流畅感，两个画面中有一段过渡时间。叠化效果主要有以下几种功能：一是用于时间的转换，表示时间的消逝；二是用于空间的转换，表示空间已发生变化；三是表现梦境、回忆等插叙、回叙场景；四是表现景物变幻莫测。

➢ 划像：划像可以分为划出与划入。前一镜头从某一方向退出，被称为划出；后一镜头从另一方向进入，被称为划入。划出与划入的形式多样，根据画面进出屏幕的方向不同，可以分为横划、竖划、对角线划等。划像一般用于两个内容意义差别较大的镜头的组接。

➢ 甩切：甩切是一种快闪转换镜头，让观者视线跟随快速闪动的画面转移到另一个画面。在甩切时，画面中会呈现出模糊不清的流线，并立即切换到另一个画面。这种转场方式会给观者带来不稳定感。

➢ 虚实转换：利用对焦点的选择，使画面中的人物发生清晰与模糊的交替变化，形成人物前实后虚或前虚后实的互衬效果，使观者的注意力集中到焦点清晰而突出的形象上，从而实现镜头的转换。同时也可以是整个画面由实变虚，或者由虚变实，前者一般用于段落结束处，后者一般用于段落开始处。

4.4 剪辑工作的不同阶段

视频剪辑过程通常被称为"后期制作"，有时简称"后期"。这一阶段的工作范围相当广泛，因此无法一概而论。实际上，后期制作包括项目拍摄结束后的所有工作。在后期制作过程中，图像和声音的剪辑、合成及故事叙述成为焦点。此外，后期制作还包括添加视觉特效、字幕、绘图元素、演员表，以及声音效果和音乐的制作。在小规模制作项目（如短视频剪辑）中，通常一个人就可以完成所有任务。然而，在大规模制作项目中，后期制作的各个阶段的工作需要由不同部门的工作小组协同完成。

图4-14所示为后期制作的基本环节，主要强调项目中视觉元素的剪辑过程。

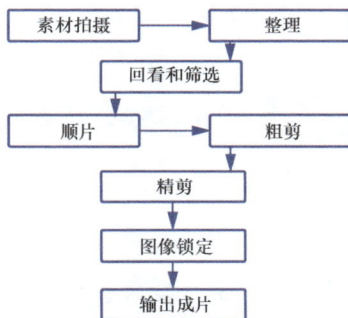
图4-14

4.4.1 采集和整理素材

素材裁剪是后期制作的首要工作，高质量的视频素材容易产出高质量的视频。在制作前期，短视频创作者可以根据创作好的视频脚本拍摄相应的镜头，也就是原始视频素材；然后将原始视频素材输入计算机，以便进行后期创作。一般来说，将原始视频素材输入计算机有以下两种方式。

1. 外部视频输入

外部视频输入是指将单反相机、摄像机等拍摄设备（见图4-15）拍摄或录制的视频素材输入计算机，然后导入剪辑软件中。

2. 软件视频素材输入

软件视频素材输入一般是指将一些由应用软件（如Cinema 4D、After Effects等）制作的动画视频素材输入计算机，然后导入剪辑软件中。图4-16所示为After Effects启动画面。

图4-15

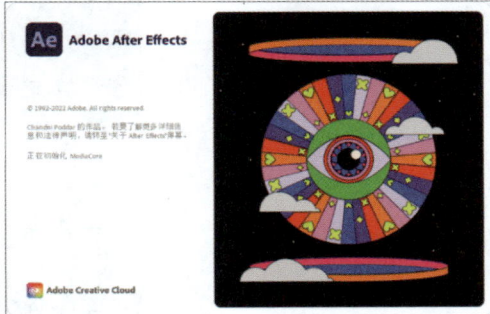
图4-16

在采集好原始视频素材之后，短视频创作者还需要根据素材画面、声音、元素，采用一定形式对所有素材进行分组或分类。如果项目素材没有清晰的标识、分组或归类机制，那么短视频创作者在后期制作的过程中就会发现很难找到好的镜头或者好的声效，这样剪辑效率将大幅度降低。或许短视频创作者会觉得这是一个烦琐的过程，但它可以决定短视频创作者进行后期制作时是顺利流畅还是缓慢困难。

4.4.2　粗剪视频

整理好素材之后，就要开始粗剪视频了。将视频脚本作为视频框架，把主要镜头的影像和声音元素按照逻辑顺序排列组合，组合之后得到最长版、最粗糙的剪辑版视频素材。然后将视频素材中冗余的部分剪去，留下一个叙事完整但仍显不足的故事。此时，也许剪辑得不够完美，没有添加字幕或者图像，不管是简单的特效还是精细的特效都还没有制作出来，背景音乐、音效和特效也没有添加，但短视频创作者已经确定了主要元素的时间节奏，也找到了自己喜欢的剪辑方式。

4.4.3　精剪视频

到了这个阶段，短视频创作者要做的就是对粗剪过的视频素材进行精剪，将粗剪得到的视频素材变为一场结构严谨的视听"盛宴"。

4.4.4　制作镜头转场效果

精剪之后，短视频创作者可以为视频素材制作、添加合适的镜头转场效果，让素材与素材之间的画面过渡变得更加自然，让视频在播放时产生平缓、连贯的视觉效果，增强影片的氛围感，从而吸引观者。

4.4.5　添加背景音乐和音效

一个完整的视频作品除了拥有精美的画面以外，合适的背景音乐及恰到好处的音效也是至关重要的。声音不仅可以解释视频内容，也可以渲染影片气氛，提高作品感染力，使视频画面更具张力，从而为观者打造一场视听"盛宴"。

4.4.6　视频调色

视频调色就是对拍摄的视频的颜色进行调整，使视频画面的色彩风格保持一致。不同的色调可以表达不同的情绪，色彩当中蕴含的心理暗示可以更好地带动观者的情绪。图4-17所示为调色前后的对比，可以看到调色之后的画面色彩表现更好。

图4-17

4.4.7　添加字幕

为视频画面添加一些字幕可以使视频信息更加丰富，重点更加突出。短视频创作者可以为视频添加标题、关键词或歌词等字幕，会让视频画面变得更加生动有趣。图4-18所示为添加了字幕的画面，这个画面使视频主题更加突出明确，从而使观者直观地了解到当前画面中的重点是什么。

图4-18

4.4.8　制作片头和片尾

制作合适的片头和片尾，引导观者进行点赞、关注、评论、收藏等操作，更容易留住偶然观看到视频的"路人"并增加视频的流量。制作具有个人特色的片头和片尾能够给观者留下深刻的印象，获得更深层次的影响力。图4-19所示为剪映素材库中的片尾效果。

图4-19

4.4.9　制作短视频封面

合适的短视频封面可以帮助用户快速检索短视频内容，然后找到自己喜欢的短视频。一个好的短视频封面，可以提高短视频的点击率和关注率。短视频创作者要根据自己的短视频内容，制作合适的短视频封面。图4-20所示为抖音网页版中展示的短视频封面。

4.4.10　输出视频

如果不能将短视频创作者制作好的作品播放给观者看，那么之前做的所有剪辑工作都将变得毫无意义。所以短视频创作者要将视频渲染出来，并上传至各大平台，让观者看到自己的作品。

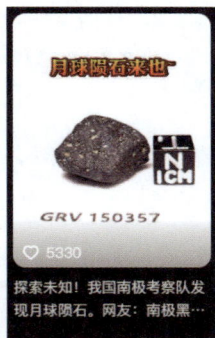

图4-20

4.5 课堂实训——用手机录屏功能录制视频素材

现在许多手机都自带录屏功能，短视频创作者可以通过手机中的一些小功能，结合手机自带的录屏功能录制视频素材。

以手机中自带的秒表功能为例，短视频创作者可以用录屏功能录下秒表计时的过程，如图4-21所示。

录屏之后，根据需要的视频效果，适当裁剪录屏画面，保留秒表变化画面，如图4-22所示。

像这样的时间变化素材可用于各种类型的视频中，然后为其添加特效，制作出酷炫的时间变换效果。这样的操作不会像使用字幕制作时间变换效果那样复杂。

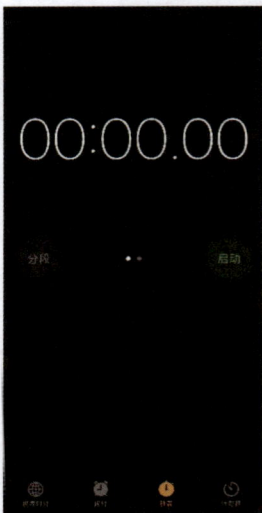

图4-21

图4-22

4.6 课后练习——制作视频后期剪辑要则的思维导图

1. 任务

制作一幅视频后期剪辑要则的思维导图。

2. 任务要求

制作要求：条理清晰，步骤合理。

5

第 章

剪映基础

　　剪映是抖音官方推出的一款简单、好用的剪辑软件，在手机、平板电脑、PC 三端互通。短视频创作者可以用手机等设备拍摄素材，然后迅速在剪映中进行剪辑，并在剪辑完成后快速将短视频作品上传至各大平台。本书所用的剪映版本号为 11.5.0。

【学习目标】

➢ 了解剪映的特点。

➢ 认识剪映的操作界面。

➢ 了解剪映的基础功能、进阶功能与特色功能。

5.1 剪映的特点

短视频创作者使用剪映能够轻松添加背景音乐和音效，并利用其中的工具快速添加各种特效。剪映简单、易学、好用，界面不复杂，哪怕是没有任何视频剪辑基础的初学者也能快速上手。

如果短视频创作者想制作酷炫的视频画面，可以通过剪映轻松实现。剪映中自带的各种特效、贴纸效果丰富齐全，加之与黑罐头（一站式素材共享平台）合作，为用户提供了各类丰富的素材。剪映拥有剪同款功能，短视频创作者通过简单的操作就可以制作出高级、好看的视频，紧跟时代潮流，提升自己的视频的影响力。短视频创作者也可以尝试自己制作视频模板并分享，若视频模板的使用者较多，自己还能获得相应的奖励。

5.2 剪映的操作界面

本节介绍剪映手机版（又称为剪映App）的操作界面，因剪映PC版（又称为剪映专业版）的界面与剪映手机版的界面有较多共同之处，故本章不叙述剪映PC版的内容。下面通过图文结合的方式，帮助读者快速了解剪映的操作界面。

5.2.1 剪映的工作界面

剪映最主要的5个板块是位于屏幕下方的"剪辑""剪同款""创作课堂""消息""我的"，如图5-1所示。用户点击相应的按钮即可切换至相应的板块。

图5-1

下面介绍这5个板块及其功能。

1. 剪辑

启动剪映，主界面默认显示"剪辑"板块的内容，如图5-2所示。

界面主要分为上下两个部分。界面上半部分为功能区，存放着各个按钮。下面对部分按钮所对应的功能进行简单的说明。

➤ **一键成片**⊡：点击此按钮，进入素材添加界面，选择素材，即可一键生成视频。

➤ **图文成片**⊡：点击此按钮，粘贴文章链接或输入文字内容，即可生成与文字内容相关的视频。

➤ **拍摄**⊡：点击此按钮，即可在剪映中拍照或拍摄视频素材。

➤ **创作脚本**⊡：点击此按钮，输入或套用视频剪辑脚本，即可依照脚本生成视频。

➤ **录屏**⊡：点击此按钮，即可开始录屏。

➤ **提词器**⊡：点击此按钮，即可建立台词文件，开始拍摄时，会根据已建立的台词文件在屏幕上显示台词。

➤ **美颜**⊡：点击此按钮，进入素材添加界面，选择素材，即可进入视频编辑界面。

提示

超清画质与AI创作为VIP才能使用的付费功能。

界面下半部分为"本地草稿"，主要分为"剪辑""模板""图文""脚本"4种草稿类型，如图5-3所示。使用某一功能制作的视频草稿将会被存放至相应的类型中。

图5-2　　　　　　　　　　　　图5-3

开始创作后，系统会自动将项目保存在"本地草稿"中，以免误操作导致用户意外丢失自己的视频。点击"管理"按钮 ✐ ，可对项目进行删除或者修改。完成创作后，用户可以将项目文件上传至"云备份"中。此功能可以为用户节省手机存储空间，也能较好地保证文件的安全性。

2. 剪同款

在"剪同款"对应的功能区中，可以看到剪映为用户提供了大量不同类型的短视频模板，如图5-4所示。用户在该功能区中选择自己喜欢的模板后，导入自己准备的素材，就可以迅速生成同款短视频。

> **提示**
>
> 短视频创作者在剪映中创作剪同款模板后可以设置是否收费，用户使用模板后能为短视频创作者带来流量，从而进行变现。

3. 创作课堂

"创作课堂"是剪映官方为短视频创作者打造的一站式服务平台，用户可以根据自身剪辑需求，选择不同的领域进行学习，如图5-5所示。在该服务平台上，官方还为用户提供了授权管理、内容管理、互动管理、数据管理和音乐管理等服务。

4. 消息

在"消息"板块中可见官方的活动提示，以及其他用户和短视频创作者的互动提示，如图5-6所示。

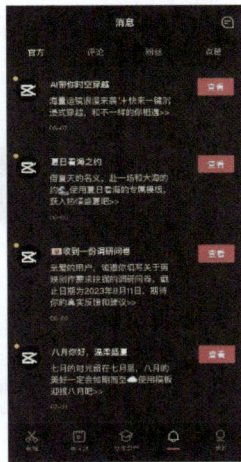

图5-4　　　　　　　　　　图5-5　　　　　　　　　　图5-6

5. 我的

"我的"即用户的个人主页，如图5-7所示。用户可以在这里编辑个人资料，管理自己发布的视频和点赞的视频等。点击"抖音主页"按钮，可以跳转至抖音界面。

图5-7

5.2.2 剪映的编辑界面

点击"开始创作"按钮⊞，在剪映素材库中选择一段素材，添加后就可以看到剪映的编辑界面，如图5-8所示。编辑界面分为3个部分，分别是预览界面、轨道区域、底部工具栏。

用户通过预览界面可以看到当前时间点视频画面的预览效果。预览界面下方就是轨道区域。轨道区域包含"轨道""时间轴""时间刻度"三大元素，当需要对素材进行裁剪或者为素材添加某种效果时，就需要同时运用这三大元素来精确控制裁剪和添加效果的范围。在不选中任何轨道的情况下，剪映底部显示的为一级工具栏，点击相应按钮，即可进入底部工具栏。需要注意的是，当选中某一轨道后，底部工具栏会变成与所选轨道相匹配的工具栏。底部工具栏中提供了全面且多样化的功能，如图5-9所示。点击相应的按钮，底部工具栏中会出现相应功能的工具栏。

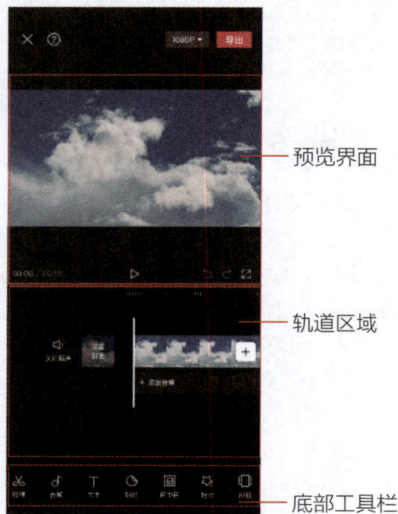

预览界面

轨道区域

底部工具栏

图5-8

图5-9

5.3 剪映的基础功能

本节将介绍剪映的基础功能，帮助读者熟悉各种功能的用法，以便轻松上手。

5.3.1　素材的添加与处理

短视频创作者在开始剪辑前，需要添加素材，才能在剪映中根据构思自如地组合、处理素材，形成最终的视频。接下来介绍剪映中素材的添加与处理操作。

1. 添加素材

在剪映中，用户可以添加各种类型的素材，如图片素材、视频素材、音乐素材等。

打开剪映，在主界面中点击"开始创作"按钮➕，打开素材添加界面，用户可以在该界面选择手机相册中的图片或者视频素材，或者在剪映素材库中选择合适的素材。选择好素材后，点击底部的"添加"按钮。进入视频编辑界面后，软件会将刚刚导入的素材添加至同一条轨道上。

导入素材后，如果想再次添加素材，点击位于屏幕右侧的"添加"按钮➕即可。此时再次添加的素材会根据时间线位置而被添加到不同的位置。

> **提示**
>
> 在再次添加素材的过程中，若时间线停留的位置靠近当前素材前端，那么素材将被添加到当前素材前面；若时间线停留的位置靠近当前素材后端，那么素材将被添加到当前素材后面。

2. 处理素材

在添加好合适的素材之后，就可以对素材进行以下处理。

➢ **分割素材**：在导入素材后，可以对其进行分割处理，并删除多余的片段。

➢ **替换素材**：进行视频剪辑处理时，若对某个部分的画面效果不够满意，直接对素材进行删除处理会影响到整个剪辑项目。要想在不影响项目的情况下换掉不满意的素材，可以对素材进行替换处理。

➢ **裁剪画面**：在前期的视频拍摄中，难免会出现画面局部存在瑕疵或者构图不太理想的情况，这时可以对素材进行裁剪处理，将画面中的瑕疵去除。

➢ **调整画面比例**：剪映中的比例调整功能可以帮助用户迅速调整画面比例，以便观者浏览视频。

➢ **视频变速**：通过视频变速，可以将视频片段的速度加快或者放慢，也可以制作出先快后慢或者先慢后快的视频效果，让视频画面更具动感。

➢ **视频倒放**：使用"倒放"功能，可以将视频倒放，制作时光倒流或者卡帧的视频效果。

➢ **添加动画**：剪映自带许多出/入场动画效果，添加合适的动画效果可以丰富视频画面，让视频画面有更好的表现力。

➢ **定格画面**：通过"定格"功能，可以让视频画面定格在某一个瞬间。这样不仅可以制作出定格拍照效果，也可以制作出定格动画效果。

➢ **镜像画面**：使用"镜像"功能，可以对素材画面进行水平翻转操作，创造空间倒置效果。

➢ **美颜美体**："美颜美体"功能非常强大，不仅可以对图片画面进行调整，也可以对视频画面进行调整，使人物形象更具魅力。

➢ **画中画**：通过"画中画"功能，可以进行简单的画面合成操作，使画面中再次出现一个画面。

➢ **关键帧**：使用"关键帧"功能，可以让一些原本固定的元素在画面中动起来，或者让一些后期增加的效果随着时间发生改变。

5.3.2　实战案例：制作时光相册视频

本案例将介绍时光相册视频的制作方法。这里的时光相册主要是指从短视频创作者拍摄的一段时期的照片中挑选出较为好看的，放在一起制作成以视频为表现形式的用于回忆时间的相册。本案例在制作上主要使用了剪映中的"分割""转场""动画"功能，下面介绍详细的制作过程。

微课视频

01　打开剪映，在素材添加界面中选择名为"风雪天列车"的视频素材和15张图片素材添加至剪辑项目中，将视频素材拖曳至开头处。对第一段视频素材进行适当的分割裁剪，使素材时长变为1.7s，裁剪掉多余的视频片段，如图5-10所示。

    02   选中第二段图片素材，通过拖曳素材片段边缘的白色滑块，调整素材的时长为1.5s，调整后的效果如图5-11所示。

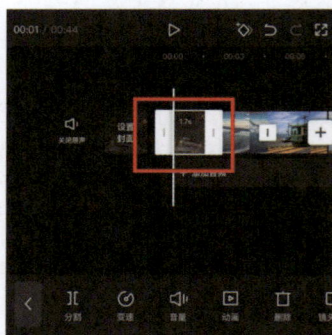

图5-10

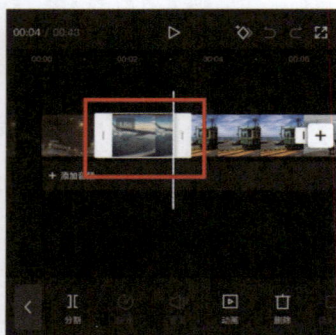

图5-11

    03   参考步骤02，将后面所有图片素材的时长调整为1.5s左右，如图5-12所示。

    04   将时间线拖曳至开始处，点击两个素材衔接处的白色小方块，如图5-13所示。在衔接处添加名为"叠化"的转场效果，调整转场效果的时长为0.7s，点击"全局应用"按钮🖽（见图5-14），将设置好的转场效果应用至所有衔接处。

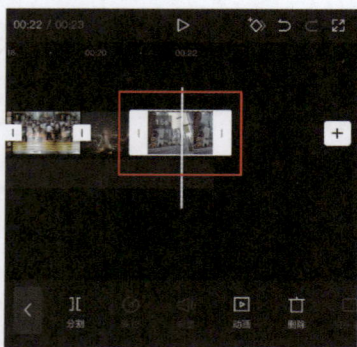

图5-12

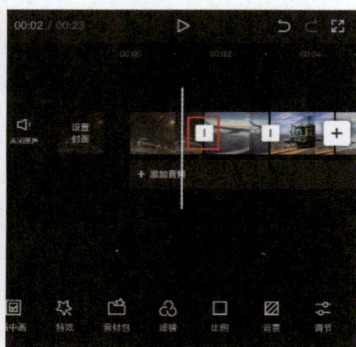

图5-13

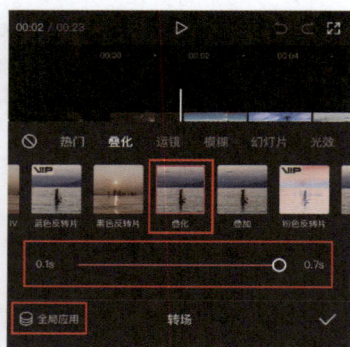

图5-14

    05   将时间线拖曳至开始处，点击底部工具栏中的"音频"按钮♫，再点击"音乐"按钮◎，为视频添加合适的背景音乐，如图5-15所示。添加后，裁剪掉多余的音乐片段。

    06   选中第一段视频素材，点击"动画"按钮▣，在"组合动画"分类下添加名为"旋转缩小"的组合动画效果，并调整组合动画效果的时长，如图5-16所示。

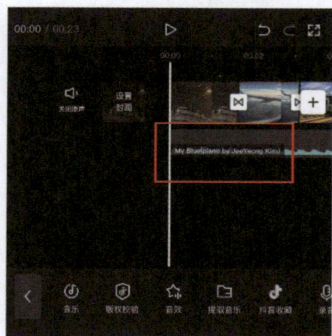

图5-15

图5-16

07　选中第一段视频素材，点击"音频分离"按钮 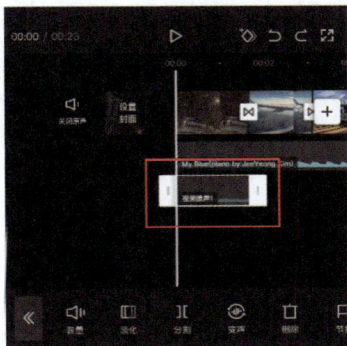，将其原声分离出来，如图5-17所示。删除分离出来的视频原声，如图5-18所示。

08　将时间线拖曳至开始处，点击底部工具栏中的"文本"按钮 **T**，再点击"新建文本"按钮 **A+**，在视频开头添加合适的字幕，并适当更改字幕样式，调整字幕的持续时间为与视频素材的时长一致，如图5-19所示。

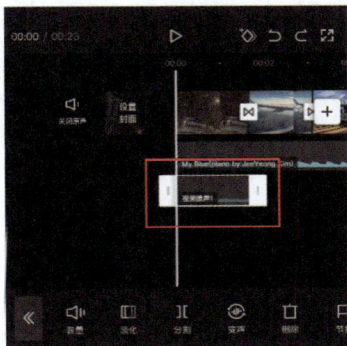
图5-17

图5-18

图5-19

09　完成上述操作后，点击右上角的"导出"按钮，预览视频画面效果，如图5-20所示。

图5-20

提示

要制作效果更好的时光相册，就需要更多的图片素材，并根据实际画面效果进行适当调整。

5.3.3　字幕的创建及调整

为了让视频中的信息更加丰富、重点更加突出，许多短视频都会添加一些与视频内容相对应的字幕，如视频的标题、重点、关键词等。剪映中丰富的字体、样式、贴纸能使字幕在视频中"活"起来，让视频画面更加生动有趣。

在创建、调整字幕的过程中，短视频创作者要注意文字排版、色彩设计、图形设计3个方面的问题。

好的文字排版不仅能为观者提供当前视频的信息，也能使画面更加美观、作品风格更加明显、作品特点更加突出，还能使主体内容更加突出，从而抓住观者的眼球，如图5-21所示。

图5-21

色彩设计是创建字幕中重要的一环，合理的色彩设计可以使视频画面更吸引观者眼球。对字幕进行色彩设计时要遵循两个基本原则：一是字幕选用的色彩要与视频内容相符，二是字幕选用的色彩要保持协调。对字幕进行色彩设计的效果如图5-22所示。

最后是图形设计。除了使用文字，还要将文字和图形相结合。将图形和文字相结合更容易被观者解读，也能更好地吸引观者的注意力，如图5-23所示。

图5-22

图5-23

5.3.4　实战案例：制作粒子消散文字视频

本案例将介绍粒子消散文字视频的制作方式，主要使用画中画功能、字幕功能和混合模式功能。

01 打开剪映，点击"开始创作"按钮➕，在剪映素材库中选择一段黑场素材，将其添加至剪辑项目中。点击底部工具栏中的"文本"按钮Ｔ，再点击"新建文本"按钮A+，新建一段字幕，调整字幕样式，调整后的效果如图5-24所示。

02 点击屏幕右边的"添加"按钮➕，在剪映素材库中选择一段粒子消散视频素材，如图5-25所示。将其添加至时间轴上，选中粒子消散视频素材，点击底部工具栏中的"切画中画"按钮，将该段素材切换至画中画轨道上，如图5-26所示。

微课视频

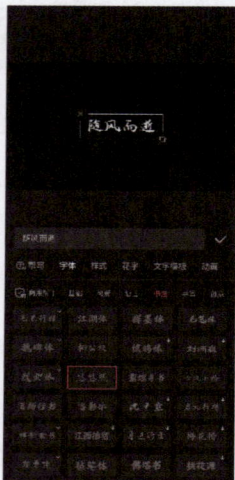
图5-24

图5-25

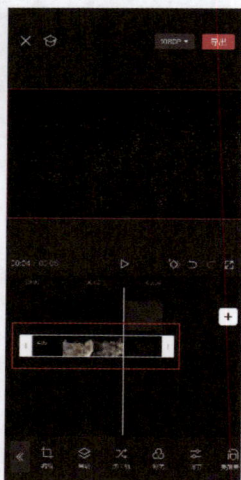
图5-26

03 选中画中画轨道上的素材，点击底部工具栏中的"混合模式"按钮，打开"混合模式"选项栏，选择"滤色"效果，如图5-27所示。根据视频画面调整字幕的出现时间，使字幕在粒子冲至画面中央时显示，如图5-28所示。

图5-27

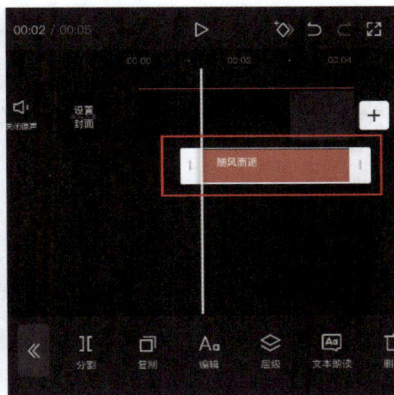

图5-28

04　根据视频画面，为字幕添加名为"溶解"的入场动画效果和名为"羽化向右擦除"的出场动画效果（见图5-29），并调整动画时长，使字幕消失和粒子消散时间相符合。

05　完成上述操作后，预览视频效果，如图5-30所示。

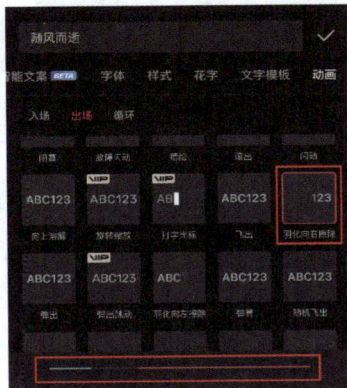

图5-29

图5-30

5.4　剪映的进阶功能

剪映是一款功能强大的视频剪辑软件，具有许多进阶功能，可以让用户更深入地调整自己的视频内容。

5.4.1　转场效果的应用

转场即段落与段落、场景与场景之间的过渡或转换，分为无技巧转场和技巧转场。无技巧转场是指通过寻找合理的因素（如相似元素），拍摄自然过渡的镜头来连接前后两段内容，强调的是视觉上的连续性。而技巧转场则是指通过各种剪辑手法来完成两个画面的转换。在剪辑视频的过程中，转场效果的应用非常重要，通过在素材衔接处添加转场效果，可以让两段素材过渡得更加自然。

添加素材之后，点击素材衔接处的白色小方块，如图5-31所示。打开"转场"选项栏，添加转场效果，如图5-32所示。此时可以看到剪映为用户提供了丰富的转场效果，如叠化、运镜等，如图5-33所示。

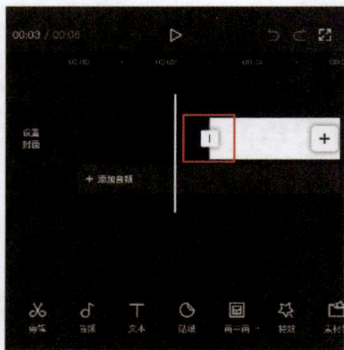
图5-31

图5-32

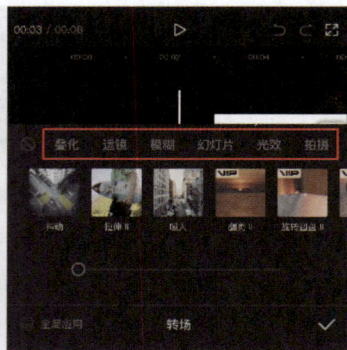
图5-33

如果用户想在素材衔接处添加转场效果，直接点击相应的转场效果即可，如图5-34所示。用户也可以点击左下角的"全局应用"按钮 ，将该转场效果添加至所有素材衔接处，如图5-35所示。

添加转场效果之后，用户可以通过拖曳滑块调整转场效果时长，如图5-36所示。

图5-34

图5-35

图5-36

提示

转场效果时长决定了转场的快慢。转场效果时间越长，转场越慢；转场效果时间越短，转场越快。剪映中能调整的转场效果时长为 0.1～1.5s，若用户想要更长时间的转场效果，就需要自己通过各种剪辑手法制作，而无法通过剪映的转场功能直接实现。如果用户想要删除转场效果，则需要点击最前面的"无"按钮 。

5.4.2 实战案例：制作美食展示视频

本案例将介绍如何使用剪映中的转场功能制作美食展示视频。

01 打开剪映，点击"开始创作"按钮 ，在素材添加界面中选择名为"美食制作1"～"美食制作7"的视频素材添加至剪辑项目中，添加后的效果如图5-37所示。

02 选中时间轴上素材衔接处的白色小方块，如图5-38所示。添加合适的转场效果，如图5-39所示。

03 点击第二段视频素材与第三段视频素材衔接处的白色小方块，如图5-40所示。添加合适的转场效果，如图5-41所示。

04 参考步骤03，在剩下的素材衔接处添加名为"模糊"的转场效果，如图5-42所示。此时添加好所有转场效果的时间轴如图5-43所示。

微课视频

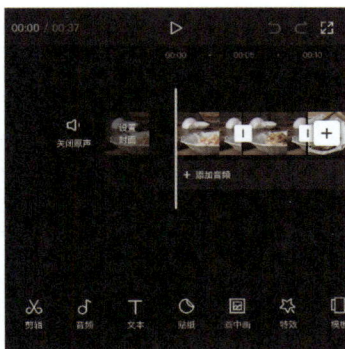

图5-37

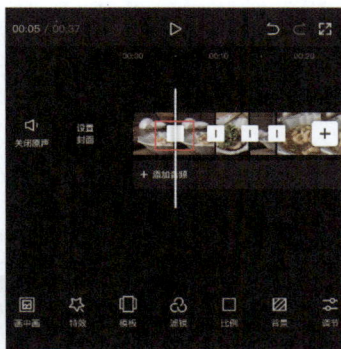

图5-38

图5-39

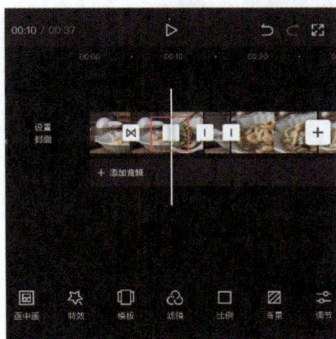

图5-40

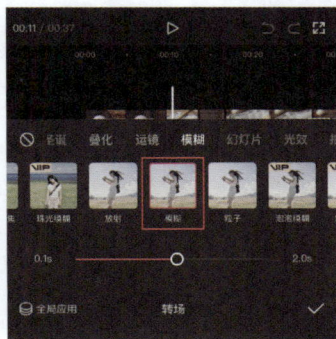

图5-41

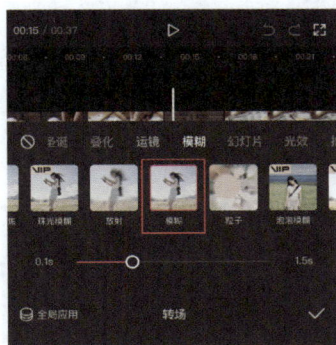

图5-42

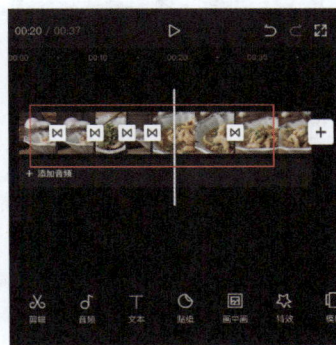

图5-43

05 完成上述操作后，预览视频效果，如图5-44所示。

图5-44

5.4.3 视频素材的调色

后期调色就是对拍摄好的视频素材进行调整，让视频画面的色彩风格保持一致。调色是视频剪辑中不可或缺的一部分，画面颜色在一定程度上可以决定作品的优劣。每个视频的色调都跟剧情画面息息相关。与视频画面相符的色调可以赋予画面一定的美感，通过更改色调可以为视频注入情感，如蓝色象征忧郁悲伤、红色象征激情高昂等。对作品而言，合适的色调能够很好地传达作品情感。

1. 调节功能

利用剪映中的调节功能可以调整视频画面的各项参数，制作出预期的画面效果。

选中已经添加的素材，点击底部工具栏中的"调节"按钮，如图5-45所示。打开"调节"选项栏，在其中可以对选中的素材进行画面调整，如图5-46所示。

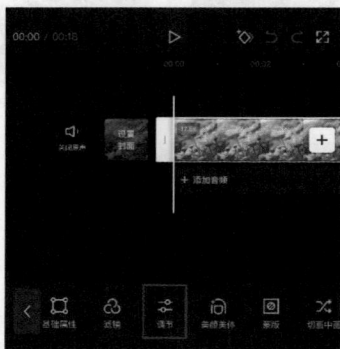

图5-45 图5-46

在未选中素材时，直接点击底部工具栏中的"调节"按钮，即可进入"调节"选项栏以对某个详细参数进行调整，如图5-47所示。进入"调节"选项栏，会自动生成一段可以调整时长的色彩调节素材，如图5-48所示。

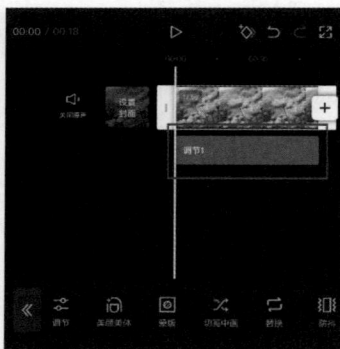

图5-47 图5-48

"调节"选项栏中包含众多参数，如"亮度""对比度""饱和度"等。

亮度：用于调整画面的明亮程度。亮度数值越大，画面越明亮；亮度数值越小，画面越暗。

对比度：用于调节黑与白的比值。对比度数值越大，黑与白之间的层次对比就越明显，色彩表现也就越丰富。

饱和度：用于调节画面色彩的纯度或鲜艳程度。饱和度数值越大，色彩纯度就越高，画面也就越鲜艳。

锐化：用于调节画面的锐度，也就是画面的清晰程度。锐化数值越大，画面中的图像边缘就越清晰，细节对比度就越高，看起来也就越清楚。

色温：用于调节颜色的冷暖倾向。色温数值越大，画面越倾向于暖色调；色温数值越小，画面越倾向于冷色调。

高光/阴影：用于调节高光和阴影的效果。高光是画面中物体直接反射光源的部分，而阴影则是物体遮挡光线之后产生的投影。

暗角：用于使画面四角变暗，制作"失光"效果。

褪色：用于调整画面中色彩的附着程度。

2. 滤镜功能

剪映为用户提供了种类丰富、风格各异的滤镜。通过运用各种滤镜，用户可以很快地调节画面表现，对素材进行美化，打造想要的画面色彩风格。在使用滤镜时，用户可以将滤镜运用到单个素材中，也可以将滤镜运用到某一时间段中。

选中轨道上的素材，点击底部工具栏中的"滤镜"按钮🅰，如图5-49所示。进入"滤镜"选项栏，点击任意一款滤镜，即可将该滤镜运用至所选素材中。通过拖曳下方的调节滑块可以调整滤镜效果的强度，如图5-50所示。

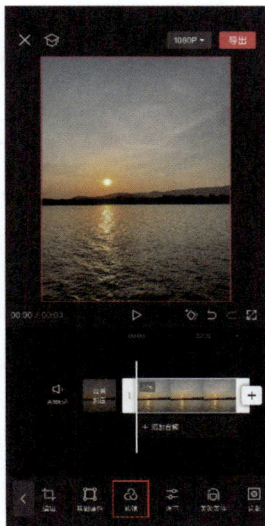

| 图5-49 | 图5-50 |

提示

完成上述操作后，只是为选中的素材添加了滤镜。若用户想要为其他素材添加同样的滤镜，点击屏幕左下角的"全局应用"按钮🅱即可。

在未选中素材时，点击底部工具栏中的"滤镜"按钮🅰，如图5-51所示。进入"滤镜"选项栏，点击其中任意一款滤镜进行应用，如图5-52所示。

选择合适的滤镜后，点击屏幕右下角的"保存"按钮✓，时间轴上将生成一段可以调整时长和位置的滤镜素材，如图5-53所示。拖曳滤镜素材左右两侧的白色滑块，可以调整滤镜素材的时长。长按滤镜素材，可拖曳调整滤镜素材的位置，如图5-54所示。

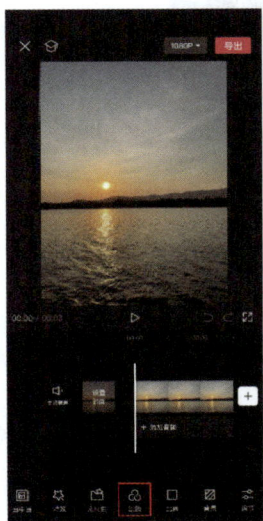

| 图5-51 | 图5-52 | 图5-53 | 图5-54 |

5.4.4 实战案例：制作夏日小清新色调视频

夏日小清新色调作为观者喜爱的色调，不管是对风景画面还是人像画面都有不错的表现。

01 打开剪映，在素材添加界面中选择一段视频素材添加至剪辑项目中，选中时间轴上的素材，点击底部工具栏中的"调节"按钮 ，如图5-55所示。打开"调节"选项栏，如图5-56所示。

图5-55

图5-56

微课视频

02 根据画面实际情况，将亮度调整为-10、对比度调整为-15、饱和度调整为-10、光感调整为5、阴影调整为-5、色温调整为-30、色调调整为5，效果如图5-57所示。

03 点击"滤镜"选项，切换至"滤镜"选项栏，如图5-58所示。在"风景"分类下选择"花园"滤镜，如图5-59所示。点击"保存"按钮 ，保存滤镜。

图5-57

图5-58

图5-59

04 完成上述操作后，预览视频效果，调色前后的对比效果如图5-60所示。

图5-60

本案例中的调色方法仅供参考，具体还需要根据画面效果进行调色。因为显示屏参数的不同，不同的显示屏上会存在色差，调色时选择更高色域的显示屏能够减小色差。

5.4.5 蒙版、抠像与混合模式的应用

在短视频的剪辑过程中，常常使用蒙版、抠像与混合模式功能来制作不一样的视频特效，如常见的穿越时空效果和瞳孔穿越效果，这样能够让短视频更加炫酷。

1. 蒙版

蒙版又称为"遮罩"，用户使用蒙版功能可以遮住部分画面，从而实现一些特殊的视频画面效果。

在剪映中添加蒙版的操作非常简单。选中时间轴上的素材，点击底部工具栏中的"蒙版"按钮◙，如图5-61所示。在打开的"蒙版"选项栏中，选择各种各样的蒙版样式，即可为选中的素材添加蒙版，如图5-62所示。

添加蒙版之后，用户可以在预览界面中调整蒙版的大小和位置，如图5-63所示。用户也可以通过点击"蒙版"选项栏中的"调整参数"选项来调整蒙版的一些数值，如调整蒙版的羽化数值，使蒙版边缘变得清晰或柔和，如图5-64所示。

图5-61　　　　　　　　图5-62

图5-63　　　　　　　　图5-64

2. 抠像

剪映中的抠像功能可以细分为两种：第一种是智能抠像功能，可以快速将人物从画面中分离出

来，从而进行替换人物背景等操作；第二种是色度抠图功能，可以快速将绿幕或者蓝幕中的物体抠取出来，以便进行后期视频效果的制作。

　　智能抠像功能可以帮助用户较快地抠出人物，但不能做到完美、准确。如果用户想抠取出轮廓清晰、完整的人物，建议选取背景和人物本身明暗、色彩差别较大的素材。

　　向剪映中导入一个人物素材和一个风景素材，选中时间轴上的人物素材，点击底部工具栏中的"切画中画"按钮 ，如图5-65所示。将人物素材切换至画中画轨道上，如图5-66所示。

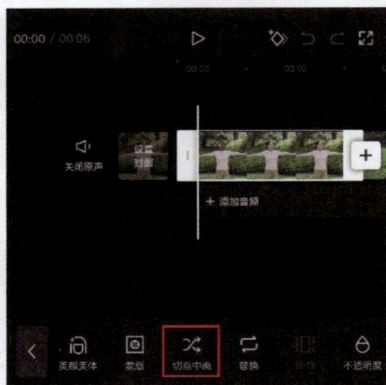

图5-65　　　　　　　　　　　　　　　　　图5-66

　　在轨道区域选中人物素材，点击底部工具栏中的"抠像"按钮 ，如图5-67所示。点击"智能抠像"按钮 ，如图5-68所示。完成上述操作后，在预览区域缩小人物，使人物和背景画面相匹配，效果如图5-69所示。

图5-67　　　　　　　图5-68　　　　　　　图5-69

　　色度抠图功能需要结合绿幕素材或者蓝幕素材使用，其操作方法较之智能抠像功能的操作方法更复杂。

　　打开剪映，导入一个绿幕素材和一张图片素材，选中时间轴上的绿幕素材，点击底部工具栏中的"切画中画"按钮 ，如图5-70所示。将绿幕素材切换至画中画轨道上，效果如图5-71所示。

　　选中时间轴上的绿幕素材，点击底部工具栏中的"抠像"按钮 ，如图5-72所示。点击"色度抠图"按钮 ，如图5-73所示。

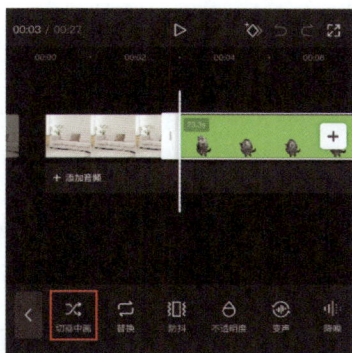

图5-70

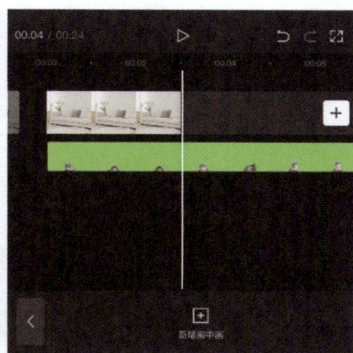

图5-71

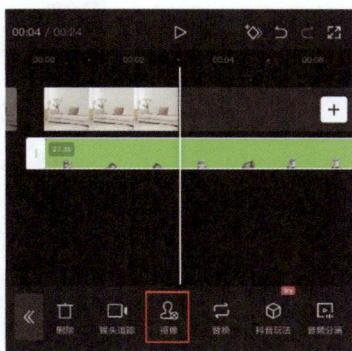

图5-72

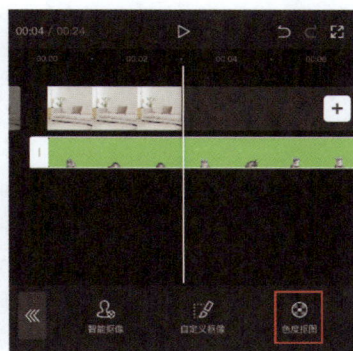

图5-73

　　在预览界面中，移动取色器选择绿色，在"色度抠图"选项栏中点击"强度"按钮■，如图5-74所示。拖曳白色滑块，调整强度数值为100，即可去除画面中的绿色元素，如图5-75所示。

图5-74

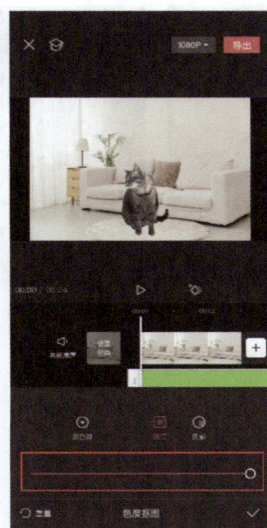

图5-75

> **提示**
>
> 　　用户在完成抠图操作后，若发现画面中有残留的绿幕素材的绿色或者蓝幕素材的蓝色，可以通过剪映调节功能中的 HSL 工具将绿色或者蓝色的饱和度降至最低，以去除画面中的绿色或者蓝色。

3. 混合模式

　　混合模式是将两个素材或多个素材加以混合，从而产生不同效果的功能。混合模式可以改变素材的亮度、对比度、颜色、透明度等参数，以此来创建不一样的画面效果。在剪映中，用户可以通过对不同轨道上的素材使用混合模式功能，实现各种各样的效果。

　　剪映中有10种混合模式：变暗、滤色、叠加、正片叠底、变亮、强光、柔光、线性加深、颜色加深、颜色减淡。这10种混合模式又可以分为三大类，分别可以起到不同的作用。

　　第一类是去亮，顾名思义，就是可以去掉画面中亮的部分，保留暗的部分，包括变暗、正片叠底、颜色加深、线性加深。

　　第二类是去暗，顾名思义，就是可以去掉画面中暗的部分，保留亮的部分，包括滤色、变亮、颜色减淡。

　　第三类是对比，是指把上下两层图片叠加在一起，去掉中性灰，让暗处变得更暗，让亮处变得更亮，包括强光、叠加、柔光。

　　向剪映中导入一张图片素材，点击屏幕右边的"添加"按钮 ⊞，在剪映素材库中添加一段合适的视频素材，如图5-76所示。

　　选中时间轴上添加的倒计时素材，点击"切画中画"按钮 ⤫，如图5-77所示。将素材切换至画中画轨道上，效果如图5-78所示。

　　选中画中画轨道上的倒计时素材，点击"混合模式"按钮 ▣，如图5-79所示。打开"混合模式"选项栏，选择"滤色"效果，可以看到画面中较暗的部分已被去除，只留下了较亮的部分，如图5-80所示。

图5-76

图5-77

图5-78

图5-79

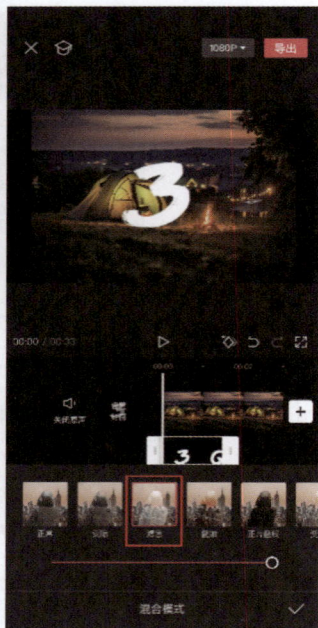

图5-80

5.4.6　实战案例：制作画中画穿越视频

本案例将制作画中画穿越视频，通过使用"色度抠图"功能来实现画中画穿越效果。

01　向剪映中导入一段旅游风景视频素材，在剪映素材库中找到一段合适的绿幕素材，如图5-81所示。选中时间轴上的绿幕素材，点击"切画中画"按钮 ⚹，如图5-82所示。将绿幕素材切换至画中画轨道上，效果如图5-83所示。

微课视频

图5-81

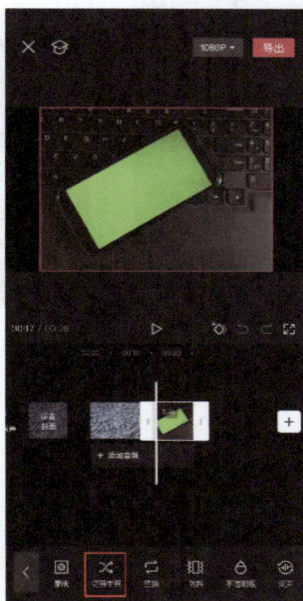

图5-82

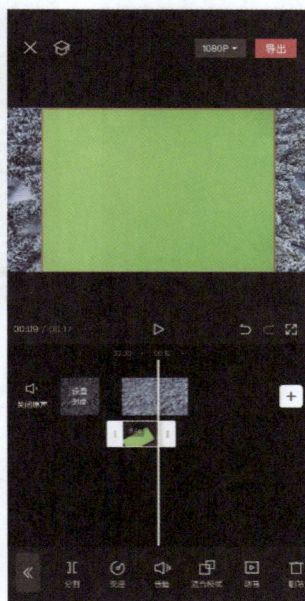

图5-83

02　在预览界面中调节绿幕素材的大小，使其能够完整覆盖主轨道上的素材，调整后如图5-84所示。点击底部工具栏中的"抠像"按钮 ，然后点击"色度抠图"按钮 ，如图5-85所示。

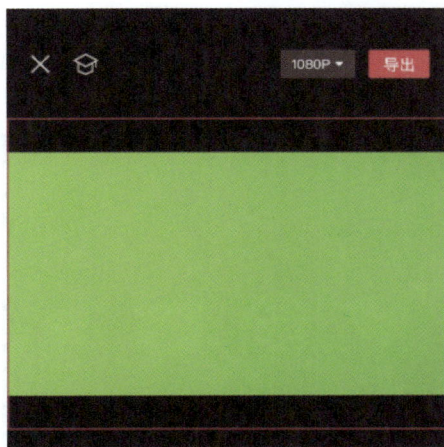

图5-84

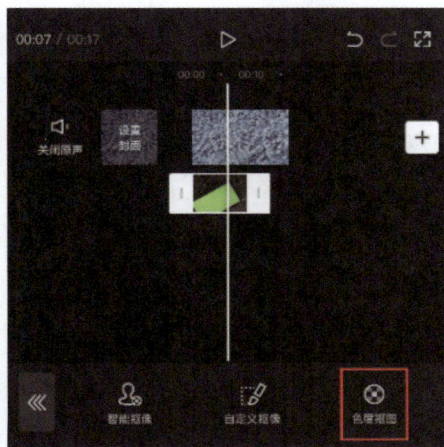

图5-85

03　移动取色器选取绿色，如图5-86所示。选取绿色后调整强度数值为15，如图5-87所示。

04　完成上述操作后，预览视频效果，如图5-88所示。

图5-86

图5-87

图5-88

5.5 剪映的特色功能

无论是在社交媒体上分享生活趣事，还是在专业制作中为品牌或项目制作引人入胜的视频，剪映中一些引人瞩目的特色功能都能使用户轻松地为他们的视频内容增添独特的魅力。

5.5.1 趣味贴纸效果的添加

剪映提供了种类丰富的趣味贴纸，用户在剪辑短视频的过程中可以运用其中的贴纸，让视频画面变得更加生动，从而制作出别出心裁的视频效果。剪映和黑罐头合作为用户提供了海量的贴纸，这些贴纸好看又不失实用性。

向剪映中导入素材，点击底部工具栏中的"贴纸"按钮⏾，如图5-89所示。展开"贴纸"选项栏，如图5-90所示。

图5-89

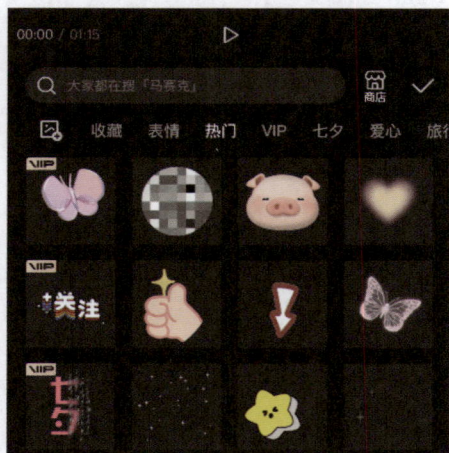
图5-90

选择合适的贴纸，用户可以在预览界面中调整贴纸的大小和位置，让贴纸更贴合视频画面，如图5-91所示。用户可以添加多个贴纸，以追求更好的画面表现，如图5-92所示。

除此之外，用户点击"添加图片"按钮█（见图5-93），可将手机中的图片以贴纸形式添加到素材中，效果如图5-94所示。

图5-91

图5-92

图5-93

图5-94

5.5.2　视频动画特效的添加

剪映提供了各种酷炫的视频特效，能够帮助用户轻松地制作出开幕、闭幕、纹理、氛围、分屏、下雪、炫光等视觉效果。用户可以将这些特效和创意相结合，制作出各种夺人眼球的酷炫短视频。

向剪映中导入素材，点击底部工具栏中的"特效"按钮█，如图5-95所示。展开功能工具栏，如图5-96所示。

以画面特效为例，点击"画面特效"按钮█，进入"画面特效"选项栏，根据自身需要选择合适的画面特效，选择后将画面特效添加至素材中，如图5-97所示。若用户想要取消应用特效，则需要点击屏幕左边的"无"按钮█，如图5-98所示。

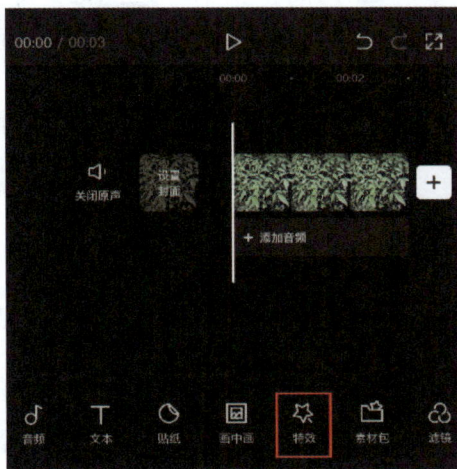
图5-95

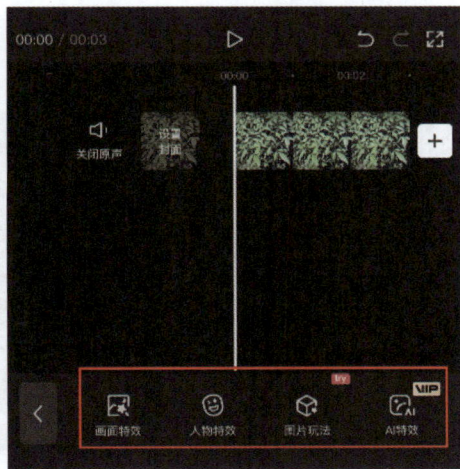
图5-96

图5-97   图5-98

5.5.3   实战案例：制作Vlog搜索框片头动画

本案例将介绍如何运用剪映中的贴纸功能和特效功能制作好看的Vlog搜索框片头动画。

01   在剪映素材库中选择一张背景（见图5-99），将其添加至剪辑项目中。

02   点击底部工具栏中的"贴纸"按钮，如图5-100所示。打开"贴纸"选项栏，搜索"搜索框"，为素材添加合适的贴纸，如图5-101所示。在预览界面中适当调整贴纸的大小和位置，如图5-102所示。

微课视频

03   点击"保存"按钮✓，保存贴纸效果。点击"新建文本"按钮A+，在文本编辑框内输入"生活记录Vlog"，并适当调整文字样式，效果如图5-103和图5-104所示。

04   点击"动画"选项，为已添加的文本添加合适的动画效果，如图5-105所示。保存后适当调整字幕的持续时间，效果如图5-106所示。

05   返回主界面，点击底部工具栏中的"特效"按钮🖼，如图5-107所示。点击"画面特效"按钮🖼，如图5-108所示。

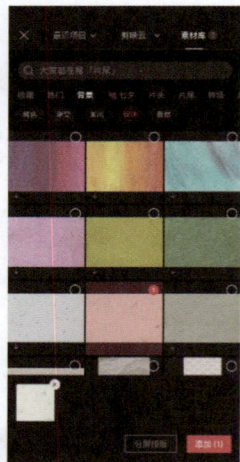

图5-99

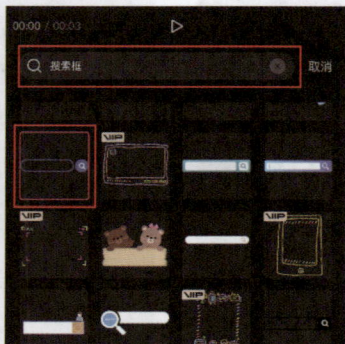
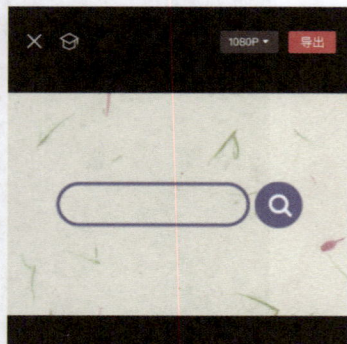

图5-100   图5-101   图5-102

图5-103

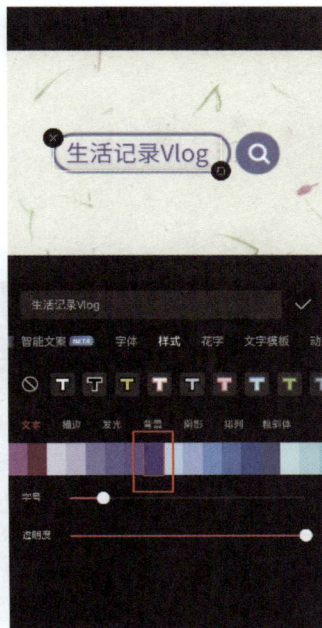

图5-104

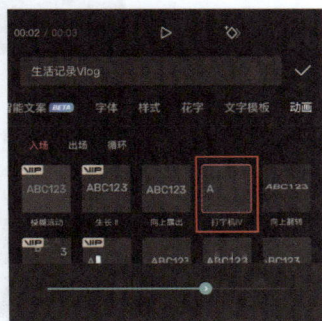

图5-105

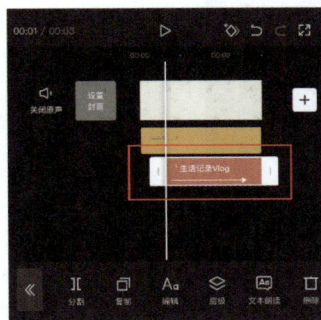

图5-106

图5-107

图5-108

06 在"画面特效"选项栏中选择合适的画面特效，如图5-109所示。将选择的画面特效保存后，选中时间轴上的贴纸素材，并将贴纸素材时长与字幕的持续时间调整至一致，如图5-110所示。

07 完成上述操作后，预览视频画面效果，如图5-111所示。

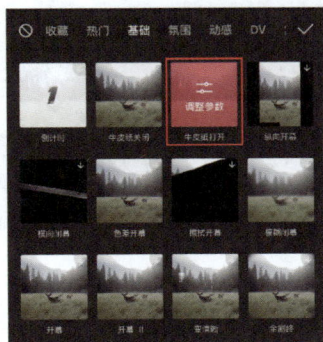

图5-109

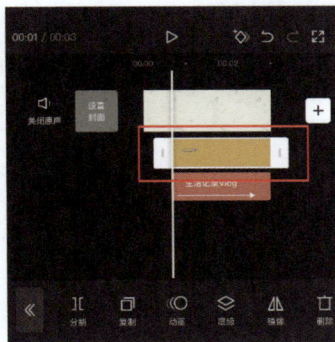

图5-110

图5-111

5.6 课堂实训——制作音乐卡点城市展示视频

根据本章介绍的知识点，运用蒙版、特效等功能制作音乐卡点城市展示视频。

01 在剪映的素材选择界面中选择名为"厦门1"～"厦门7"的图片素材，添加至剪辑项目中，进入编辑界面，如图5-112所示。点击屏幕右边的"添加"按钮⊞，在剪映素材库中选择一段绿幕素材，如图5-113所示。

微课视频

图5-112

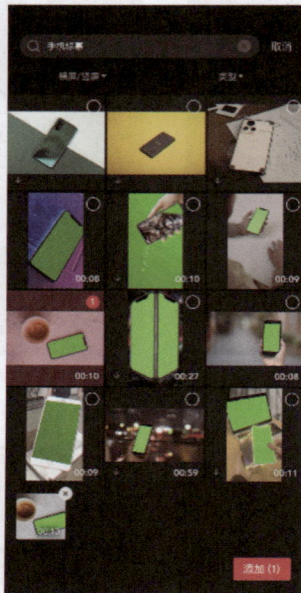
图5-113

02 添加素材后，选中时间轴上的绿幕素材，点击底部工具栏中的"切画中画"按钮⧓，如图5-114所示。将素材切换至画中画轨道上后，在预览界面中调整绿幕素材的大小，使其覆盖主轨道上的素材，如图5-115所示。选中画中画轨道上的绿幕素材，点击底部工具栏中的"抠像"按钮⧉，然后点击"色度抠图"按钮◉，如图5-116所示。

图5-114

图5-115

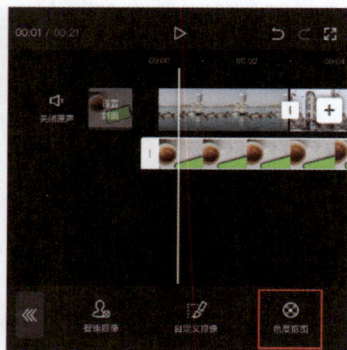
图5-116

03 在预览界面中，移动取色器选择绿色，点击"色度抠图"选项栏中的"强度"按钮▣，如图5-117所示。调整强度为30，使预览界面中绿幕素材的绿色完全消失，如图5-118所示。点击"阴影"按钮◒，调整阴影为100，使绿幕素材中的画面边缘柔和、清晰，如图5-119所示。

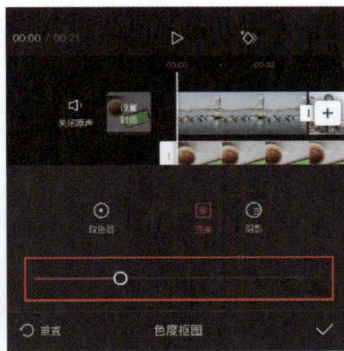
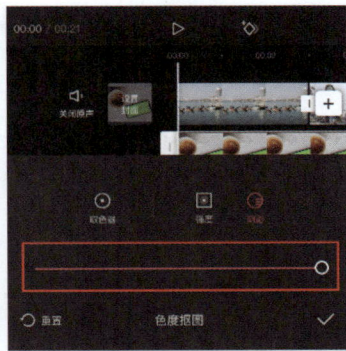

图5-117   图5-118   图5-119

04 选中画中画轨道上的素材，点击"音频分离"按钮 🔳 ，将视频素材与视频原声分离，效果如图5-120所示。删除分离后的视频原声，效果如图5-121所示。

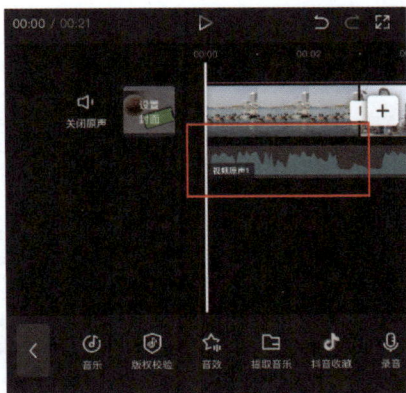
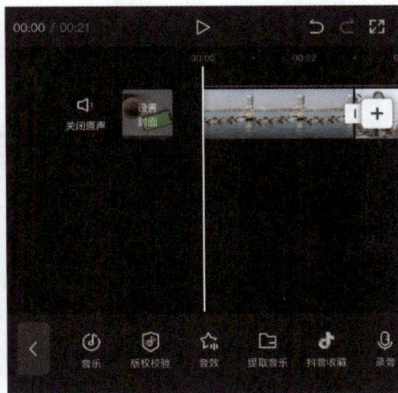

图5-120   图5-121

05 点击底部工具栏中的"音频"按钮 🔳 ，然后点击"音乐"按钮 🔳 ，添加合适的背景音乐，效果如图5-122所示。选中音乐素材，点击"节拍"按钮 🔳 ，开启自动踩点功能，调整节拍快慢，调整后即可为音乐素材添加节拍点，如图5-123所示。

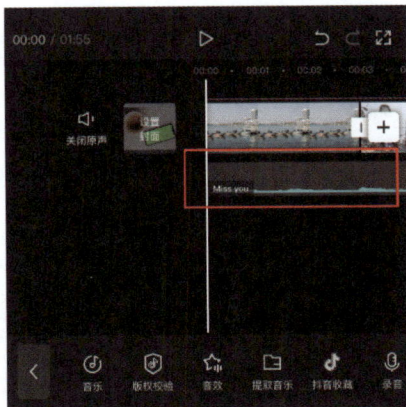
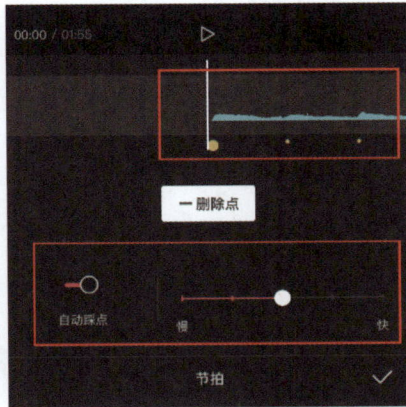

图5-122   图5-123

06 根据节拍点适当调整素材时长，调整后如图5-124所示。分割音乐素材，并删除分割后多余的素材片段，使素材时长保持一致，效果如图5-125所示。

07 将时间线拖曳至开头处，点击"特效"按钮 ，然后点击"画面特效"按钮 ，选择"泡泡变焦"画面特效，如图5-126所示。点击素材与素材之间的白色小方块，在素材衔接处添加"泛光"转场效果，并点击"全局应用"按钮 ，如图5-127所示。

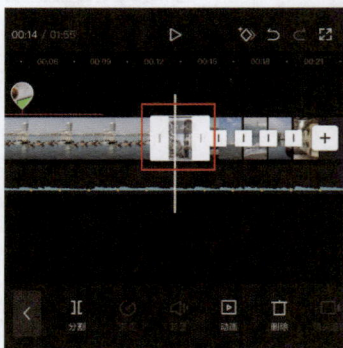

图5-124

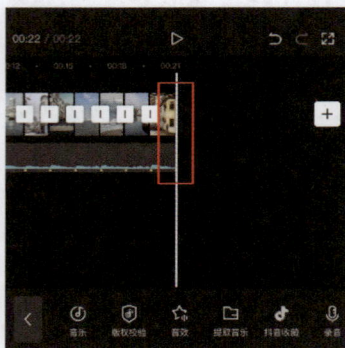

图5-125

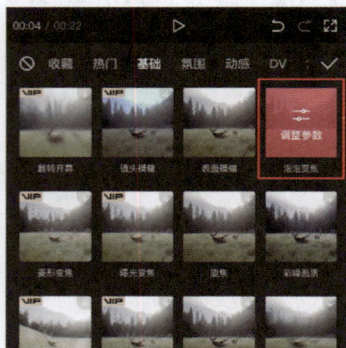

图5-126

08 完成上述操作后，预览视频效果，如图5-128所示。

图5-127

图5-128

5.7 课后练习——制作蒙版卡点出场视频

1. 任务
选择合适的素材进行混剪，制作蒙版卡点出场视频。

2. 任务要求
时长：1min。

素材数量：不少于15个。

音频要求：选择有明显节奏且节奏感强烈的音频。

制作要求：使用蒙版功能，结合音乐节拍制作卡点效果。

第 6 章

Premiere Pro基础

    Premiere Pro 是一款由 Adobe 公司开发并推出的 PC 端视频剪辑软件，是广大专业视频制作者不可或缺的剪辑工具。本章将通过各种案例来介绍 Premiere Pro 的特点、界面和常用功能。本书使用的是 Adobe Premiere Pro 2023。

【学习目标】

➢ 了解 Premiere Pro 的特点。

➢ 认识 Premiere Pro 的界面。

➢ 了解视频剪辑的基础操作与进阶操作。

➢ 了解视频输出的操作。

6.1 Premiere Pro的特点

Premiere Pro广泛应用于各种类型的视频制作中，其用户遍布全球。

Premiere Pro受到如此多用户的喜欢和使用，主要原因有以下几点。

➢ 完善的软件功能：Premiere Pro已经推出20余年，各项功能都比较完善。

➢ 较好的软件生态：Premiere Pro拥有许多教程，以便用户快速上手；还拥有丰富的插件，可辅助用户进行视频剪辑，从而以更快的速度获得更好的视频画面。

➢ 使用方便：操作界面可以自由调整，快捷键众多。

➢ 动态链接：能够与Adobe公司开发的其他软件（如After Effects、Photoshop、Audition等）进行动态链接，创造出更好的视频效果。

6.2 认识Premiere Pro的界面

Premiere Pro是一个功能强大的视频编辑工具，也是目前流行的非线性编辑软件之一。其应用范围非常广泛，能够满足广大视频创作者的不同需求。

6.2.1 Premiere Pro的启动界面

安装好Premiere Pro 2023后，双击Premiere Pro 2023图标 Pr 即可打开软件。Premiere Pro 2023的启动界面如图6-1所示。

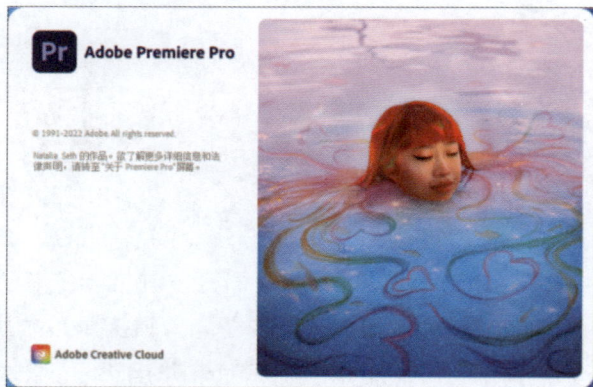

图6-1

6.2.2 Premiere Pro的工作界面

Premiere Pro 2023的工作界面主要分为标题栏、菜单栏、"源监视器"面板、"节目监视器"面板、"项目"面板、"工具"面板、"时间轴"面板和"音频仪表"面板等区域，如图6-2所示。

其中各个区域的功能介绍如下。

➢ 标题栏：用于显示当前软件版本和当前项目工程文件的存储位置。

➢ 菜单栏：根据类型划分的引导式菜单。

➢ "源监视器"面板：项目中导入的原始素材的预览面板，可以在其中进行标记帧、设置出入点、创建子剪辑等操作。

➢ "节目监视器"面板：可以预览剪辑过程中的效果变化，也可以预览成片效果。

> ➤ "项目"面板：导入素材和管理素材的区域，可以在其中创建序列。
> ➤ "工具"面板：每个图标都表示一种常用的视频剪辑工具，主要用于编辑视频内容。
> ➤ "时间轴"面板：用于排列视频素材与音频素材。
> ➤ "音频仪表"面板：用于监视音频音量。

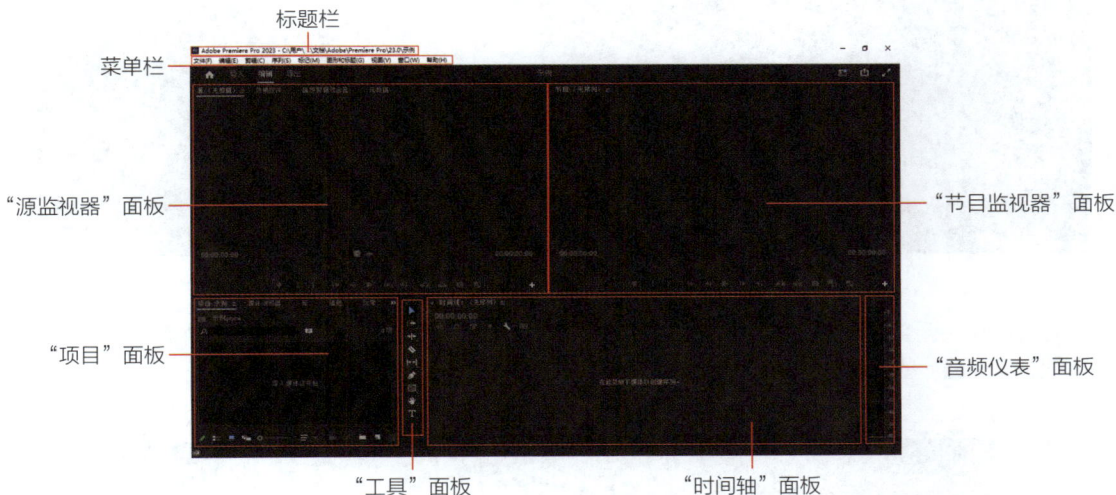

图6-2

6.2.3　Premiere Pro的工作区

　　读者打开Premiere Pro之后的界面与书中所展示的界面不一致，很有可能是因为工作区不一样。相较于之前版本的Premiere Pro，Premiere Pro 2023默认包含的工作区更多，在菜单栏中执行"窗口"｜"工作区"命令即可根据自身需求选择合适的工作区，如图6-3所示。除了可以选择已经预设好的工作区，用户还可以根据自身需求恢复默认的工作区和编辑工作区。

　　在Premiere Pro 2023中，用户不仅可以通过菜单命令调整工作区，也可以通过单击屏幕右上角的"工作区"按钮调整工作区，如图6-4所示。

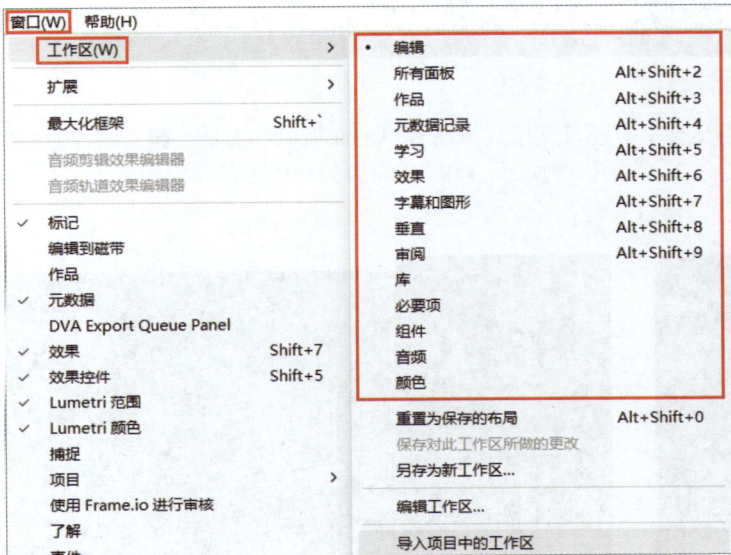

图6-3

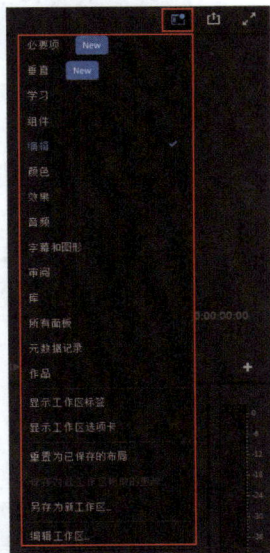

图6-4

　　如果要调整工作区中各个面板的大小，用户可以将鼠标指针放在两个相邻面板中间的分割线上，此时鼠标指针会变为█形状，然后进行拖曳，如图6-5所示。

图6-5

　　若用户想要调整相邻的多个面板的大小，则可以将鼠标指针放在多个面板的共同顶点处，此时鼠标指针会变为█形状，然后进行拖曳，如图6-6所示。

图6-6

　　对于面板，用户除了可以调整大小，还可以设置浮动。单击面板名称右侧的█按钮，会弹出一个下拉菜单，执行"浮动面板"命令，如图6-7所示。此时该面板会浮动于其他面板之上，如图6-8所示。

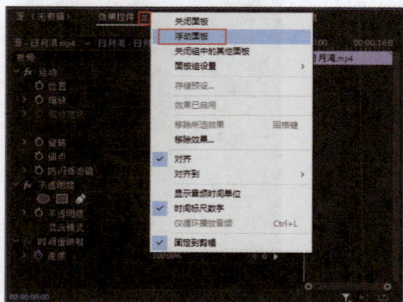

图6-7

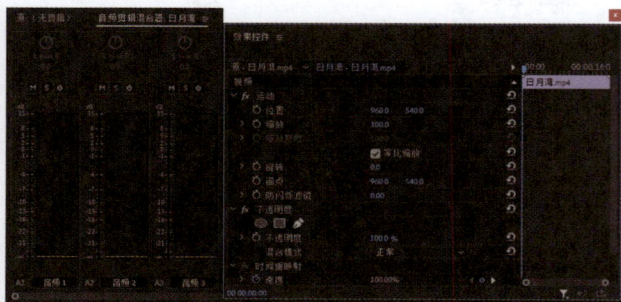

图6-8

6.3 视频剪辑基础操作

本节将为读者讲解视频剪辑的一些基础操作，包括项目与序列的新建、素材的导入、素材的分类管理、素材的分割、素材的插入、入点与出点的添加等操作。

6.3.1 项目与序列的新建

在Premiere Pro中，进行视频剪辑之前要新建项目与序列，然后才能导入素材，并进行剪辑。一个项目中可以存在多个序列，一个序列可以理解为一个故事视频，不同的序列则是不同的故事视频。

1. 项目的新建

双击计算机桌面上的Premiere Pro 2023图标，打开软件。此时会弹出Premiere Pro的主页界面，在其中单击"新建项目"按钮，如图6-9所示。

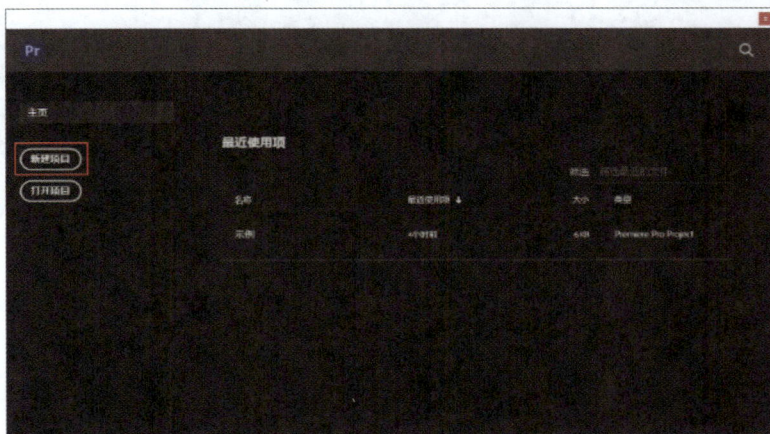

图6-9

在弹出的窗口中为项目设置一个名称，如"示例"，在项目名称后面更改项目文件的保存位置，如图6-10所示。

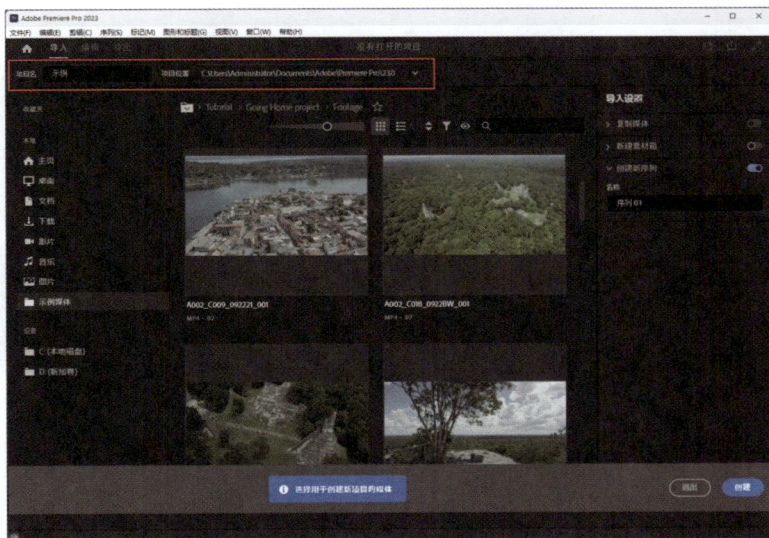

图6-10

一般系统会默认将项目文件保存在C盘的文件夹中，用户可以根据自身习惯更改保存位置。设置好保存位置之后，单击窗口右下角的"创建"按钮（见图6-11），进入Premiere Pro的工作界面。

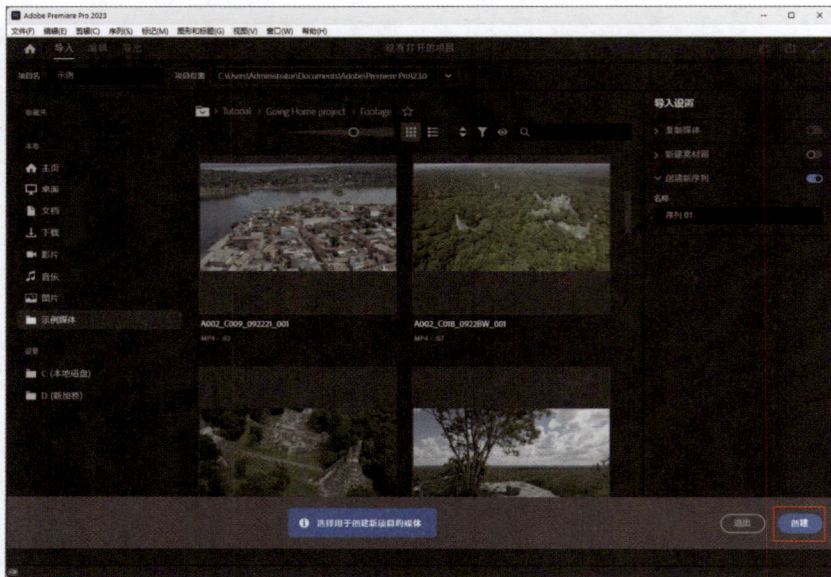

图6-11

至此，一个项目文件就创建好了。找到该项目文件的保存位置，可以看到一个带有Premiere Pro的Logo的文件，如图6-12所示。用户可以直接双击该文件，进入Premiere Pro的工作界面。

2. 序列的新建

新建序列是在新建项目后需要完成的一个操作，用户可以根据素材的大小选择合适的序列类型。一般有两种新建序列的方法，分别是通过"文件"菜单新建序列和通过右键快捷菜单新建序列。

图6-12

新建项目后，在菜单栏中执行"文件"｜"新建"｜"序列"命令（见图6-13），或者按Ctrl+N组合键。在弹出的"新建序列"对话框中设置序列名称，然后单击"确定"按钮。这样一个序列就创建好了，如图6-14所示。

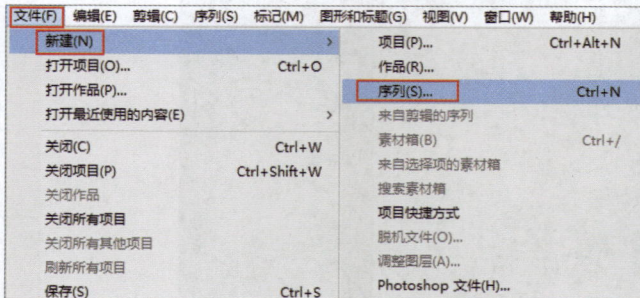

图6-13

图6-14

而通过右键快捷菜单新建序列的操作则是在"项目"面板的空白处右击，在弹出的快捷菜单中执行"新建项目"｜"序列"命令，如图6-15所示。在弹出的"新建序列"对话框中，打开"设置"选项卡，在其中设置序列的一些参数，设置好之后单击"确定"按钮，完成序列的创建。此时"项目"面板中会出现新建的序列，如图6-16所示。

提示

　　在没有新建序列的情况下，将素材文件拖曳至"时间轴"面板中，此时"项目"面板中会自动生成与素材文件参数相同的序列。

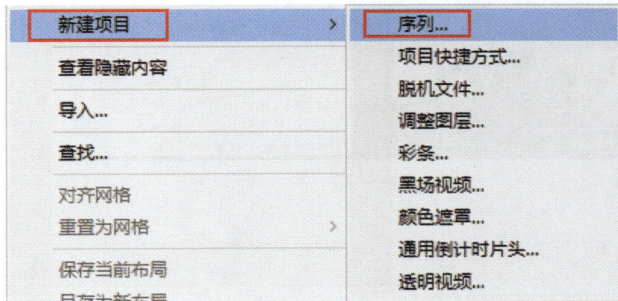

图6-15

图6-16

6.3.2　素材的导入

　　Premiere Pro支持导入多种格式的素材，如常见的MP4、MOV等格式的视频文件，MP3、M4A等格式的音频文件，JPG、PNG等格式的图片文件。Premiere Pro提供了多种导入素材的方式，但用户不管使用哪种方式，都可以将不同类别、格式的素材导入项目中。

1. 通过菜单栏导入

　　用户可以通过菜单栏导入素材。新建项目和序列之后，在菜单栏中执行"文件"|"导入"命令（见图6-17），或者按Ctrl+I组合键。在弹出的"导入"对话框中，选中需要导入的素材，然后单击"打开"按钮（见图6-18），即可将所选素材导入Premiere Pro中。

图6-17

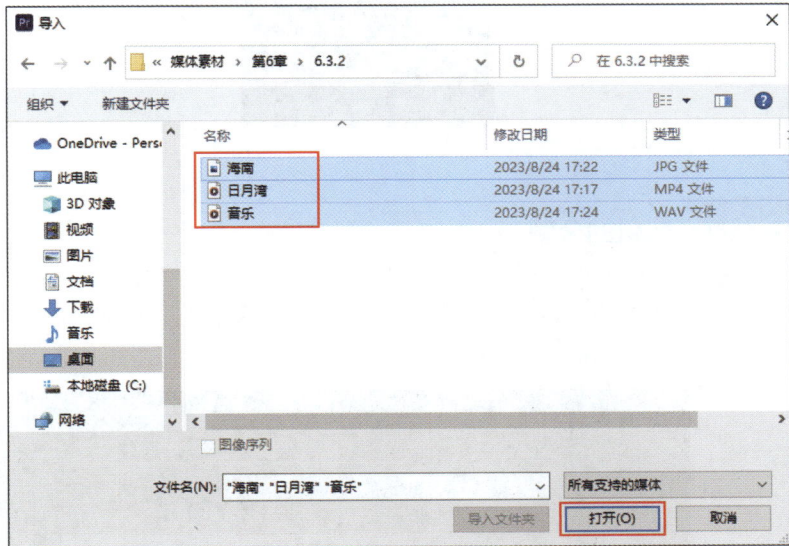

图6-18

　　在"项目"面板的空白处双击，即可在弹出的"导入"对话框中选择素材进行导入。此外，在"项目"面板的空白处右击，在弹出的快捷菜单中执行"导入"命令（见图6-19），也可在弹出的"导入"对话框中自行选择素材进行导入。

2. 直接拖曳素材导入

打开素材所在的文件夹，选中需要导入的素材，直接拖曳到"项目"面板中，即可完成素材的导入，如图6-20所示。

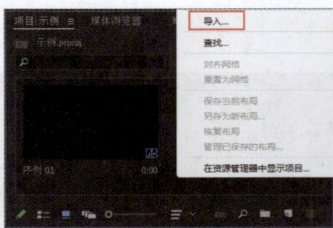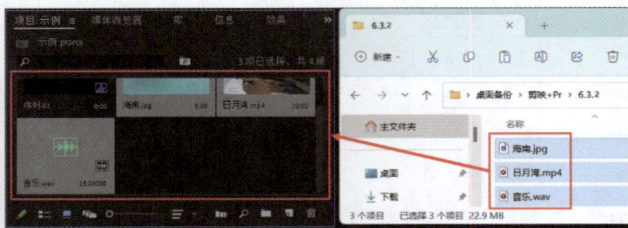

| 图6-19 | 图6-20 |

6.3.3　素材的分类管理

在处理视频之前，养成良好的分类整理习惯有助于用户提升剪辑视频的速度。在Premiere Pro中，用户可以将图片、视频或者音频素材导入"项目"面板中，右击"项目"面板的空白区域，在弹出的快捷菜单中执行"新建素材箱"命令（见图6-21），新建素材箱。新建素材箱后，用户可以根据自身使用习惯设置素材箱的名称，然后将素材分类放入命名好的素材箱中。

图6-21

6.3.4　素材的分割

选中"时间轴"面板中需要分割的素材，在"工具"面板中选择"剃刀"工具，移动时间线进行预览，在需要分割的位置单击，即可沿时间线所在位置将该素材分割为两部分，如图6-22所示。分割完成之后，之前的一个片段就变为两个独立的片段。

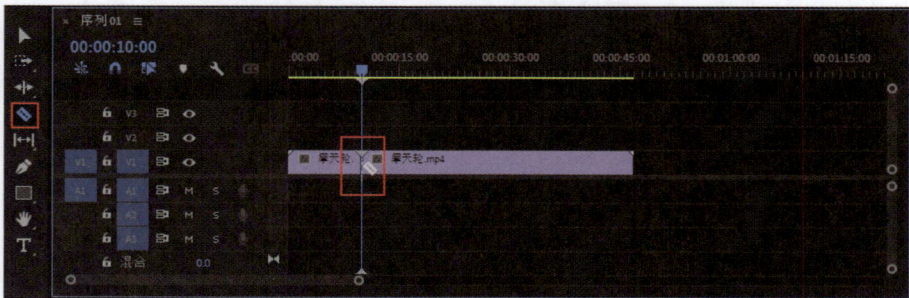

图6-22

6.3.5　素材的插入

插入素材是指在时间线位置添加素材。其具体操作是在"时间轴"面板中添加一段视频素材，将时间线移动至需要插入素材的位置，在"项目"面板中双击需要插入的视频素材，在"源监视器"面板中单击"插入"按钮，即可在当前时间线位置插入该段素材。此时可以看到"时间轴"面板中名为"摩天轮"的视频素材被分割为两部分，其中名为"蓝天白云"的视频素材被插入当前时间线位置，如图6-23所示。

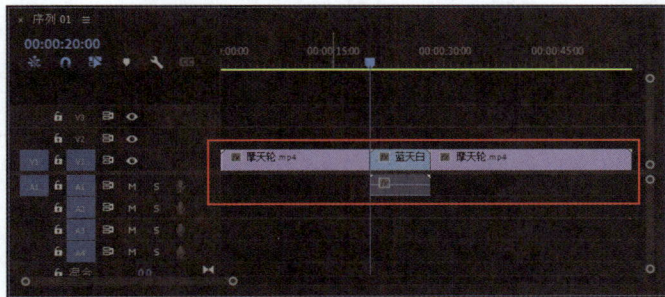

图6-23

6.3.6　入点与出点的添加

编辑视频时，素材开始的帧为入点、结束的帧为出点。用户在编辑过程中为素材添加标记，不仅有利于素材位置的查找，而且便于后续的剪辑操作，从而提高自身剪辑效率，精准把握剪辑节奏。

1. 使用菜单命令添加入点和出点

选中素材，在菜单栏中执行"标记"|"标记入点"或"标记出点"命令（见图6-24），即可为选中的素材添加入点或者出点。

2. 在"源监视器"面板中添加入点和出点

双击"时间轴"面板或"项目"面板中需要标记的素材文件，该文件将出现在"源监视器"面板中。在"源监视器"面板中拖曳时间线滑块预览素材，并在目标区域单击"添加入点"按钮和"添加出点"按钮，如图6-25所示。另外，也可以按快捷键I（添加入点）和快捷键O（添加出点），完成入点与出点的添加。

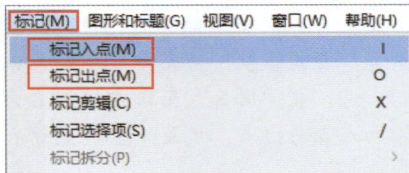

图6-24

图6-25

3. 在"节目监视器"面板中添加入点和出点

将需要添加标记的素材拖曳至"时间轴"面板中，在"节目监视器"面板中拖曳时间线滑块至需要添加入点和出点的位置，然后单击底部的"添加入点"按钮█和"添加出点"按钮█（见图6-26），即可为素材添加入点和出点。

图6-26

6.3.7 实战案例：制作古建筑混剪短视频

本案例将结合之前所讲的知识，制作一个古建筑混剪短视频。

01 打开Premiere Pro，新建项目后进入编辑界面。新建一个序列，选择名为"ARRI 1080p 30"的序列预设，分别导入名为"古建筑1"～"古建筑7"的视频素材和名为"背景音乐"的音频素材至"项目"面板中，如图6-27所示。

微课视频

02 在"项目"面板中双击名为"古建筑1"的视频素材，在"源监视器"面板中添加入点与出点，效果如图6-28所示。

图6-27

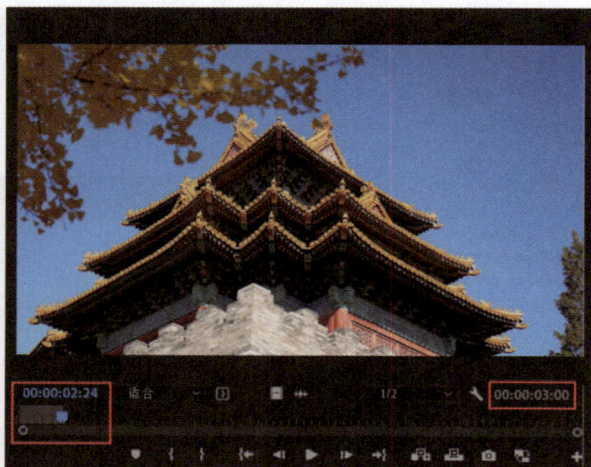

图6-28

03 在"项目"面板中双击名为"古建筑2"的视频素材，为其添加入点与出点，效果如图6-29所示。

04 参考步骤03，为剩下的视频素材添加入点与出点，使素材时长都保持在5s，如图6-30所示。

图6-29

图6-30

素材入点和出点时间的详细分布如表6-1所示。

表6-1

素材名称	入点时间	出点时间
古建筑1.mp4	00:00:00:00	00:00:02:24
古建筑2.mp4	00:00:00:00	00:00:04:24
古建筑3.mp4	00:00:00:00	00:00:04:29
古建筑4.mp4	00:00:00:00	00:00:04:24
古建筑5.mp4	00:00:00:00	00:00:04:24
古建筑6.mp4	00:00:00:00	00:00:04:29
古建筑7.mp4	00:00:00:00	00:00:04:29

05　将"项目"面板中的视频素材按照编号顺序添加至"时间轴"面板中，将"项目"面板中的音频素材添加至"时间轴"面板中，效果如图6-31所示。

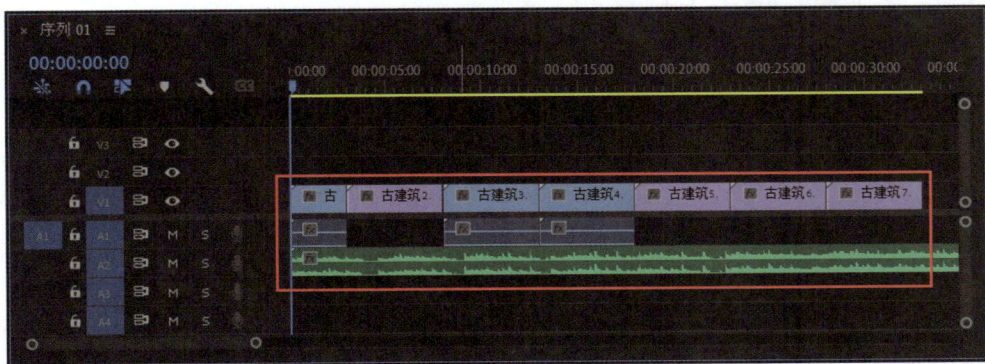

图6-31

06　在"工具"面板中选择"剃刀"工具，分割音频素材，并删除多余部分，使音频素材时长与视频素材时长保持一致。右击名为"古建筑1""古建筑3""古建筑4"的视频素材，在弹出的快捷菜单中执行"取消链接"命令，将多余的音频素材删除，删除后上移A2轨道上的音频素材至A1轨道上，效果如图6-32所示。

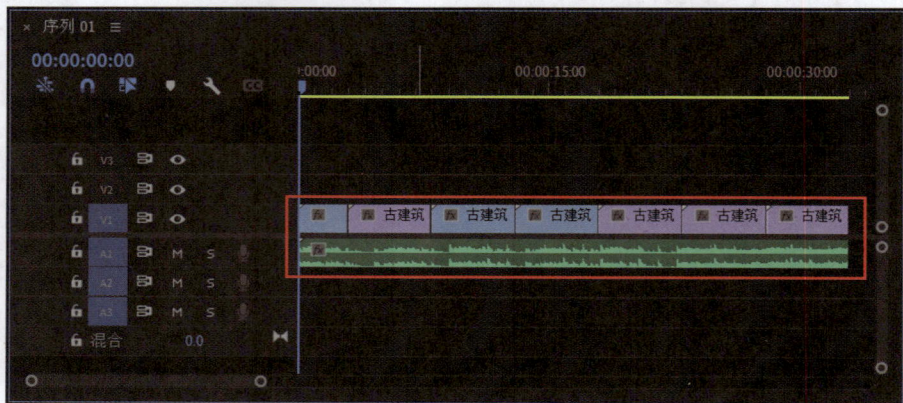

图6-32

07　完成上述操作后，预览视频画面效果，如图6-33所示。

图6-33

6.4　字幕效果的应用

Premiere Pro具备强大的字幕创建及编辑功能，拥有众多的字幕工具。用户可以通过调整参数改变文字效果和文字属性，制作出精美的视频画面。

6.4.1　字幕的新建

字幕是视频常见的元素之一，既可以快速传递信息，又能够美化视频。下面介绍在Premiere Pro中创建字幕素材的方法。

1. 使用"工具"面板

在"工具"面板中选择"文字"工具，并在"节目监视器"面板中输入想要添加的文字内容，即可新建字幕。通过"效果控件"面板或"基本图形"面板可以对字幕进行调整，如图6-34所示。

2. 使用菜单栏中的命令

在菜单栏中执行"图形和标题"|"新建图层"|"文本"命令（见图6-35），就可以直接创建文本图层。创建文本图层后，"时间轴"面板中将出现一个字幕素材，如图6-36所示。

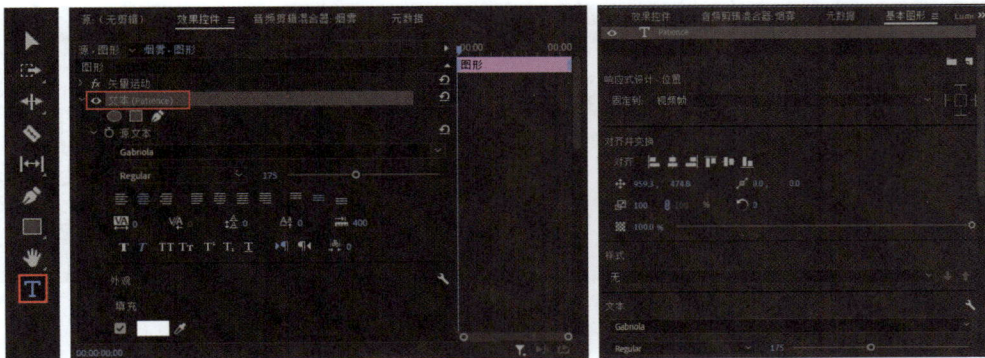

图6-34

图6-35

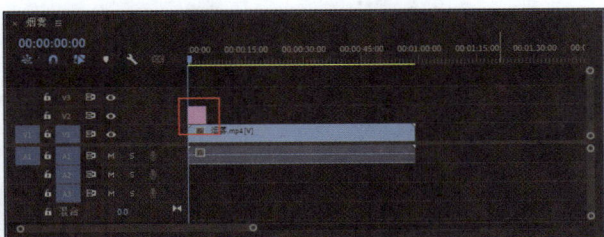

图6-36

6.4.2　字幕样式与字幕模板的应用

系统自动为视频添加字幕的时候，字体等参数都是默认的。用户需要批量添加字幕的时候，就要一个个地去调整字幕的参数，这样很不方便。所以在添加字幕时，用户可以使用字幕样式和字幕模板来调整字幕的相关参数。

1. 字幕样式

在"基本图形"面板中可以编辑、创建字幕样式，如图6-37所示。用户可根据自身需要在"基本图形"面板中设置好基础参数，然后创建并命名字幕样式，最后保存字幕样式。

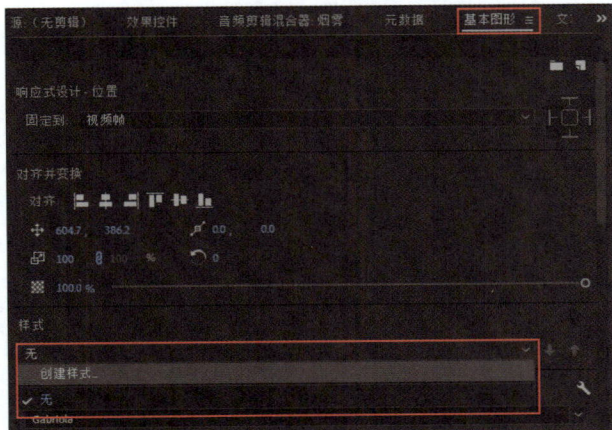

图6-37

在创建好字幕样式后，"项目"面板中会出现对应的字幕样式。要将保存好的字幕样式应用至字幕中，只需将"项目"面板中的字幕样式拖曳至"时间轴"面板中的字幕上即可，如图6-38所示。

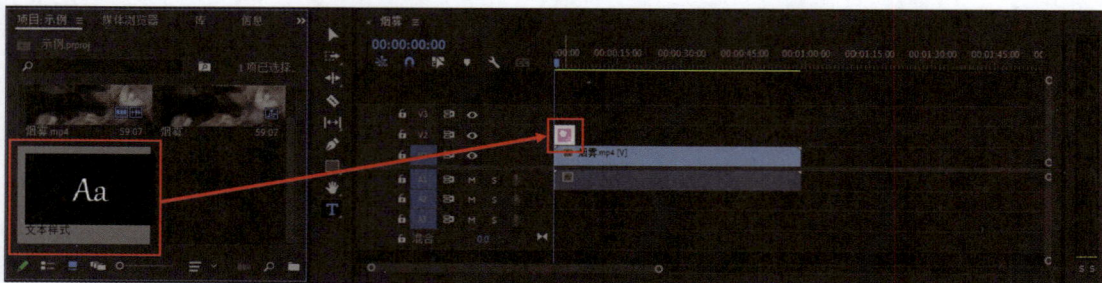

图6-38

提示

保存好的字幕样式可以在其他序列和项目中使用。选中"项目"面板中的字幕样式并右击，在弹出的快捷菜单中执行"复制"命令，复制想要使用的字幕样式，即可在新的序列、项目中粘贴使用。

2. 字幕模板

在"基本图形"面板中打开"浏览"选项卡，就可以看到Premiere Pro为用户提供的各种各样的字幕模板，如图6-39所示。拖曳想要使用的字幕模板到序列中，即可对序列中的所有字幕应用该字幕模板效果。

有的字幕模板中包含动态图形，这种字幕模板也被称为动态图形模板。在使用一些字幕模板时，字幕模板的右上角会出现一个"警告"标志，这说明用户当前的系统中并没有安装该字幕模板中使用的字体。若在序列中添加这样的字幕模板，将弹出"解析字体"对话框。在"解析字体"对话框中，用户可以选择从Adobe中获取缺失的字体并自动安装，也可以选择替换为默认字体。

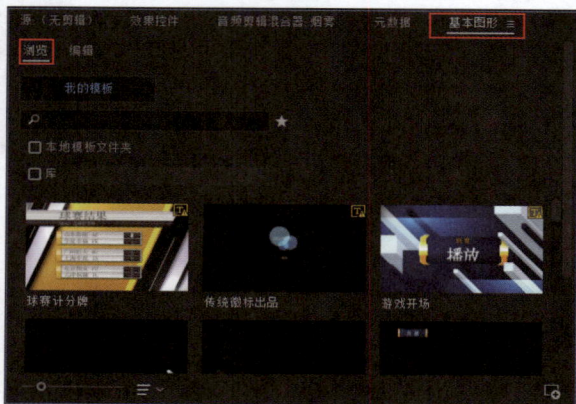

图6-39

除了使用Premiere Pro提供的各种字幕模板，用户也可以根据自身需求导出新的字幕模板应用在其他项目中。选中"时间轴"面板中想要导出的字幕，在菜单栏中执行"文件"｜"导出"｜"动态图形模板"命令，如图6-40所示。

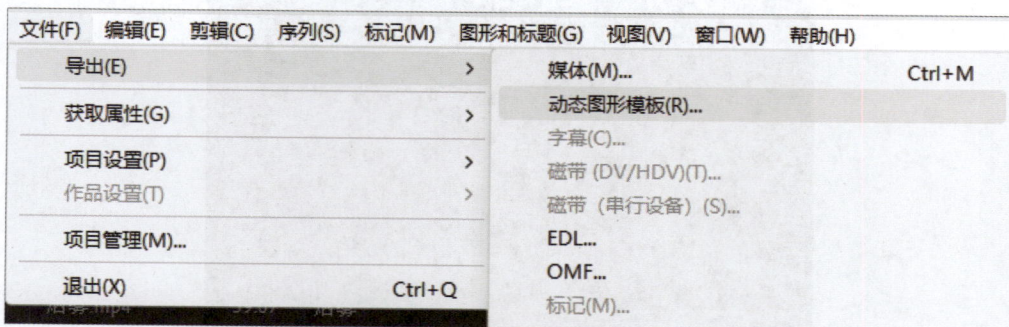

图6-40

打开"导出为动态图形模板"对话框，可以在其中更改字幕模板的名称和保存位置，如图6-41所示。

若将自定义的字幕模板存储到本地，则可以在任何项目中导入该字幕模板。其具体方法为在菜单栏中执行"图形和标题"|"安装动态图形模板"命令，如图6-42所示；或在"基本图形"面板的"浏览"选项卡中勾选"本地模板文件夹"复选框，显示保存在本地模板文件夹中的字幕模板，如图6-43所示。

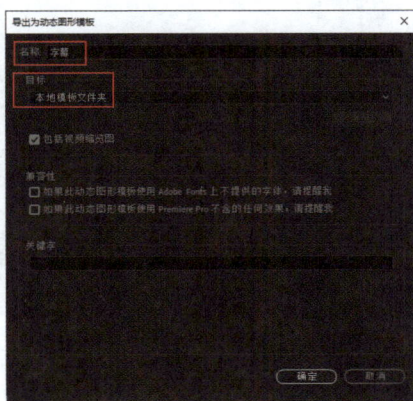

图6-41

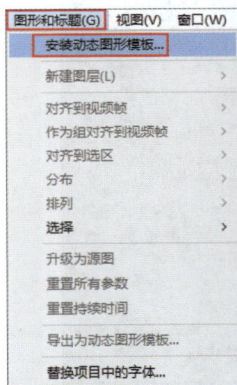

图6-42

图6-43

6.4.3　实战案例：制作影片的字幕滚动效果

在Premiere Pro 2023中，用户可以通过为字幕添加动画效果，制作影片中的字幕滚动效果。在"基本图形"面板中勾选"滚动"复选框，可以添加字幕滚动效果。

01　打开Premiere Pro，新建项目后进入编辑界面。导入名为"珠江"的视频素材和名为"钢琴曲"的音频素材，将其拖曳至"时间轴"面板中，如图6-44所示。

微课视频

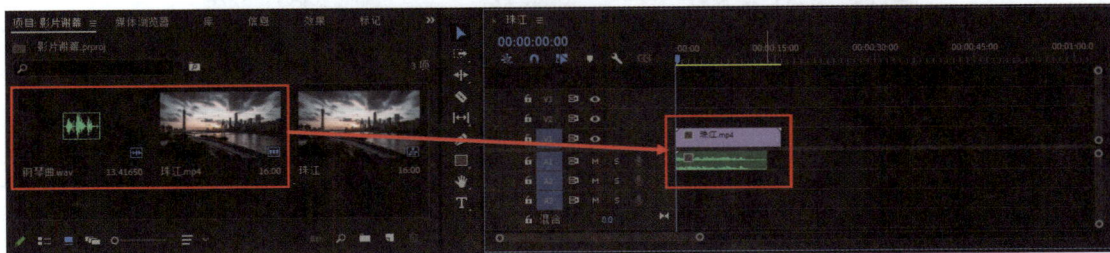

图6-44

02　在"工具"面板中选择"文字"工具**T**，在预览画面中输入字幕内容"END"，并调整字幕位置，效果如图6-45所示。

图6-45

03　在"基本图形"面板中调整字幕的字体、大小、位置，参数设置如图6-46所示。

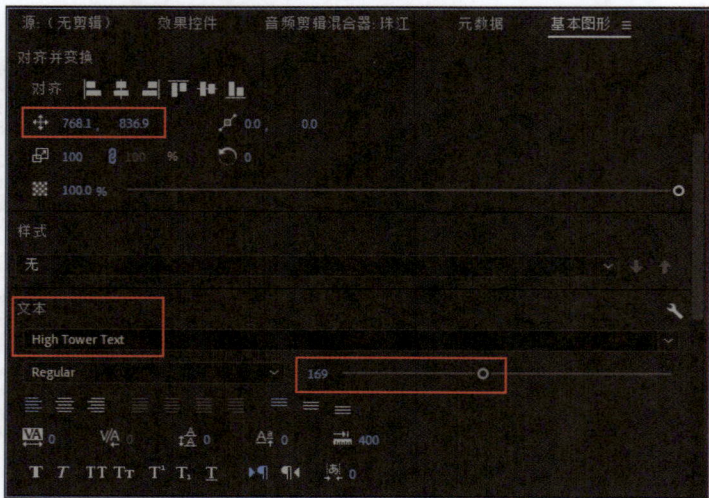

图6-46

04　在"时间轴"面板中适当调整字幕的持续时间，效果如图6-47所示。

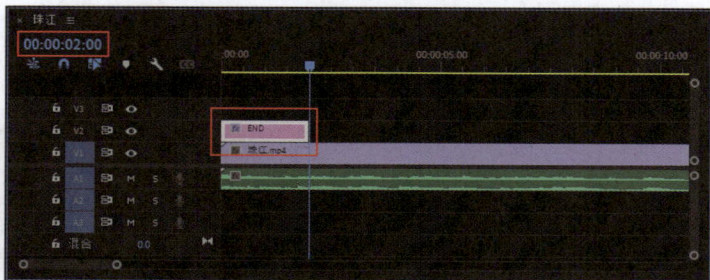

图6-47

05　选中"时间轴"面板中的字幕，在"效果"面板中为字幕添加名为"渐变擦除"的过渡效果，并调整过渡效果的持续时间，如图6-48所示。

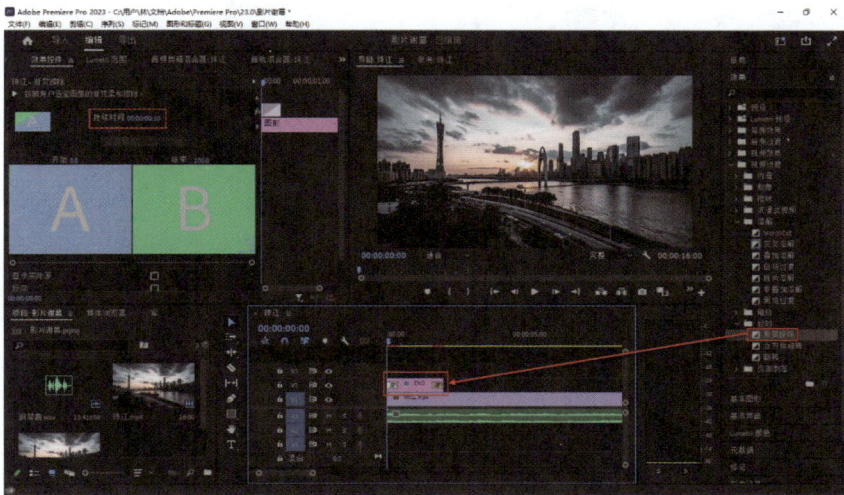

图6-48

06　将时间线后移1s，使用"文本"工具T在预览界面中输入内容为"特别鸣谢　导演　志明　执行导演　水羊　制片　张三　道具　李四　王五"的影片谢幕致辞作为字幕，并适当调整字幕的参数，如图6-49所示。

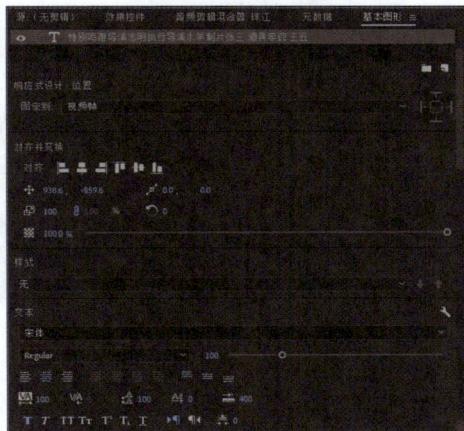

图6-49

07　使用"剃刀"工具分割视频素材，使视频素材时长与音频素材时长保持一致，并调整字幕时长，使添加的第二段字幕的右侧与视频素材和音频素材对齐，如图6-50所示。

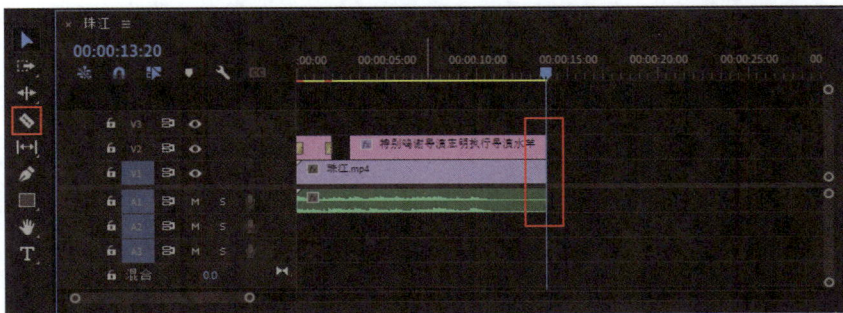

图6-50

08 选中第二段字幕，在"基本图形"面板中勾选"滚动"复选框，并勾选"启动屏幕外""结束屏幕外"复选框（见图6-51），以实现电影结尾处的滚动字幕效果。

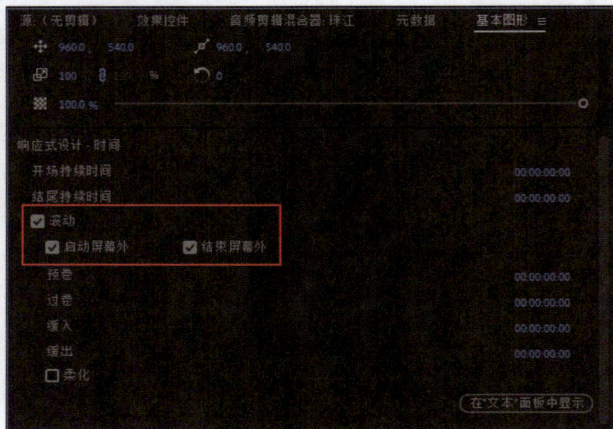

图6-51

09 完成上述操作后，预览视频画面效果，如图6-52所示。

图6-52

提示

"滚动"复选框下的几个参数可以实现不同的效果，具体说明如下。

启动屏幕外：使指定的对象从屏幕外开始滚动至屏幕内。

结束屏幕外：使指定的对象一直滚动到屏幕外。

预卷：用于设置第一个文本在屏幕上显示之前要延迟的帧数，即在滚动开始之前播放的帧数。

过卷：用于设置字幕结束后播放的帧数，即在滚动完成之后播放的帧数。

缓入：用于设置在开始位置将滚动的速度从零逐渐增大到最大速度的帧数，即文字滚动速度缓慢增加。

缓出：用于设置在末尾位置放慢滚动字幕速度的帧数，即文字滚动速度缓慢减小。

字幕播放速度是由时间线上字幕的长度所决定的，较短的字幕的滚动速度相对于较长的字幕的滚动速度要更快。

6.4.4 字幕效果的修饰

本小节将介绍如何对字幕效果进行修饰，使字幕看起来更自然。在Premiere Pro中可以更改字幕的颜色，并添加阴影、描边等。

在Premiere Pro中新建一个项目，导入一段视频素材，使用"工具"面板中的"文字"工具 **T**，在"节目监视器"面板中添加字幕。添加字幕之后，在"基本图形"面板中可以调整字幕的位置、对齐方式、大小、不透明度等，如图6-53所示。

用户还可以在"基本图形"面板中更改字幕的字间距、行间距、文本对齐方式等，在"外观"区域为字幕添加填充颜色、描边、背景、阴影，提高文字的易读性，如图6-54所示。

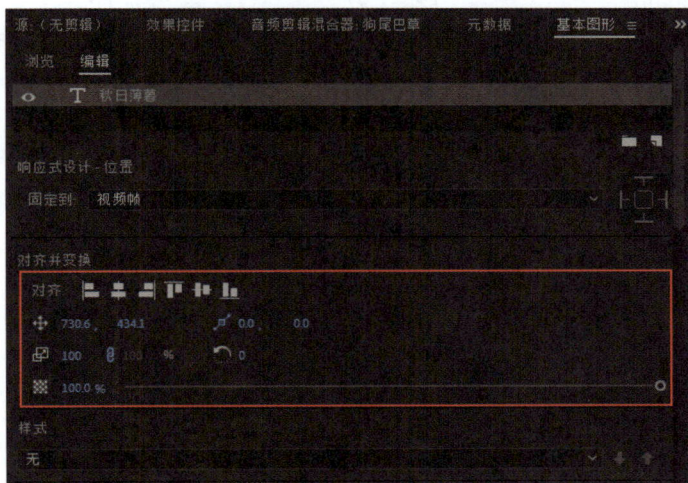

图6-53

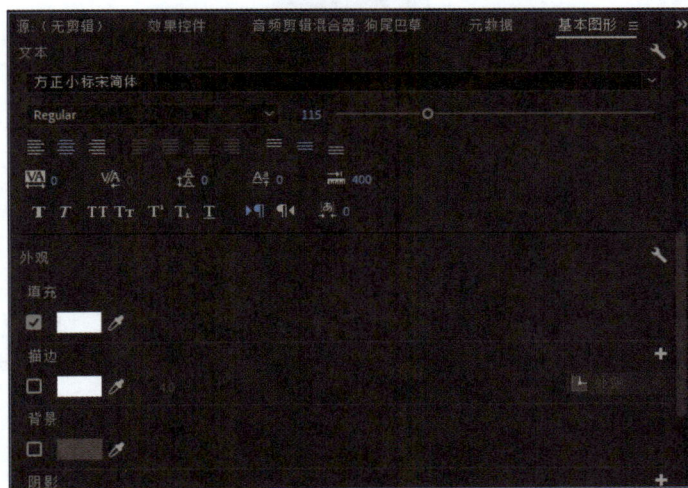

图6-54

6.4.5　运动路径的设置与动画效果的实现

　　制作字幕时，对字幕适当进行一些运动路径的设置和动画效果的添加，可以使字幕更加生动。在Premiere Pro中，用户可以通过调整文字的位置、大小和旋转角度等为文字设置动画。文字的动画效果将基于关键帧实现，即为不同时间点的同一对象的同种属性设置不同的参数，在时间点之间由软件来完成前一个参数到后一个参数的自然变化，从而呈现动画效果。

　　由于Premiere Pro是将字幕识别为图形的，所以用户在处理字幕时也可以运用一些图形操作让字幕展现出不一样的效果。用户可以在"效果"面板中为字幕添加视频效果和视频过渡效果（见图6-55），让字幕的表现更加与众不同，同时让字幕的入场与出场更加自然。

图6-55

6.4.6　实战案例：制作开场文字书写效果

　　使用关键帧与Premiere Pro中自带的书写效果，可以制作出文字书写效果，让画面更加精致。

　　01　在Premiere Pro中新建一个项目，导入名为"冬天"的视频素材，将视频素材拖曳至"时间轴"面板中。添加一段字幕，更改字幕内容为"冬"，并适当调整字幕样式，如图6-56所示。

微课视频

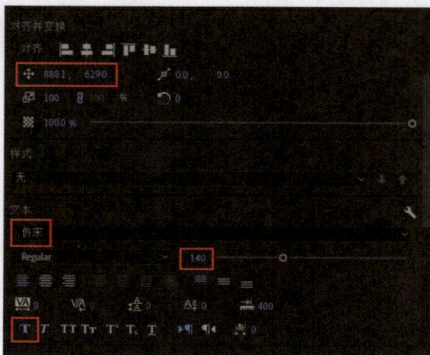

图6-56

02　选中添加好的字幕并右击，在弹出的快捷菜单中执行"嵌套"命令，为字幕创建嵌套序列，以便后期书写效果的制作。在"效果"面板中搜索"书写"，拖曳"书写"效果至嵌套序列中，如图6-57所示。

图6-57

03　适当调整预览界面的大小，以便调整画笔大小。更改画笔颜色和画笔大小（见图6-58），让画笔颜色更加明确，保证后续制作过程中画笔能够覆盖字幕，以更好地添加关键帧来模拟文字书写效果。

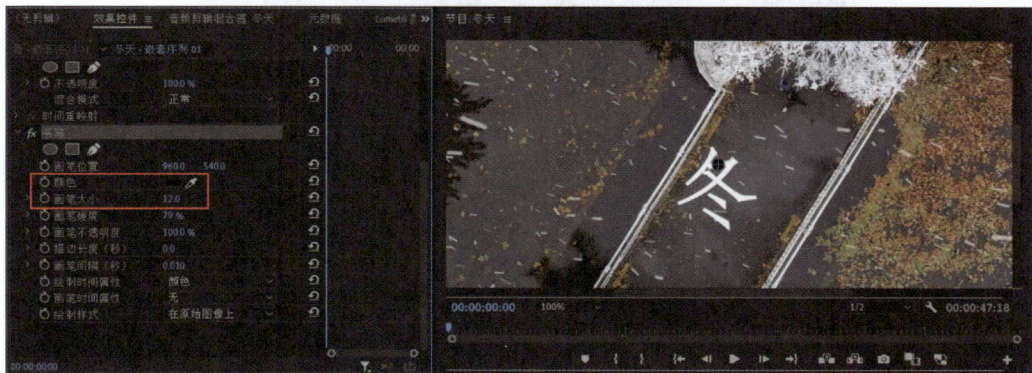

图6-58

04　在预览界面中拖曳画笔至书写开始的地方，并在字幕起始处添加一个画笔位置关键帧，如图6-59所示。

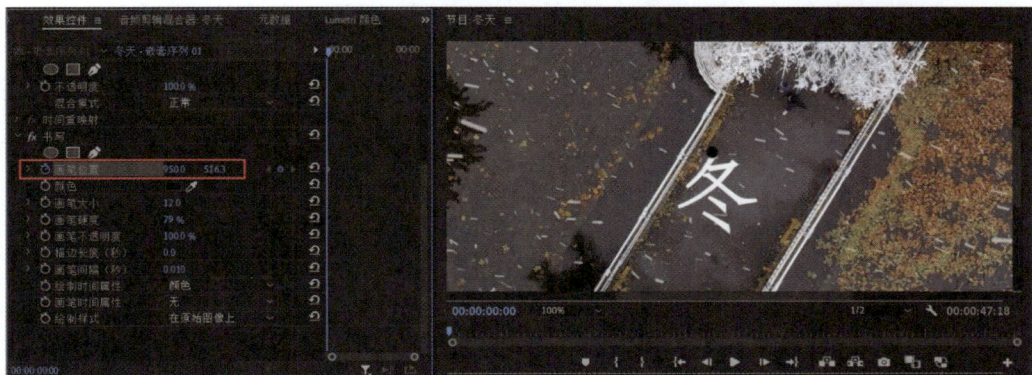

图6-59

05　在"节目监视器"面板中，连按5次"→"键，后移5帧，根据汉字书写顺序移动画笔，如图6-60所示。使用此方法进行同样的操作，完成后的效果如图6-61所示。

图6-60

图6-61

06　完成书写效果的制作后，在"效果控件"面板中将绘制样式设置为"显示原始图像"，如图6-62所示。在"节目监视器"面板中播放预览效果，画面中的文字将以手写的效果逐渐出现。

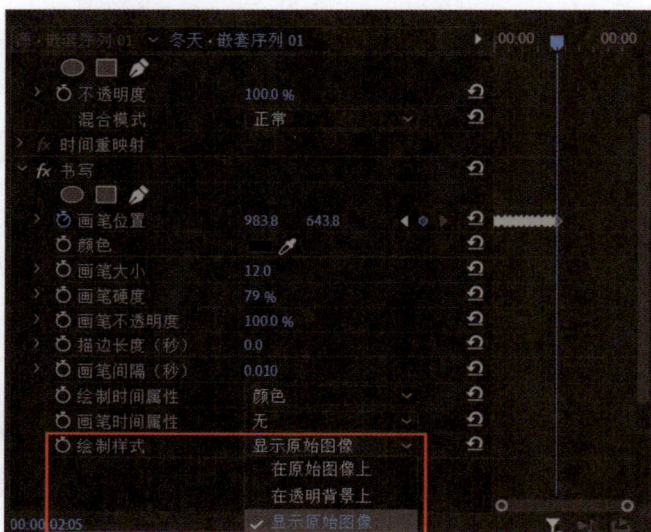

图6-62

07　完成上述操作后，预览视频画面效果，如图6-63所示。

图6-63

提示

　　用户在制作书写效果时，可以根据字形变化适当调整关键帧位置和间隔帧数，达到更好的书写效果。若制作书写效果的文字较多，用户可以通过适当调整嵌套序列的速度来调整书写的快慢。

6.5 音频效果的应用

一个完整的视频除了有精美的画面，还应该有动听的背景音乐和恰到好处的音效。声音不仅能在视频中起到解释视频内容的作用，也能起到渲染情绪氛围的作用，从而提高作品的感染力及画面的表现力。

6.5.1 音频的链接和解除

很多视频素材都包括视频与音频，在编辑视频的过程中，将添加好的视频素材拖曳至"时间轴"面板中，音频会以链接的形式出现。为了方便后期制作，用户可以对音频素材进行拆分，只留下视频。如果导入的视频素材没有声音，那么可以为其添加合适的背景音乐，然后将导入的音频和视频链接在一起。

1. 链接

新建项目后，将一段独立的没有声音的视频素材及将要添加的音频素材拖曳至"时间轴"面板中，调整素材时长使它们保持一致，同时选中这两段素材，如图6-64所示。

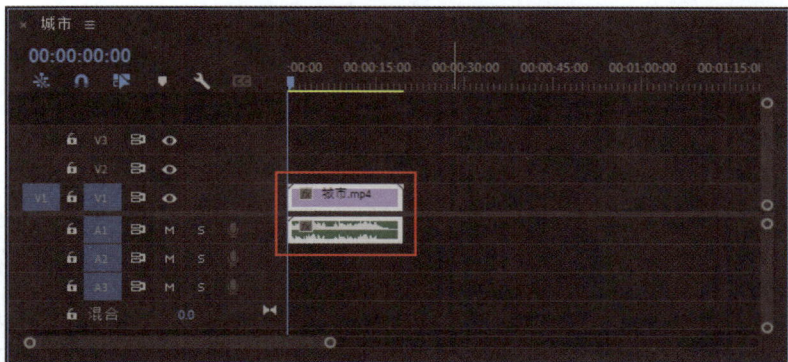

图6-64

在"时间轴"面板的空白处右击，在弹出的快捷菜单中执行"链接"命令，即可将视频素材和音频素材链接在一起，链接后的效果如图6-65所示。

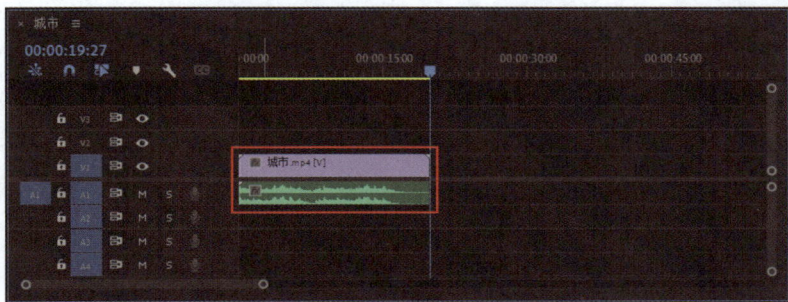

图6-65

2. 解除

将一段有声音的视频素材拖曳至"时间轴"面板中，选中该素材并右击，在弹出的快捷菜单中执行"取消链接"命令，如图6-66所示。

此时链接的素材文件被分离。再次拖曳视频素材时，音频素材则不会跟着视频素材一起移动，如图6-67所示。

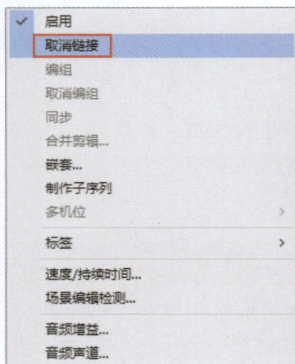

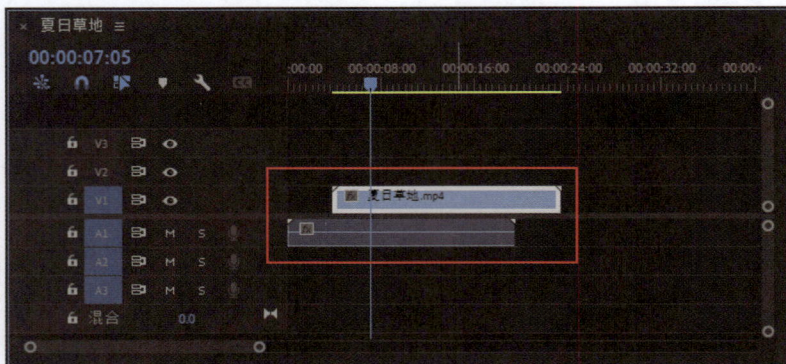

图6-66   图6-67

6.5.2 添加背景音乐、音频过渡效果与音频效果

在Premiere Pro的"时间轴"面板中可以对音频进行编辑。本小节将介绍如何为视频添加背景音乐、音频过渡效果与音频效果，使视频更具吸引力。

1. 添加背景音乐

如果想在Premiere Pro中添加背景音乐，可以在新建项目时导入想要添加的音频文件，如图6-68所示；也可以直接将文件拖曳至"项目"面板中。添加音频文件的操作与添加视频素材的操作一致。

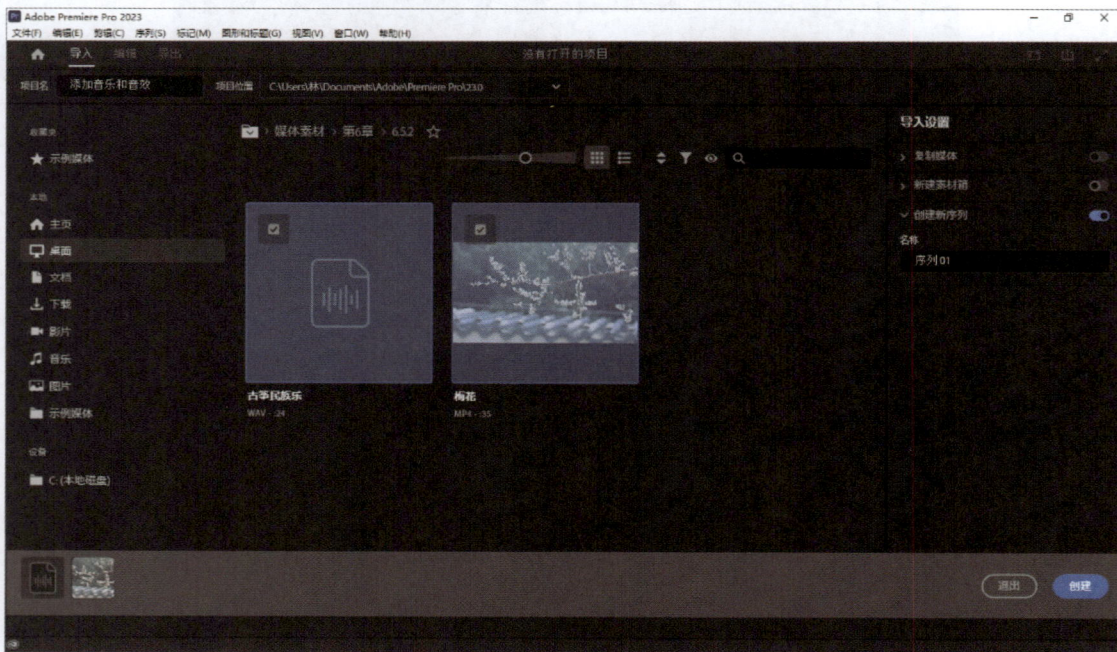

图6-68

提示

编辑音频的很多操作都与编辑视频的操作一样，比如都可以添加专属效果和过渡效果，都可以在"效果"面板中调整一些参数以制作出更多的效果。

2. 添加音频过渡效果

在Premiere Pro中可以为音频添加音频过渡效果，使音乐之间的过渡更加和谐、自然。"效果"面板的"音频过渡"中预存了3个音频过渡效果，如图6-69所示。

在使用音频过渡效果时，将其拖曳至"时间轴"面板中的音频素材上，之后可以在"效果控件"面板中对音频过渡效果进行设置，将对齐调整为"中心切入"，如图6-70所示。

3. 添加音频效果

"音频效果"中存放着几十个音频效果，如图6-71所示。将这些音频效果直接拖曳至"时间轴"面板中的音频素材上，即可对音频素材应用相应的音频效果。

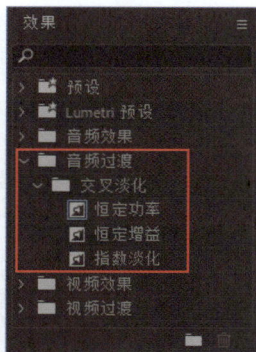

图6-69

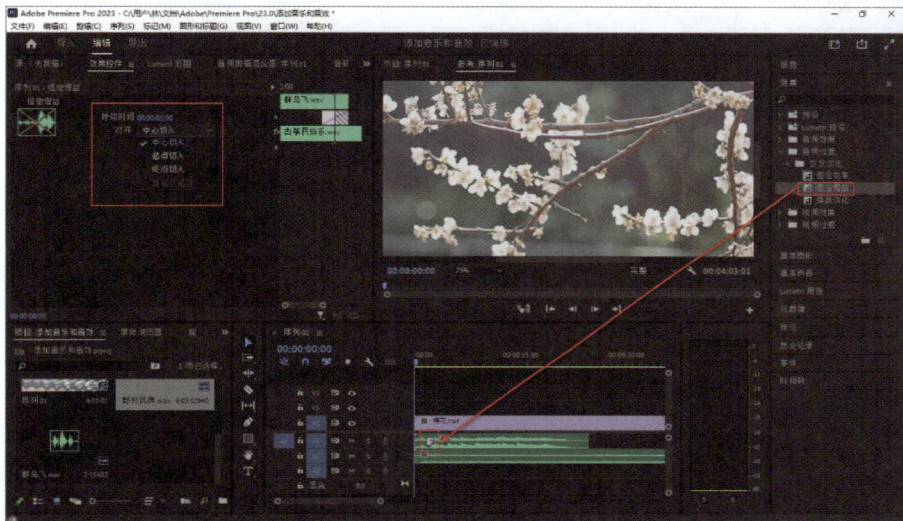

图6-70

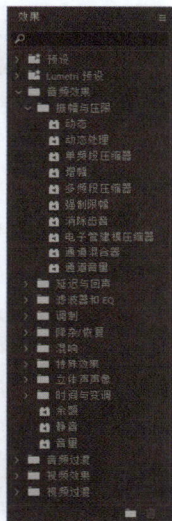

图6-71

6.5.3　实战案例：制作水下效果视频

本案例将使用音频效果来制作水下效果视频，接下来介绍详细的制作过程。

01　在Premiere Pro中新建项目后新建序列，选择名为"ARRI 1080p 30"的序列预设，导入名为"水下"的视频素材和名为"萨克斯"的音频素材，将其拖曳至"时间轴"面板中，如图6-72所示。

微课视频

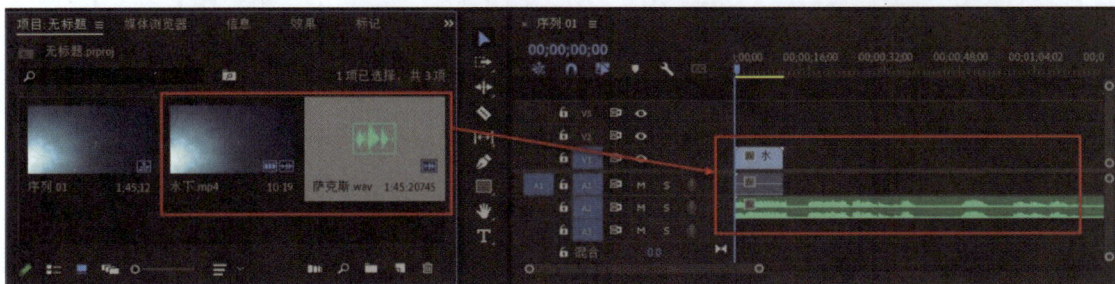

图6-72

02　通过分割适当调整音频素材的时长，使音频素材的时长与视频素材的时长保持一致，并删除

A1轨道上多余的音频素材，将名为"萨克斯"的音频素材移动至A1轨道上。在5s15帧处分割音频素材，以便后期制作水下效果，分割后的效果如图6-73所示。

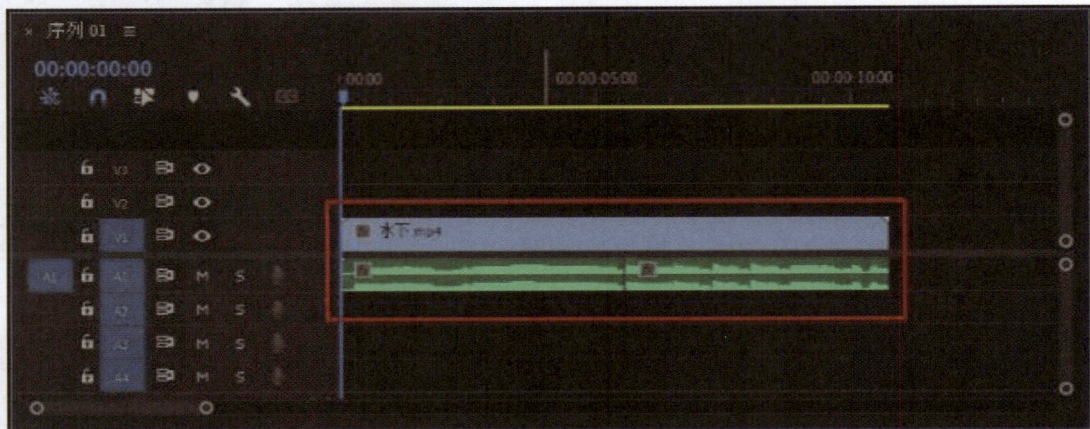

图6-73

03　在"效果"面板中搜索"低通"效果，并将其拖曳至A1轨道的第2段音频上，然后在"效果控件"面板中更改切断值为800.0，如图6-74所示。视频播放到此处会出现模拟水下声音沉闷的效果。

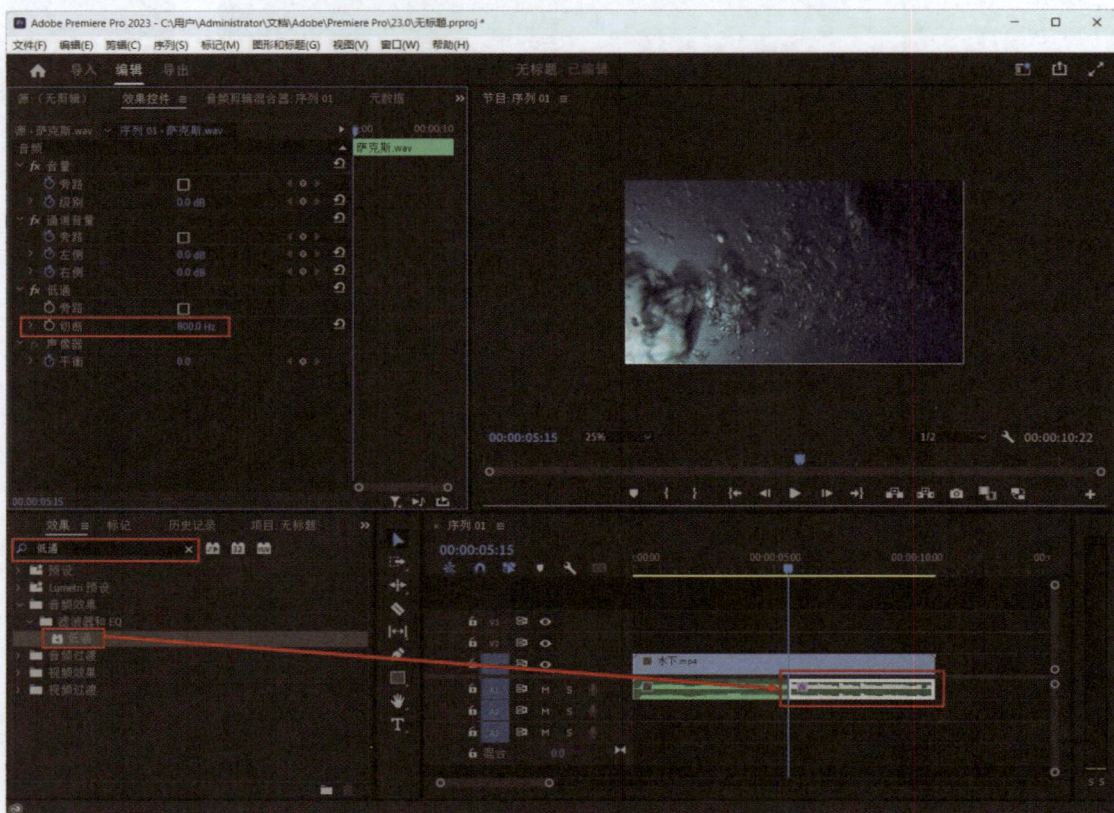

图6-74

04　在"效果"面板中，在两段音频素材的衔接处添加名为"恒定功率"的音频过渡效果，使音频过渡得更加自然，如图6-75所示。

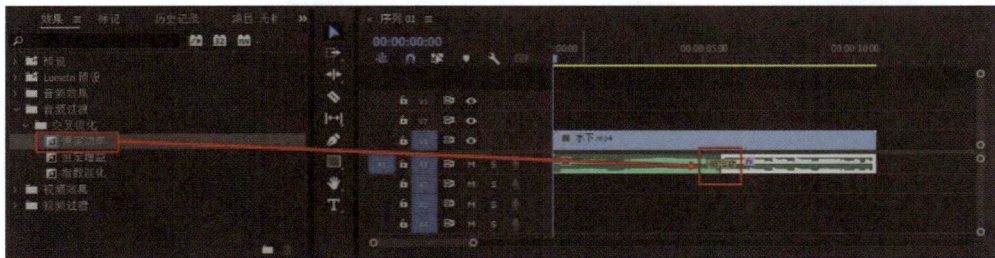

图6-75

　　低通常见于 Audio equalizer filter（音频均衡器，一种常用的调节音效的滤波器）中。低通操作是指将声音中的高频部分去掉，仅保留低频部分。

6.6　对画面进行优化

　　画面的质感决定了观者对作品的第一印象，短视频创作者可以为视频添加各种视频过渡效果和视频效果，对画面进行调色，让画面有更好的质感与表现力。

6.6.1　视频过渡效果和视频效果的添加

　　在视频的制作过程中，视频过渡效果和视频效果的应用非常重要，添加合适的视频过渡效果可以让两段视频素材过渡得更加自然，还能丰富视频画面。

　　1．添加视频过渡效果

　　添加视频过渡效果时，要确保"时间轴"面板中至少存在两个素材。展开"效果"面板，根据剪辑需要，在"视频过渡"中选择合适的视频过渡效果并拖曳至两段素材的中间，即可在这两段素材之间添加视频过渡效果，如图6-76所示。

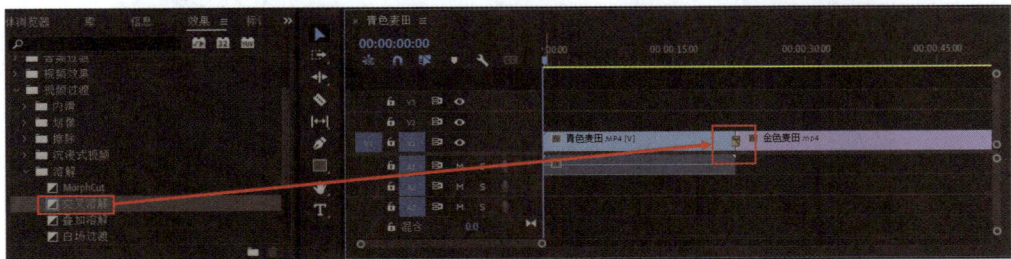

图6-76

　　添加完视频过渡效果之后，选中"时间轴"面板中的视频过渡效果，然后切换至"效果控件"面板，即可对视频过渡效果进行参数调整，如图6-77所示。

　　在"效果"面板中可以直接输入想要的效果名称并进行搜索，Premiere Pro 将根据输入的内容展示搜索结果，以便用户快速添加想要的效果。这在一定程度上可以帮助用户节省时间，提升视频剪辑效率。

2. 添加视频效果

Premiere Pro提供了非常多的视频效果，并且对其进行了分类，以便用户查找和添加，如图6-78所示。

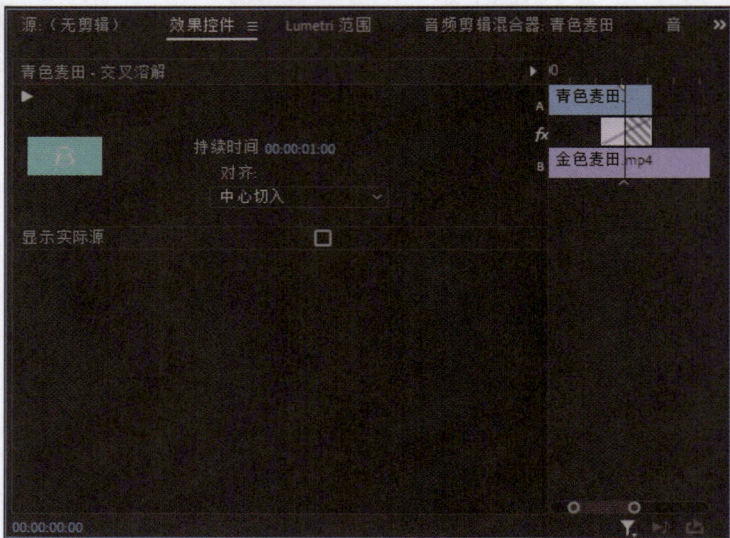

图6-77

图6-78

添加视频效果的方式与添加视频过渡效果一致，都是直接在"效果"面板中选中想要添加的效果，并拖曳至"时间轴"面板中的素材上，如图6-79所示。

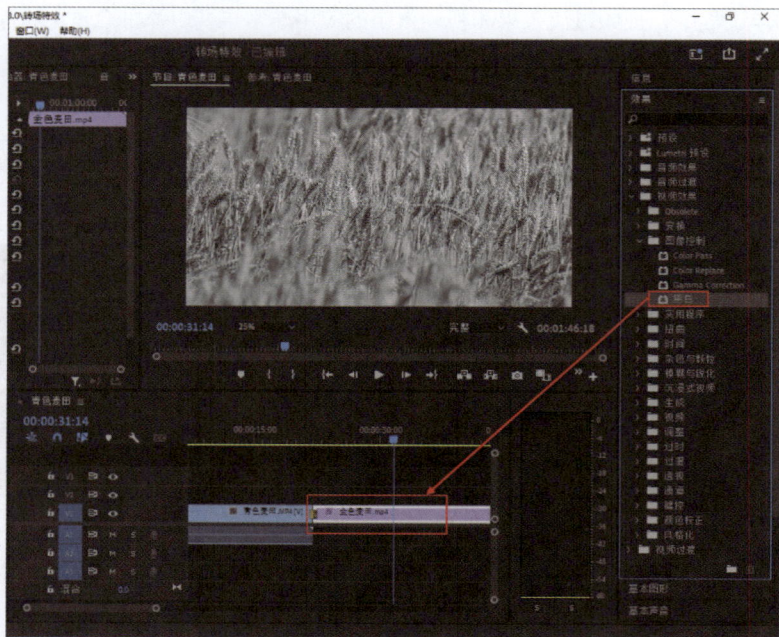

图6-79

6.6.2　实战案例：制作风景转场视频

本案例将使用Premiere Pro中自带的视频转场效果来制作风景转场视频。

01　打开Premiere Pro，新建项目后新建序列，选择名为"ARRI 1080p 30"的序列预设，分别导入名为"春天""夏天""秋天""冬天"的视频素材，如图6-80所示。

02　在"项目"面板中双击名为"春天"的视频素材，在"源监视器"面板中为素材添加入点与出点，控制视频素材的时长为5s，如图6-81所示。

03　参考步骤02，为剩下的视频素材添加入点与出点，控制每段视频素材的时长为5s，效果如图6-82所示。

04　添加视频素材至"时间轴"面板中，如图6-83所示。

图6-80

图6-81

图6-82

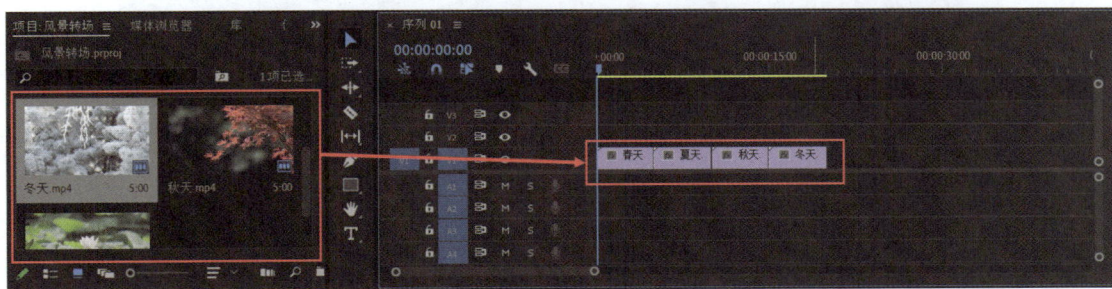

图6-83

05　切换至"效果"面板，添加名为"叠加溶解"的视频过渡效果至所有视频素材的衔接处，如图6-84所示。

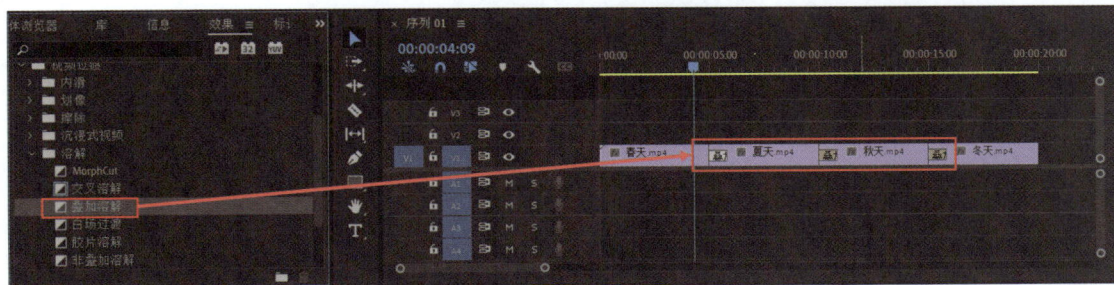

图6-84

06 切换至"效果控件"面板，将视频过渡效果的对齐调整为"中心切入"，如图6-85所示。

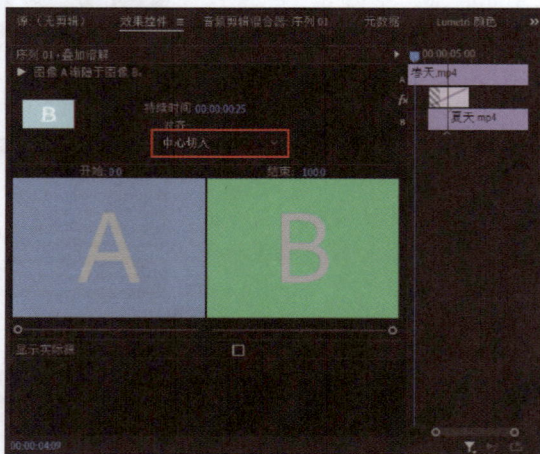

图6-85

07 参考步骤06，将剩下的视频过渡效果的对齐都调整为"中心切入"，效果如图6-86所示。

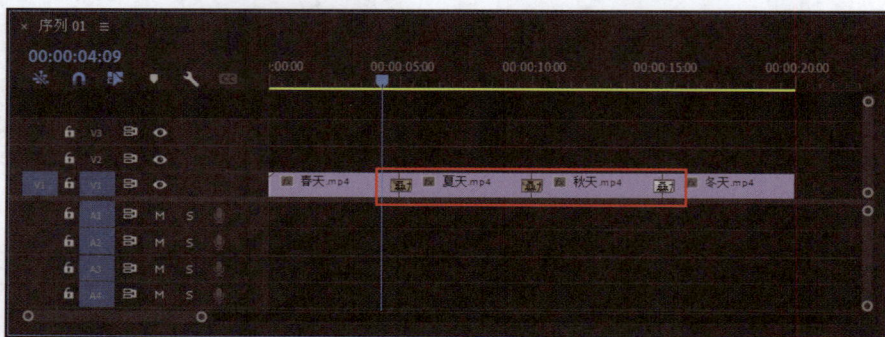

图6-86

08 完成上述操作后，预览视频画面效果，如图6-87所示。

图6-87

6.6.3 视频画面的调色

本小节将介绍调色功能。短视频具有不错的色调，能较大程度地调动观者继续观看的欲望。我们常说的短视频要具有电影感，实际上是指短视频的画面要具有电影色调。颜色可以用来辅助叙事，在同一画面场景下，不同的视频色调能够让观者在观看过程中产生不同的情绪。

在Premiere Pro中，调色主要通过"Lumetri范围"面板和"Lumetri颜色"面板来实现。

1．"Lumetri范围"面板

在菜单栏中执行"窗口"｜"Lumetri范围"命令，如图6-88所示。

"Lumetri范围"面板如图6-89所示。在该面板中右击，弹出快捷菜单，如图6-90所示。

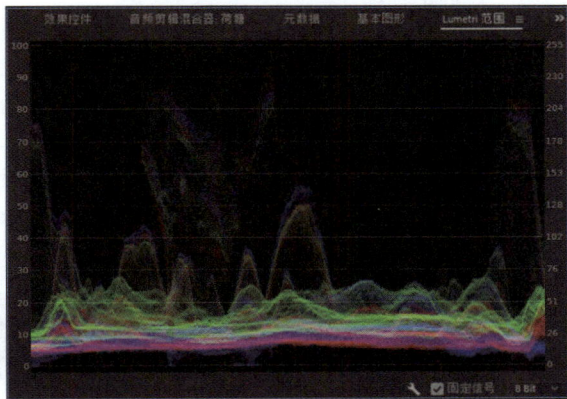
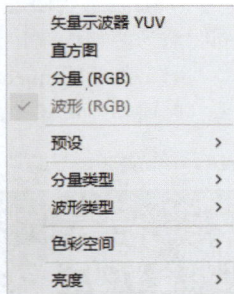

图6-88　　　　　　　　　　　　图6-89　　　　　　　　　　　　图6-90

"Lumetri范围"面板的快捷菜单中的重要命令介绍如下。

➤ 矢量示波器YUV：可以圆形的形式显示视频的色度信息。

➤ 直方图：用于显示每个颜色的强度级别上像素的密集程度，有利于评估阴影、中间调和高光，从整体上调整图像的色调。

➤ 分量（RGB）：用于显示数字视频信号中的亮度和色差通道级别的波形。可以在"分量类型"子菜单中选择"RGB""YUV""RGB白色""YUV白色"命令。

2．"Lumetri颜色"面板

在菜单栏中执行"窗口"｜"Lumetri颜色"命令，如图6-91所示。

"Lumetri颜色"面板由"基本校正""创意""曲线""色轮和匹配""HSL辅助""晕影"6个部分组成，如图6-92所示。

图6-91　　　　　　　　　　　　　　　　　图6-92

3．白平衡和画面曝光

白平衡是描述显示器中红、绿、蓝三原色混合后的精确度的一项指标。简单来说，白平衡就是将画面中的颜色还原成白色的程度。在Premiere Pro中可以通过"Lumetri颜色"面板中的基本校正功能，对画面中需要进行白平衡校正的区域进行颜色校正，使画面表现得更好。

画面曝光则是对素材的RGB分量进行调整，使画面过亮或者过暗，从而调整画面质感，营造不同的视频氛围。在Premiere Pro中可以通过"Lumetri范围"面板来调出素材的RGB分量图，而调整曝光则需要通过"Lumetri颜色"面板中的基本校正功能来实现。

6.6.4　实战案例：制作老电视效果视频

本案例主要通过"Lumetri颜色"面板对视频画面进行调色，使画面具有复古感，同时适当调整参数，为画面打造老电视效果。

01　打开Premiere Pro，新建一个项目，导入名为"梧桐树"的视频素材，将其添加至"时间轴"面板中，如图6-93所示。

图6-93

02　选中"时间轴"面板中的素材，切换至"Lumetri颜色"面板，调整RGB曲线中的绿色曲线，减少画面中的红色部分，增加绿色部分，调整后的曲线及画面效果如图6-94所示。

图6-94

03　在"基本校正"功能区中调整画面的色温、色彩，使画面更加偏向于绿色和青色。降低画面的曝光，让画面中的细节更加丰富。为了让画面中的对比度更高，可适当减小阴影数值和增大黑色数值，效果如图6-95所示。

图6-95

04　在"效果"面板中搜索"杂色"与"彩色浮雕"效果，将对应效果拖曳至"时间轴"面板中的素材上。然后在"效果控件"面板中适当调整相关参数（见图6-96），可以看到调整之后的画面呈现出颗粒感及浮雕质感。

图6-96

05　导入一段"故障噪点"素材至项目中，拖曳素材至"时间轴"面板中的V2轨道上。为了与第一段视频素材的时长保持一致，适当复制素材，放慢其速度并进行分割，如图6-97所示。

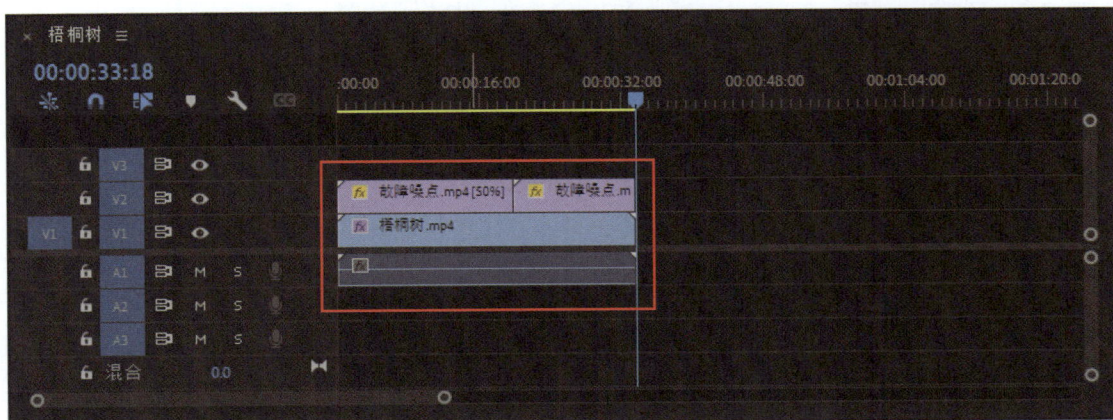

图6-97

06　调整V2轨道上的所有素材的混合模式为"差值"，效果如图6-98所示。

图6-98

07　完成上述操作后，预览视频画面效果，如图6-99所示。

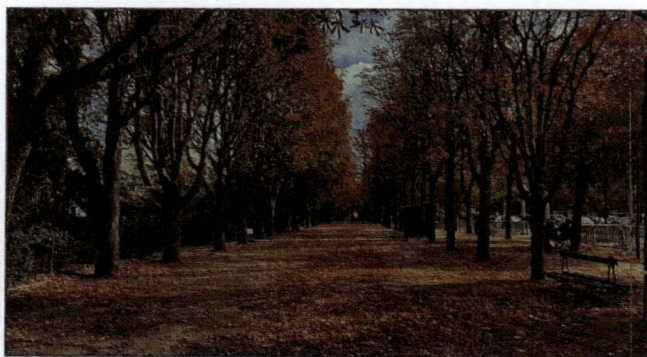

图6-99

6.7　视频的输出

剪辑完成一个视频之后，接下来要做的就是输出视频并将其分享出去，以确保观者能够看到。在进行视频输出的时候，剪辑人员要注意设置视频的输出参数，根据不同的输出目的选择不同的输出类型。

6.7.1　视频输出类型的选择

Premiere Pro 2023提供了多种输出类型，用户可以根据自身需求将视频输出为不同类型，以此来满足不同观者的不同观看需要，从而扩大视频的传播范围。

在菜单栏中执行"文件"丨"导出"命令，可以看到弹出的子菜单中包含了Premiere Pro 2023所支持的各种输出类型，如图6-100所示。

该子菜单中的主要命令介绍如下。

➢ 媒体：选择该命令后，将弹出导出设置界面，在该界面中可以设置各种格式的媒体输出参数。

➢ 字幕：选择该命令后，将输出在Premiere Pro 2023中创

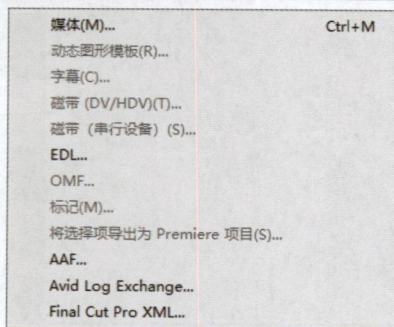

媒体(M)...	Ctrl+M
动态图形模板(R)...	
字幕(C)...	
磁带 (DV/HDV)(T)...	
磁带 (串行设备) (S)...	
EDL...	
OMF...	
标记(M)...	
将选择项导出为 Premiere 项目(S)...	
AAF...	
Avid Log Exchange...	
Final Cut Pro XML...	

图6-100

建的字幕文件。

➢ 磁带（DV/HDV）、磁带（串行设备）：选择该命令后，将完成的视频直接输出到专业录像设备的磁带上。

➢ EDL（编辑决策列表）：选择该命令后，将弹出"EDL导出设置"对话框，在其中可以设置相关参数，并在设置后输出一个描述剪辑过程的数据文件。输出的数据文件可导入其他编辑软件中进行编辑。

➢ OMF（公开媒体框架）：选择该命令后，将序列中所有激活的音频轨道输出为OMF格式。输出后可以导入其他编辑软件中进行更细致的参数调整，以获得更好的音频表现。

➢ AAF（高级创作格式）：将剪辑后的视频输出为AAF，AAF视频可以跨平台、跨系统地在编辑软件中进行编辑，以便用户在不同平台、不同系统的软件中进行剪辑操作。

➢ Final Cut Pro XML（Final Cut Pro交换文件）：导出后可以在Final Cut Pro上进行剪辑。

6.7.2　视频输出参数的设置

决定视频质量的因素有很多，如剪辑过程中用户使用的图形压缩类型、输出视频的帧速率等。在输出视频之前，用户可以在导出设置界面中设置导出视频的各项参数，以达到对视频的心理预期。

选择需要输出的序列文件，在菜单栏中执行"文件"|"导出"|"媒体"命令，打开导出设置界面，如图6-101所示。

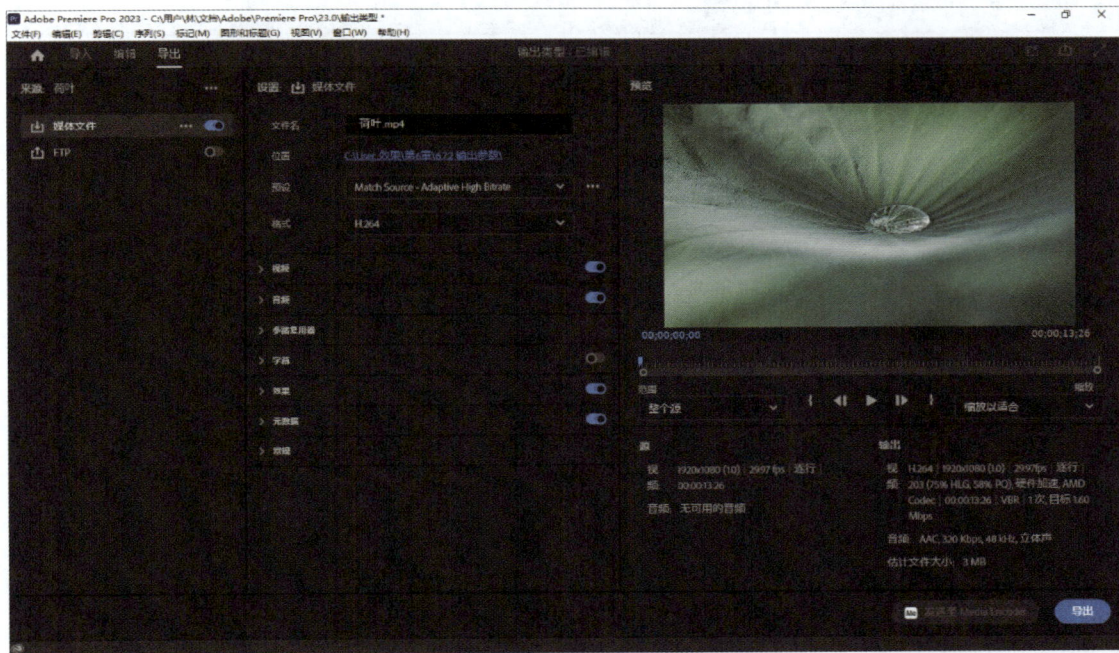

图6-101

Premiere Pro 2023的导出设置界面较之前版本发生了翻天覆地的变化。在Premiere Pro 2023的导出设置界面中，能直接看到文件名、位置、预设、格式的参数设置选项。文件名用于设置保存的媒体文件名称，位置用于设置媒体文件在当前设备中的保存路径，预设用于设置输出视频的制式，而格式用于设置视频输出后的文件格式。

视频输出参数介绍如下。

➢ 预设：用于设置输出视频的制式。

➢ 格式：在展开的下拉列表中，可选择输出视频的格式。

➤ 文件名：用于设置输出视频的名称。

➤ 输出：该功能区会显示输出路径、名称、尺寸、质量等信息。

➤ 视频：用于设置输出视频的编码器和质量、尺寸、帧速率、长宽比等基本参数。

➤ 音频：用于设置输出音频的编码器和采样率、声道、样本大小等参数。

➤ 范围：用于设置导出全部素材或"时间轴"面板中的指定区域。

➤ 导出：单击该按钮，开始进行视频输出。

6.7.3　实战案例：输出MP4格式的视频文件

MP4为目前常用的视频格式。在Premiere Pro中，用户可以导出MP4格式的视频文件。

01　打开Premiere Pro，新建项目后导入名为"梯田"的视频素材至"项目"面板中，拖曳素材至"时间轴"面板中，如图6-102所示。

图6-102

02　在菜单栏中执行"文件"|"导出"|"媒体"命令，弹出导出设置界面，展开"格式"下拉列表，从中选择"H.264"格式，如图6-103所示。

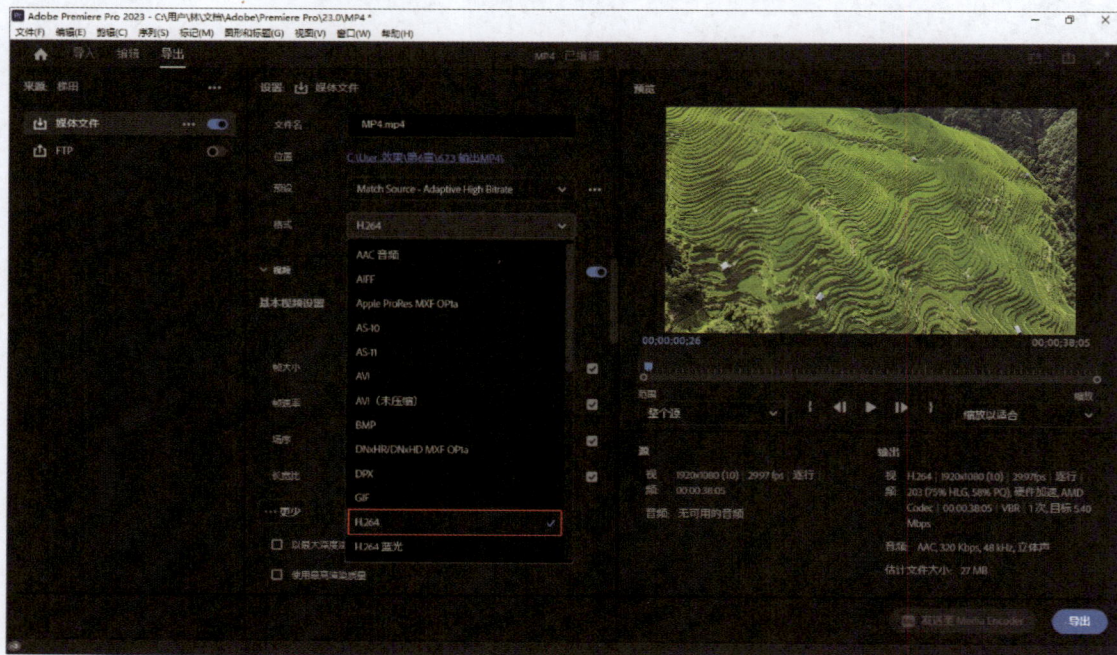

图6-103

03　单击"位置"选项右侧的文字，在弹出的"另存为"对话框（见图6-104）中可以更改保存位置和文件名，完成后单击"保存"按钮。

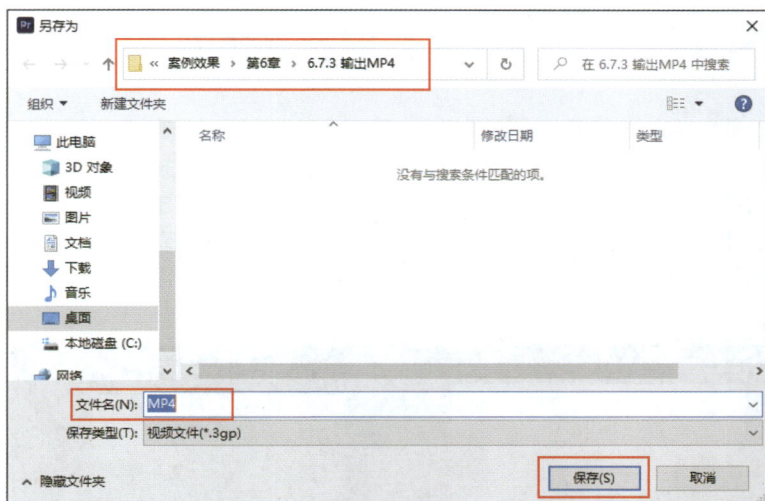

图6-104

04　若用户选择H.264格式后，导出的文件格式不是MP4，那么可以在"多路复用器"下拉列表中更改导出的文件格式，如图6-105所示。

05　设置完成后，单击"导出"按钮，开始输出视频，同时弹出正在渲染的对话框，在其中可以看到输出进度和剩余时间，如图6-106所示。

图6-105

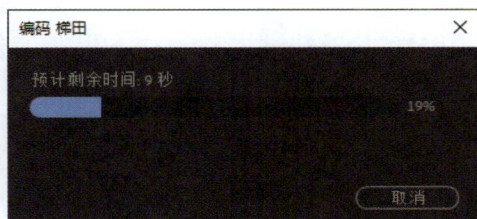

图6-106

06　导出完成后，可以在之前设置好的保存文件夹中找到输出的MP4格式的视频文件，如图6-107所示。

图6-107

6.8 课堂实训——制作具有电影感的视频

结合之前讲解的内容，运用字幕、效果等来制作具有电影感的视频。

01　打开Premiere Pro，新建项目后新建序列，选择名为"ARRI 1080p 30"的序列预设，分别导入名为"风吹""树叶""树影""指尖的阳光"的视频素材至项目中，在"源监视器"面板中为素材添加合适的入点和出点，添加好后将素材拖曳至"时间轴"面板中，如图6-108所示。

微课视频

图6-108

素材入点和出点时间的分布如表6-2所示。

表6-2

素材名称	入点时间	出点时间
风吹.mp4	00:00:00:00	00:00:04:00
树叶.mp4	00:00:00:00	00:00:04:00
树影.mp4	00:00:00:00	00:00:04:00
指尖的阳光.mp4	00:00:00:00	00:00:04:00

02　选中有音频的视频素材，取消音频链接后，删除A1轨道上的音频素材，效果如图6-109所示。

图6-109

03　以"时间轴"面板中的第一段素材为例，复制其至V2轨道上，并单击V1轨道上的"切换轨道输出"按钮 ◉ （见图6-110），关闭V1轨道上素材的显示，只显示V2轨道上的素材画面。

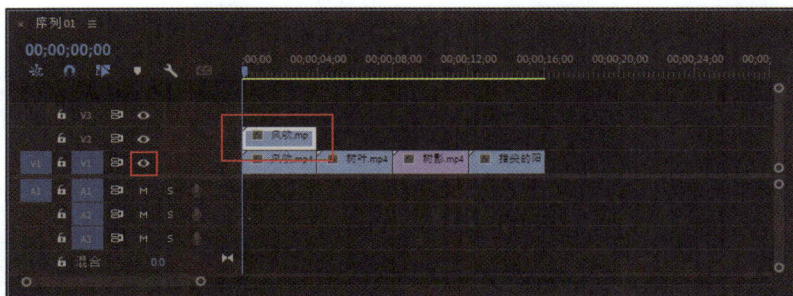

图6-110

04　在"效果"面板中搜索"渐变擦除"效果，将其添加至V2轨道的素材上，并适当调整过渡完成数值，该数值越大，画面中的阴影部分保留越少。此处将数值调整为45%，保留素材画面中的高光部分，去掉阴影部分，同时适当调整过渡柔和度数值，让后期光线变得更加柔和，如图6-111所示。

图6-111

05　在"效果"面板中搜索"高斯模糊"效果，将其添加至V2轨道的素材上，并在"效果控件"面板中适当调整模糊度数值，如图6-112所示。

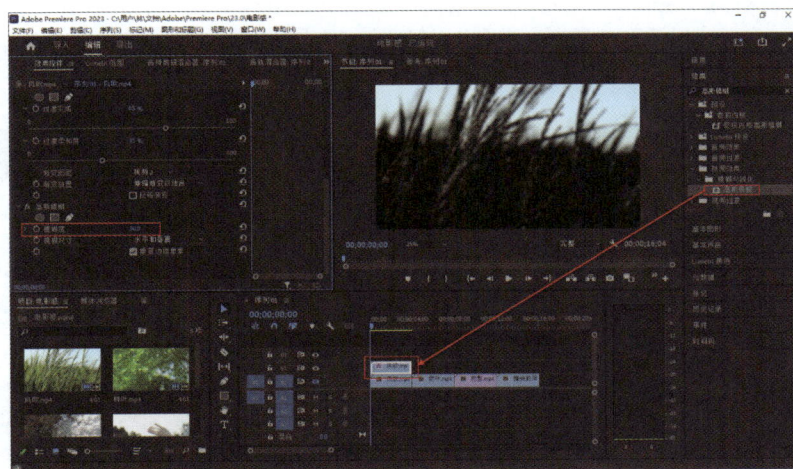

图6-112

06 更改V2轨道上素材的混合模式为"变亮"（见图6-113），并开启V1轨道的显示。

图6-113

07 参考上述步骤，对V1轨道上的其余3段素材进行相同的操作，并设置相同的参数，效果如图6-114所示。

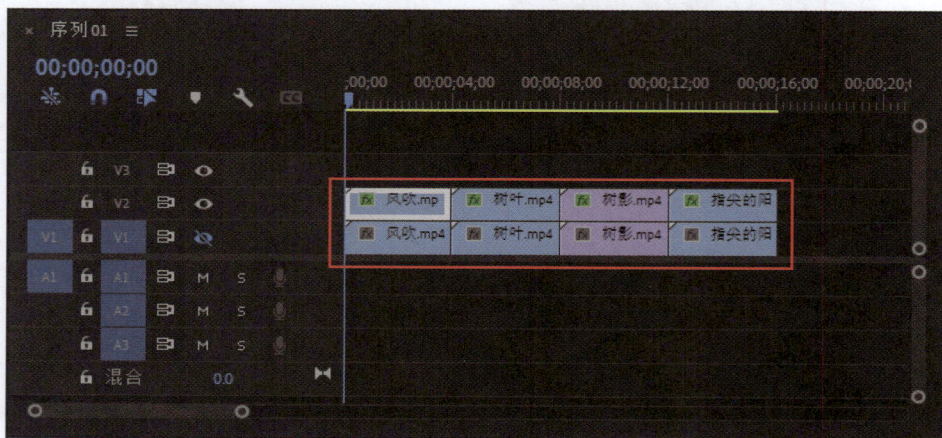

图6-114

08 选中"时间轴"面板中V1轨道上的名为"树影"的视频素材，进行适当的调色，让画面中的色彩更加浓郁、鲜明，同时让画面中的光影具有更好的表现效果。切换至"Lumetri颜色"面板，适当调整各项参数，效果如图6-115所示。

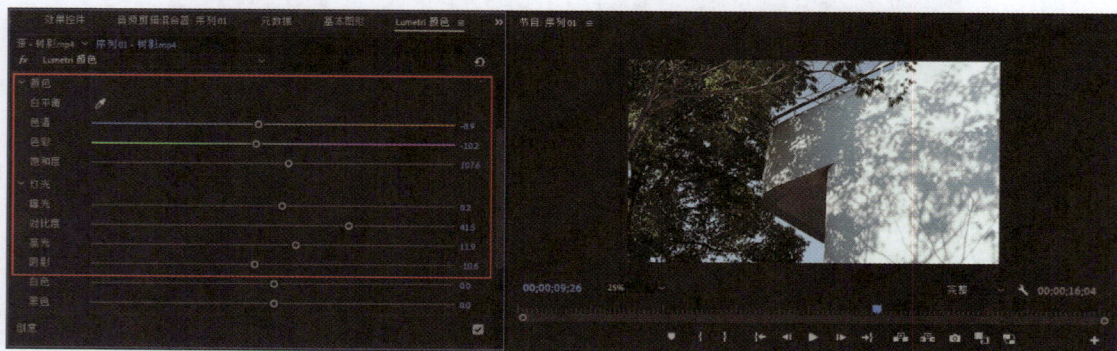

图6-115

09 选中调整好的视频素材并右击，在弹出的快捷菜单中执行"嵌套"命令，效果如图6-116所示。

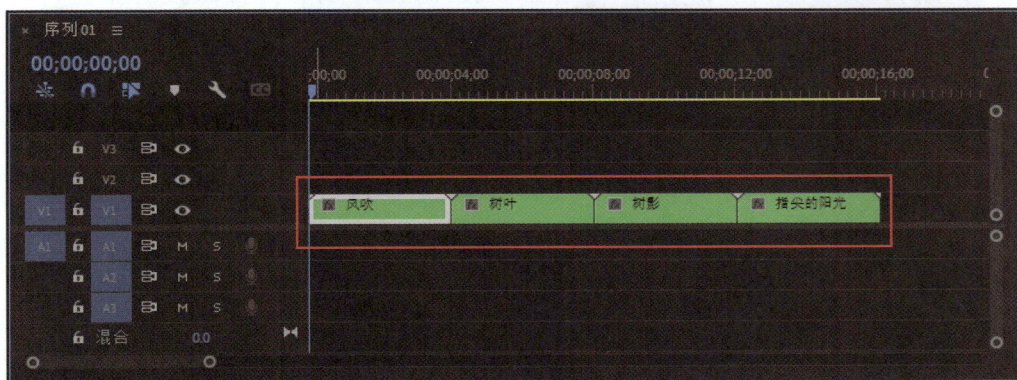

图6-116

10 在"项目"面板中导入一段音频素材，并将其拖曳至"时间轴"面板中。根据音乐波形适当调整V1轨道上的素材速度，从而调整素材的时长。调整后分割音频素材，使音频素材与视频素材的时长保持一致，并删除多余片段，效果如图6-117所示。

图6-117

11 在"效果"面板中选择名为"指数淡化"的音频过渡效果，将其添加至音频素材的开始与结尾处，效果如图6-118所示。

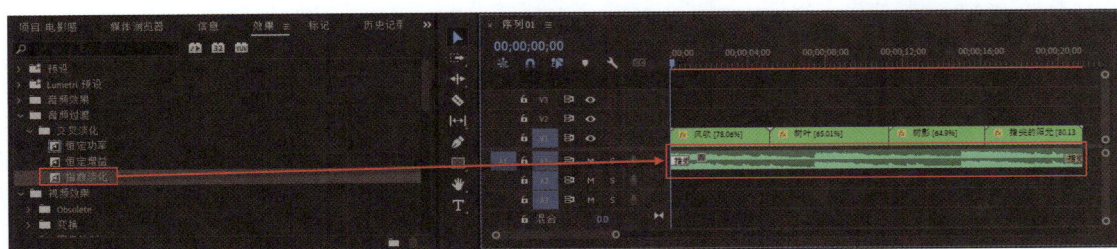

图6-118

12 根据视频素材画面适当添加字幕，并调整字幕的字体、字号、位置，同时在字幕的开始与结尾处添加名为"VR渐变擦除"的视频过渡效果，使字幕的出现与消失变得更加自然，效果如图6-119所示。

13 参考步骤12，添加相同参数的字幕，更改字幕的内容和位置，效果如图6-120所示。

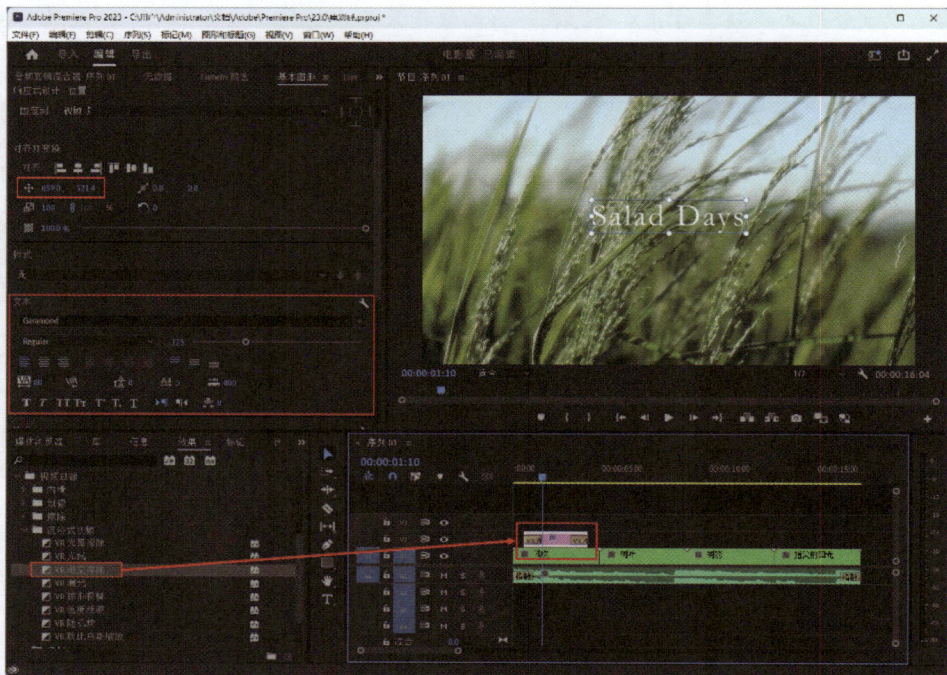

图6-119

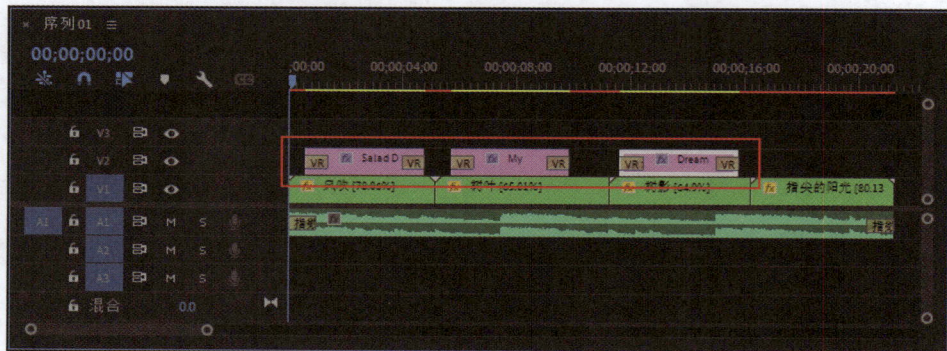

图6-120

具体的字幕时长如表6-3所示。

表6-3

字幕内容	开始时间	结束时间
Salad Days	00:00:00:15	00:00:03:15
My	00:00:04:15	00:00:07:15
Dream	00:00:08:20	00:00:11:20

14　在"效果"面板中为视频素材添加视频过渡效果，并在"效果控件"面板中调整视频过渡效果的切入点为"中心切入"，调整持续时间为00:00:00:25，如图6-121所示。

15　完成上述操作后，在菜单栏中执行"文件"|"导出"|"媒体"命令，在导出设置界面中更改帧大小设置，并在"缩放"下拉列表中选择"缩放以填充"选项（见图6-122），导出视频。

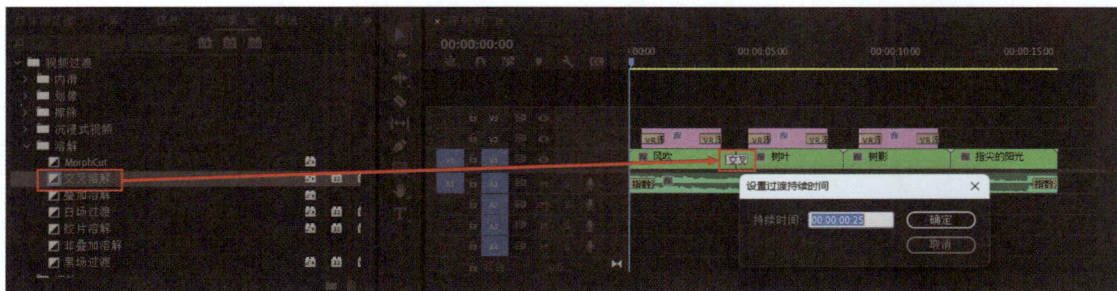

图6-121

图6-122

16　完成上述操作后，预览视频画面效果，如图6-123所示。

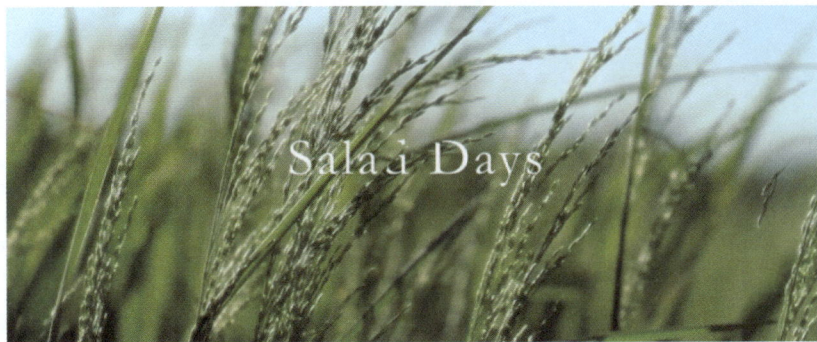

图6-123

6.9　课后练习——制作企业宣传视频

1. 任务

制作一个企业宣传视频。

2. 任务要求

时长：2min。

素材数量：不少于15个。

制作要求：说明企业特点，主题明确，画面和谐。

第7章

7

第　　章

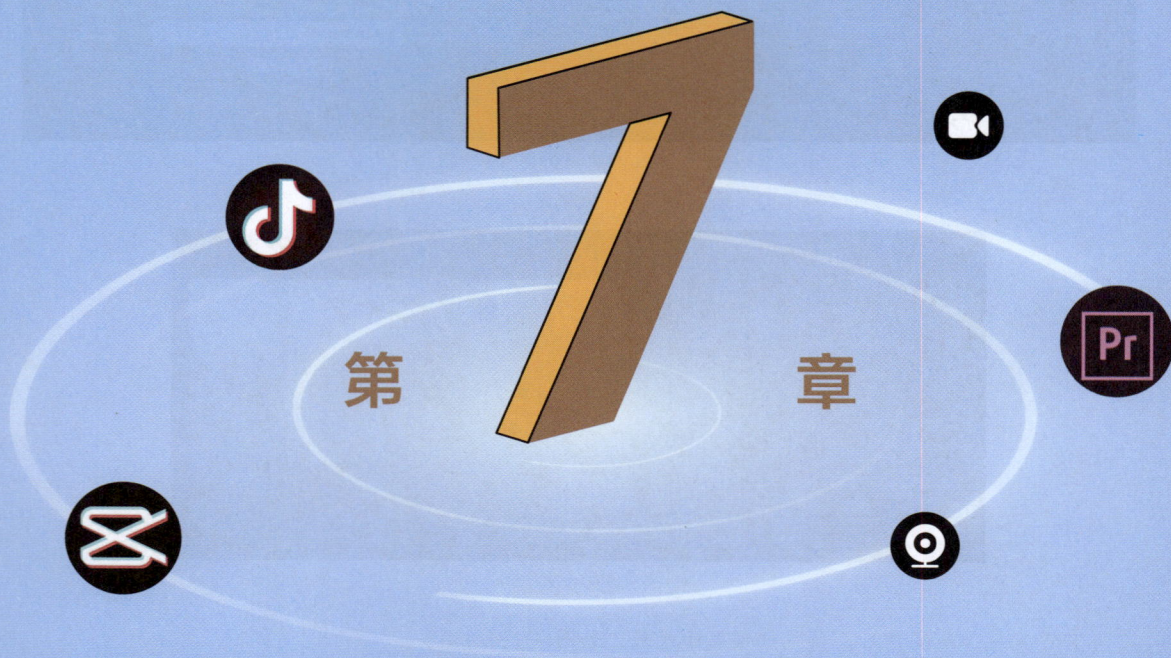

电商广告短视频制作

本章将详细讲解电商广告短视频的拍摄方法和制作技巧。通过本章的学习，读者能够掌握视频中的画面构图技巧、常用色彩知识和广告制作技巧，学会电商广告短视频的制作方法。

【学习目标】

➢ 熟悉电商广告短视频的策划与准备流程。

➢ 了解电商广告短视频的拍摄知识。

➢ 了解电商广告短视频的剪辑操作。

7.1 电商广告短视频的策划与准备

　　电商广告短视频是当今数字市场营销的一个重要工具。在制作电商广告短视频时，策划与准备是确保成功的关键步骤。下面将探讨电商广告短视频策划与准备的相关内容。

7.1.1 确定拍摄主题与内容

　　确定电商广告短视频的拍摄主题与内容环节需要综合考虑多个关键因素，以确保广告能够有效地吸引受众，传达品牌信息，促使观者采取行动。

　　了解目标受众是确定拍摄主题和内容的基础。电商广告短视频的目标是吸引潜在客户，因此必须深入了解他们的需求、兴趣和行为。在本案例中，我们将制作一个关于电竞耳机的电商广告短视频，那么我们的消费者应该是喜爱操作复杂的游戏，愿意为更好的游戏体验付出一定金钱的人群。只有当创作团队了解消费者画像后，才能结合产品特点打造吸引消费者目光的广告，通过这个广告告诉消费者短视频中的产品能够满足他们的需求。毕竟广告的主要目的是将产品销售给更多的人，以获得利润。

　　了解目标受众后，还要明确产品卖点。综合来看，该产品主要的卖点是3D环绕音效、快捷调控音量、更好的游戏体验。图7-1、图7-2所示为电竞耳机宣传视频中较有特色的宣传照片。

　　本次拍摄将以该款电竞耳机能为消费者带来更好的游戏体验为主题，创作团队可以根据本次拍摄的主题来确定拍摄内容。这个广告短视频要展现产品卖点，那么其内容就应该聚焦于产品本身和游戏场景，向消费者传达该款电竞耳机相较于普通耳机的低延迟、高舒适度等优点，从而吸引消费者进行消费。

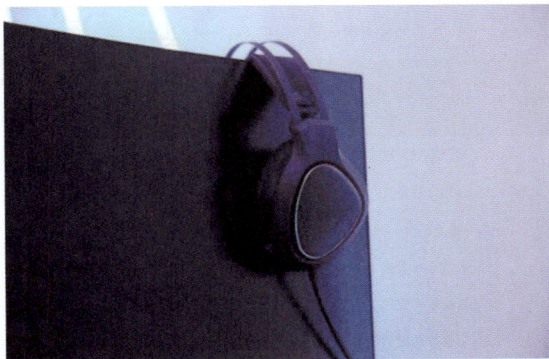

图7-1

图7-2

7.1.2   构思拍摄脚本

构思电商广告短视频的拍摄脚本是一个关键的创作过程，这个过程需要创意、策划和有效的传达。

下面将使用分镜头的形式，并结合主题来展示产品特点。

创作团队要考虑使用怎样的景别与拍摄手法来拍摄产品，使拍摄得到的素材能够凸显产品卖点。因为电竞耳机这类产品的体积较小，向观者展示产品时应集中于产品本身，故拍摄时多使用近景与特写。近景与特写可以让屏幕前的观者将视线集中在产品上，进而记住产品本身。如果创作团队希望广告短视频不致过于简单，可以展示产品具体的使用场景和使用体验，也可以适当地增加一些中景来进行拍摄。

确定了景别与拍摄手法后，就可以构思该产品广告短视频的文案部分了。创作团队想要撰写出能够让消费者产生购买冲动的文案，就要解决消费者的两个疑问：为什么要购买？为什么要现在购买？所以广告短视频的文案要写出产品的卖点和特色，以及产品能够为消费者解决什么问题；在此基础上，结合促销活动来向消费者解释为什么要现在购买，从而引导消费者产生消费行为。

回顾本案例中的电竞耳机及其卖点，我们能够明白，消费者购买这款耳机是为了提升在游戏上的体验。电竞耳机酷炫的外表符合消费者对电竞耳机的一般认知，多声道能够帮助消费者在游戏场景中分辨声音方位，低延迟能够给予消费者更快的反应从而进行操作，牢固的线材与扎实的用料则说明产品能够使用更长的时间。撰写的文案要能够体现以上特点，向消费者解释为什么要购买这款产品。

经过上述思考，创作团队就可以撰写一份电竞耳机电商广告短视频的分镜头脚本了。图7-3所示为撰写好的电竞耳机电商广告短视频分镜头脚本。

电竞耳机电商广告短视频分镜头脚本							
镜号	景别	拍摄手法	画面内容	声音			备注
				台词	音乐	音效	
1	近景	固定镜头	耳机模型旋转	Rapo VH200	科技感背景音乐		
2	近景	固定镜头	耳机模型旋转	一款好用的电竞耳机			
3	近景	摇镜头	摆放在桌上的耳机和键盘	RGB光影炫彩 活力满格			
4	近景	固定镜头	耳机摆放在键盘上	虚拟7.1环绕音效 增强定位能力			
5	近景	固定镜头	年轻人戴着耳机打游戏	更低的延迟 更快的反应			
6	近景	固定镜头	耳机摆放在键盘上	牢固线材 扎实用料			
7	特写	移镜头	耳机局部	为您带来更好的游戏体验			

图7-3

7.2 电商广告短视频的拍摄

本节将重点讲解电商广告短视频的场景布置方法、画面构图技巧、常用色彩知识。

7.2.1   场景布置

场景是短视频的重要构成部分，是短视频创作中必不可少的元素之一。在电商广告短视频中，场景尤为重要。通过场景布置，可以向观看广告的消费者进行心理暗示，突出产品卖点。

在布置场景时，要根据广告内容和场景需求，选择并摆放道具。在本案例中，我们要突出产品的科技感和更适合电竞环境的特点，所以道具可以选择键盘、显示器、鼠标、电脑主机等（见图7-4）。道具的选择应与广告的叙事相契合，并突出产品的特点。

场景布置应与广告的主题和目标相一致，并考虑到背景、光线、空间和氛围。结合主题，在本案例中我们的场景布置选择了黑色背景，将消费者的目光引导至产品上，使用键盘作为辅助道具，打造与专业电竞比赛相似的场景，给予消费者该产品更适合电竞环境的感觉，如图7-5所示。

图7-4

图7-5

7.2.2　画面构图

所以我们在拍摄电商广告短视频的过程中要精心设计画面构图，拍摄出画面表现力优秀的视频。

1. 主体与陪体

在构图形式上，主体是画面的主导，是画面中的视觉焦点。在拍摄过程中，我们要使用各种造型手段和构图技巧突出主体，制造出令人印象深刻的视觉效果。陪体是用于衬托主体形象的，可帮助主体突出视觉内涵的部分。在处理构图时，陪体应占次要地位，无论是色彩还是影调都应注意与主体的关系。

图7-6所示为拍摄好的电商产品素材。我们可以看到画面中的主体为戴着耳机打游戏的年轻人，其中的显示器、鼠标和键盘都是作为陪体部分出现在画面中的。画面通过陪体模拟真实的电竞场景，衬托作为主体的年轻人的认真和专注。主体和陪体的相互搭配，向消费者展示了本产品能够带来的良好电竞体验。

图7-6

2. 常用构图形式

投放到各大平台的电商广告短视频以竖构图为主，画面比例一般为9∶16，接近人眼观察的视觉范围。下面将对在电商广告短视频中运用较多、实用性较强的构图形式进行具体讲解。

（1）三分法构图

三分法构图就是将整个画面在横竖两个方向上各用两条直线分割成相等的3部分，将被摄主体放置在任意一条直线或直线的交点上，这样会让人觉得画面和谐，充满美感。图7-7所示为使用三分法构图拍摄的电竞耳机。

（2）低角度构图

低角度构图是确定拍摄主题后，寻找一个足够低的角度，甚至直接将镜头贴到地面进行拍摄而形成的构图。这是一种很受欢迎的构图形式，能够展现出令人惊讶的视频效果。拍摄者往往需要蹲着、坐下、跪下或者躺下进行拍摄。图7-8所示为使用低角度构图拍摄的画面。

图7-7

图7-8

（3）引导线构图

引导线构图是在场景中使用引导线串联起画面内容主体与背景元素，完成视觉焦点的转移的构图。常用的引导线场景有一条小路、一条河流、一座桥梁（见图7-9），以及喷气式飞机飞过留下的白线、两条铁轨、桥上的锁链、伸向远处的树枝等。在电商广告短视频中，可以在布置场景时使用灯光、产品包装等进行引导线构图，结合低角度构图，引导观看电商广告短视频的消费者的视觉焦点转移。

图7-9

（4）框架构图

框架构图是指在场景中利用环绕的事物突出被摄主体的构图。常用的框架场景有门框、篱笆、树干、树枝、窗、拱桥、镜子等。图7-10所示为使用框架构图拍摄的大学生使用耳机的场景。在电商广告短视频中，创作团队可以将拉镜头的拍摄手法和框架构图相结合，即先使用特写镜头拍摄产品，然后拉镜头，逐渐展现出产品的全貌，当镜头移到合适位置时，在画面中使用框架构图，让消费者的视觉焦点保持在产品上。

（5）中心构图

中心构图是将想要表达的主体放在画面中央，以达到突出主体效果的构图。电商广告短视频多采用近景、中景拍摄和中心构图相结合的手法，呈现产品和产品的细节信息。图7-11所示为使用中景拍摄和中心构图相结合的手法所拍摄出的女生使用耳机的素材画面。

图7-10

图7-11

（6）对称式构图

对称式构图是指主体在画面中垂线两侧或中水平线上下对称、大致对称的构图。对称构图具有布局平衡、结构规矩、图案优美、趣味性强等特点，常用于拍摄运动会等赛事中运动员的比赛过程、集体舞蹈表演、灯组、中国式建筑、某些器皿用具等，如图7-12所示。

在本案例中，我们拍摄的产品为电竞耳机，主要使用三分法构图和中心构图，以突出产品本身和产品细节，如图7-13所示。

图7-12

图7-13

7.2.3　视频调色

本小节将介绍视频调色相关的知识。

1.　视频常用颜色模式

（1）RGB颜色模式

RGB颜色模式是一种色光的彩色模式，它通过"R"（Red，红色）、"G"（Green，绿色）、"B"（Blue，蓝色）这3种色光叠加而形成更多的颜色。RGB颜色模式目前应用非常广泛的颜色系统之一。电商广告短视频的后期调色主要使用RGB颜色模式。

（2）HLS颜色模式

HLS颜色模式通过"H"（Hue，色调）、"L"（Lightness，亮度）、"S"（Saturation，饱和度）这3个参数的变化以及相互之间的叠加而形成各种颜色。

> **提示**
>
> 在对视频画面进行调色时可以将二者结合，以更好地表现质感。

2.　视频常用调色依据

（1）互补色与相邻色

在色轮中，相邻的两种颜色叫作相邻色，相对于圆心对称的两种颜色则叫作互补色。例如青色的相邻色是绿色和蓝色，互补色则是红色。色轮如图7-14所示。

在本案例中，产品本身自带RGB光效，而RGB光效本身使用了高饱和度的色光，增强了产品外观设计上的酷炫感，如图7-15所示。背景中的键盘光效使用了互补色，在视觉上更具有冲击力。同时本案例使用黑色作为背景色，能够凸显产品本身的酷炫光效，更加抓人眼球，让消费者印象深刻。

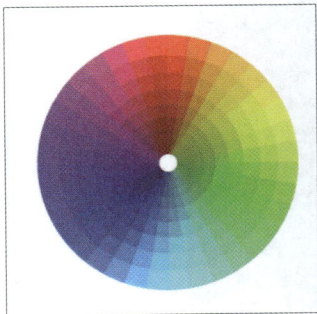

图7-14

图7-15

（2）视频的初级调色的概念

视频的初级调色是指调节视频的相邻色和互补色来匹配视频画面的颜色。调色方式有两种：一是增加相邻色，二是减少互补色。例如，要使电商广告短视频画面中的色调偏向红色，可以通过增加红色的相邻色（黄色和品红色）来达到预期效果，也可以通过减少红色的互补色（青色）来达到目的。

（3）视频调色的色彩元素

色彩元素包括色温、色相、饱和度。

色温会影响人们对颜色的感知。色温越高，画面越偏向于冷色调；色温越低，画面越偏向于暖色调。熟练调节色温是视频创作者必须掌握的技能之一，学会利用调节白平衡校正拍摄时出现的偏色是视频调色的基础。

色相与光波波长有关。光谱中有红、橙、黄、绿、蓝、紫6种基本色相。

饱和度即颜色的鲜艳程度，也称为色彩的纯度。在色轮中，越靠近边缘的颜色饱和度越高，颜色越鲜艳，色轮边缘颜色的饱和度为100%；越靠近中心的颜色饱和度越低，颜色越平淡，色轮中心的饱和度为0%，如图7-16所示。

本案例中拍摄的产品为电竞耳机，本案例使用偏冷的色调对拍摄好的素材画面进行调色，以凸显产品的科技感。同时，本案例适当地调整了视频素材的颜色饱和度，提升了画面的色彩对比度，让画面表现得更好。

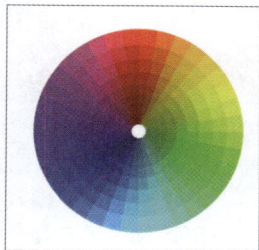

图7-16

7.3 | 电商广告短视频的剪辑

本节将介绍电商广告短视频的剪辑流程。

微课视频

7.3.1 进行粗剪

01　打开Premiere Pro，新建项目后新建序列，选择名为"ARRI 1080p 30"的序列预设，分别导入名为"耳机素材1"～"耳机素材4"的视频素材、名为"耳机模型""用户体验"的视频素材和名为"背景音乐"的音频素材至剪辑项目中，如图7-17所示。

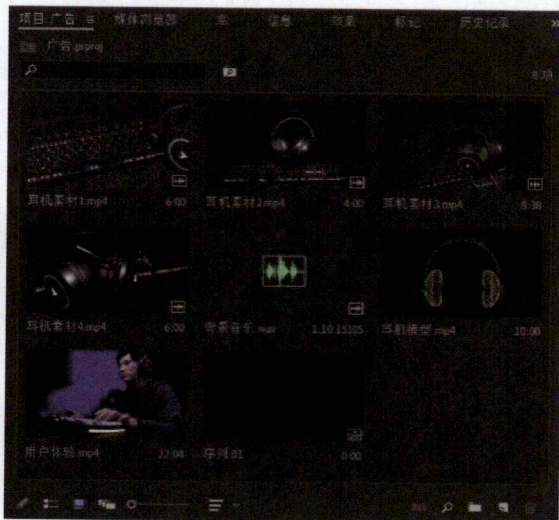

图7-17

02　选中名为"耳机模型"的视频素材，在"源监视器"面板中为该段素材添加入点和出点，调整该段素材的时长，将调整好的素材添加至"时间轴"面板中，如图7-18所示。

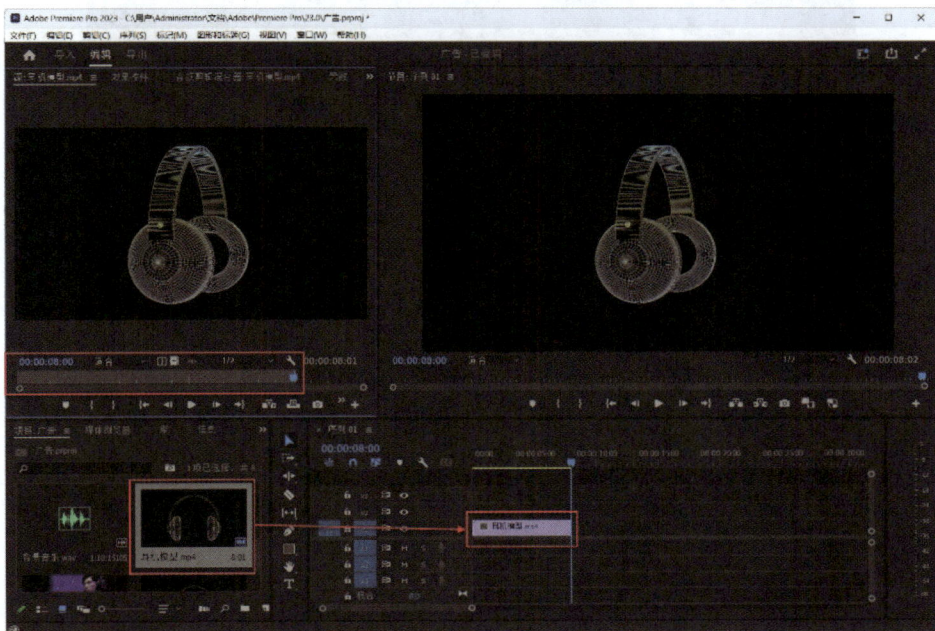

图7-18

03　选中名为"耳机素材1"的视频素材，调整其速度为150%，如图7-19所示。

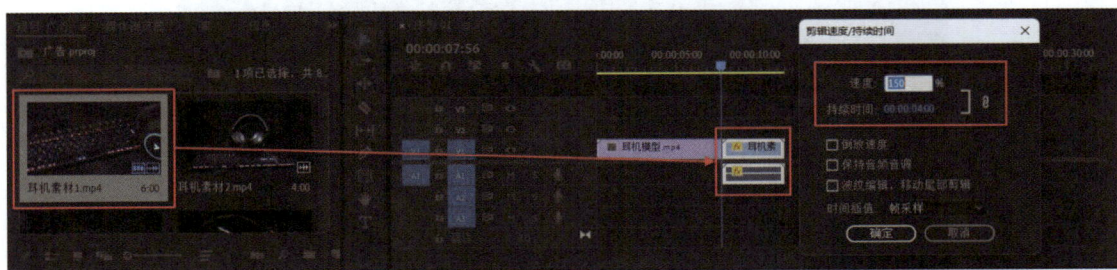

图7-19

04　选中名为"耳机素材2"的视频素材，将其添加至"时间轴"面板中，如图7-20所示。

图7-20

05　选中名为"用户体验"的视频素材，在"源监视器"面板中为其添加入点和出点，调整该段素材的时长，并将其添加至"时间轴"面板中，如图7-21所示。

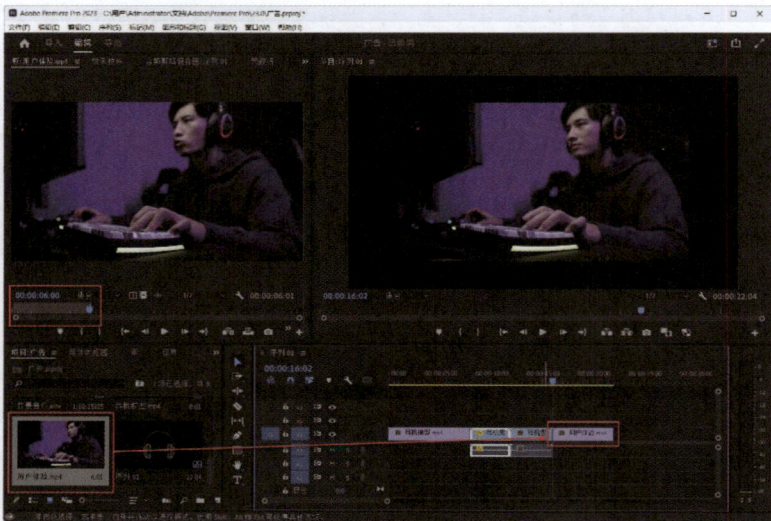

图7-21

06 选中名为"耳机素材3"的视频素材，在"源监视器"面板中为其添加入点和出点，调整该段素材的时长，并将其添加至"时间轴"面板中，调整其速度为150%，如图7-22所示。

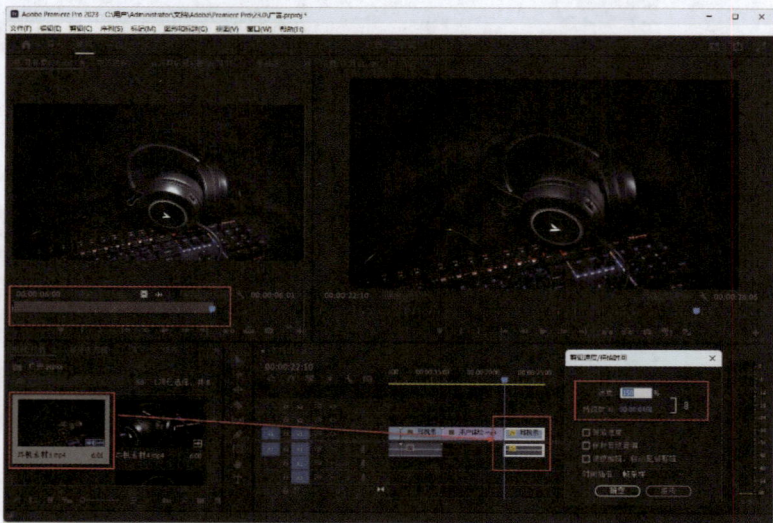

图7-22

07 选中名为"耳机素材4"的视频素材，将其添加至"时间轴"面板中，如图7-23所示。

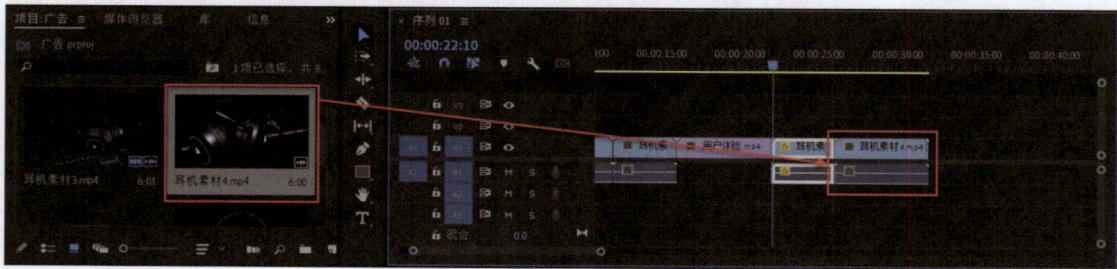

图7-23

08　选中名为"背景音乐"的音频素材，将其添加至"时间轴"面板中，并使音频素材的时长与视频素材的时长保持一致，如图7-24所示。

图7-24

具体的视频素材时间分布如表7-1所示。

表7-1

素材名称	入点时间	出点时间	素材时长	素材速度
耳机模型.mp4	00:00:00:00	00:00:08:00	00:00:08:01	100%
耳机素材1.mp4	无须添加	无须添加	00:00:06:00	150%
耳机素材2.mp4	无须添加	无须添加	00:00:04:00	100%
用户体验.mp4	00:00:00:00	00:00:06:00	00:00:06:00	100%
耳机素材3.mp4	00:00:00:00	00:00:06:00	00:00:06:01	150%
耳机素材4.mp4	无须添加	无须添加	00:00:06:00	100%

完成上述操作后，整个电商广告短视频的粗剪工作就全部完成了。

7.3.2　调整画面

在前面的步骤中，对素材进行了简单的处理，整个电竞耳机电商广告短视频的框架已经形成。接下来通过下面的操作调整视频素材的色调，添加视频过渡效果，使视频画面更加自然、和谐。

01　选中"时间轴"面板中名为"耳机素材1"的视频素材，如图7-25所示。

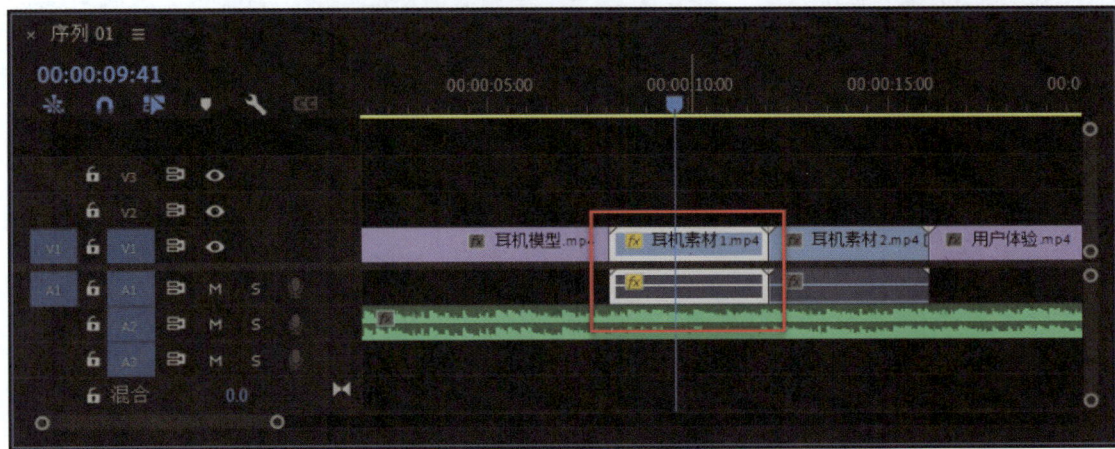

图7-25

02　切换至"Lumetri颜色"面板，适当调整各项参数（见图7-26），使视频素材的画面表现更好。

03　选中"时间轴"面板中名为"耳机素材2"的视频素材，如图7-27所示。

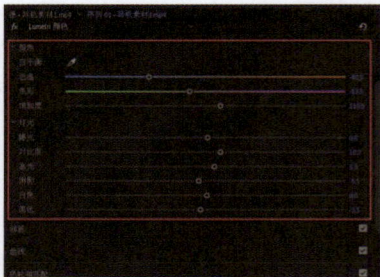

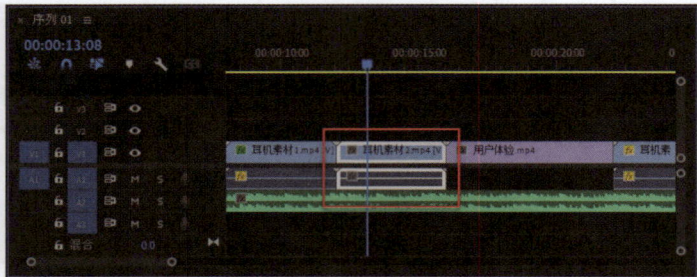

图7-26　　　　　　　　　　　　　　　　图7-27

04　切换至"Lumetri颜色"面板，适当调整各项参数（见图7-28），使视频素材的画面表现更好。

05　选中"时间轴"面板中名为"耳机素材3"的视频素材，如图7-29所示。

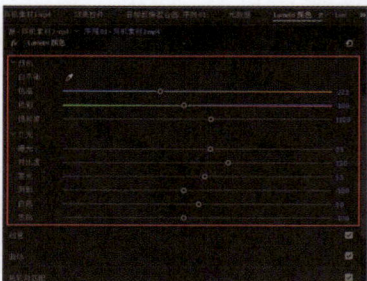

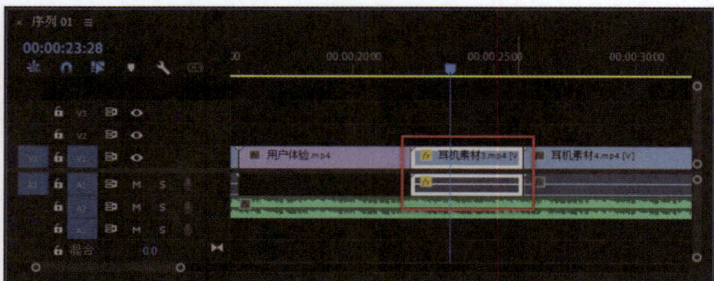

图7-28　　　　　　　　　　　　　　　　图7-29

06　切换至"Lumetri颜色"面板，适当调整各项参数（见图7-30），使视频素材的画面表现更好。

07　选中"时间轴"面板中名为"耳机素材4"的视频素材，如图7-31所示。

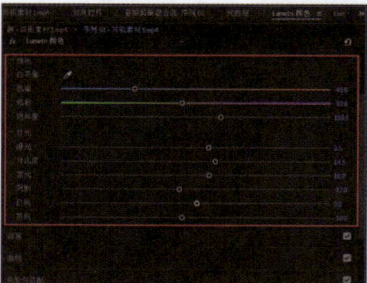

图7-30　　　　　　　　　　　　　　　　图7-31

08　切换至"Lumetri颜色"面板，适当调整各项参数（见图7-32），使视频素材的画面表现更好。

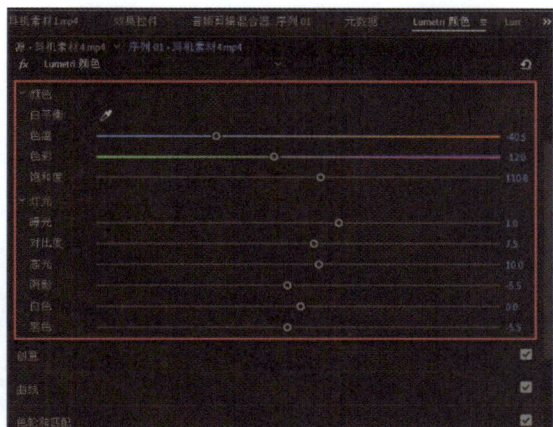

图7-32

09　切换至"效果"面板，选择名为"交叉溶解"的视频过渡效果，并将其添加至视频素材的衔接处，效果如图7-33所示。

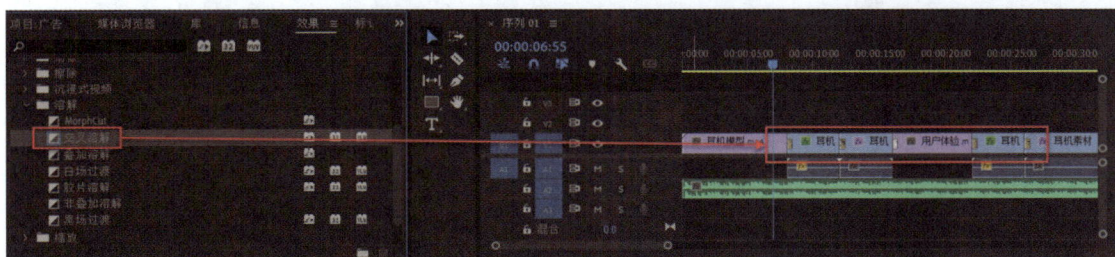

图7-33

10　选中添加好的视频过渡效果，切换至"效果控件"面板，更改该视频过渡效果的参数，如图7-34所示。

11　对添加的每一个视频过渡效果都进行与步骤10相同的操作，将效果切入点调整为"中心切入"，效果如图7-35所示。

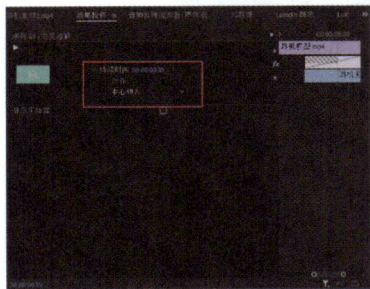

图7-34

图7-35

完成上述操作后，调整画面的工作就全部完成了。

提示

此处调整画面是将画面调整为偏向于冷色调、对比度较高，使画面呈现出科技感。同时将曝光数值增大，将阴影数值减小，使画面中的耳机主体更加突出，阴影部分更暗。

7.3.3　添加字幕

添加效果使画面表现更好后，还需要添加字幕使整个视频变成完整的电商广告短视频，以便对产品进行宣传，突出产品特点，从而实现销售产品的目的。

01　拖曳时间线至视频素材开始处，在"节目监视器"面板中为视频素材添加字幕，并适当调整字幕的各项参数，效果如图7-36所示。

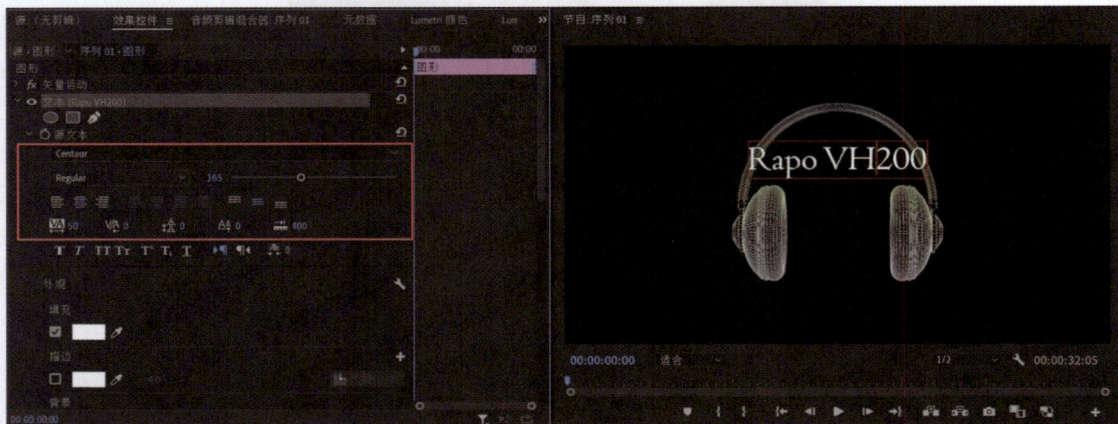

图7-36

02　调整字幕的时长为3s，效果如图7-37所示。

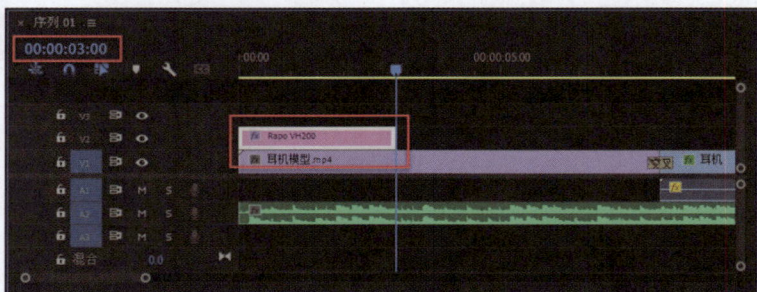

图7-37

03　将时间线后移2s，效果如图7-38所示。

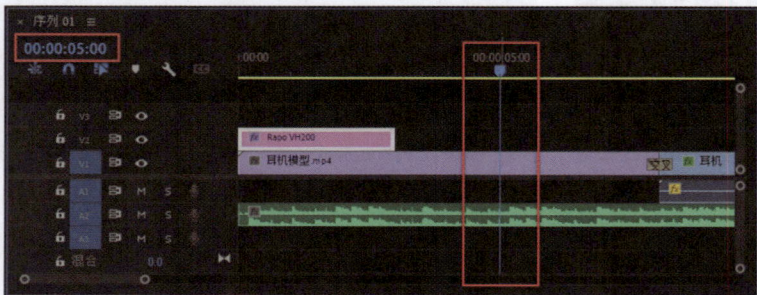

图7-38

04　在"节目监视器"面板中添加一段字幕，添加后适当调整字幕的各项参数，效果如图7-39所示。

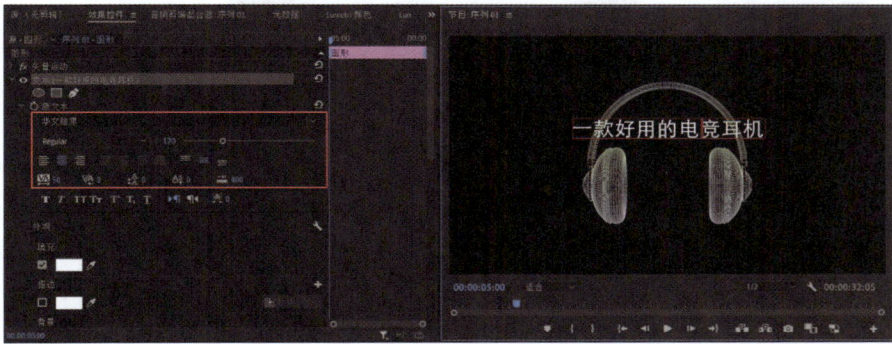

图7-39

05　适当调整字幕的时长，效果如图7-40所示。

图7-40

06　将时间线后移，效果如图7-41所示。

图7-41

07　在"节目监视器"面板中添加一段字幕，并适当调整字幕的各项参数，效果如图7-42所示。

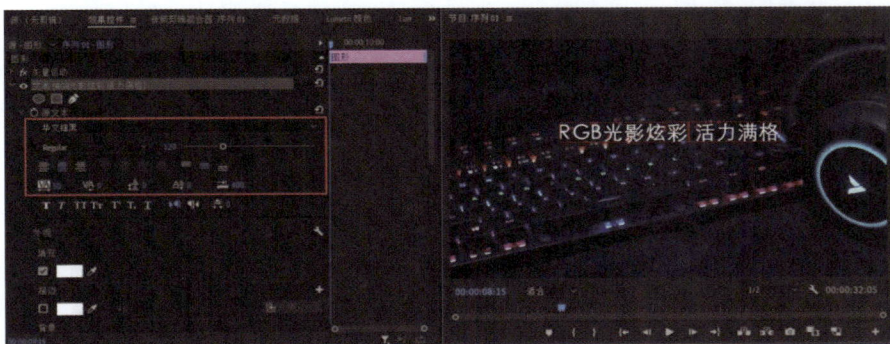

图7-42

08　适当调整字幕的时长，效果如图7-43所示。

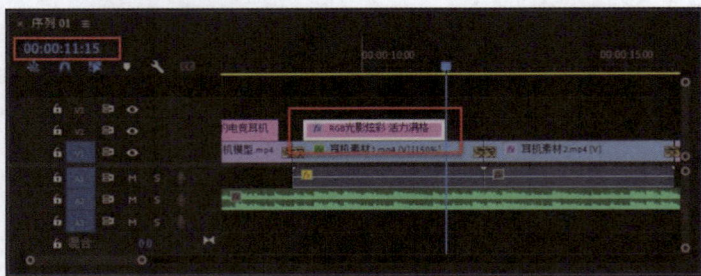

图7-43

09　将时间线后移，效果如图7-44所示。

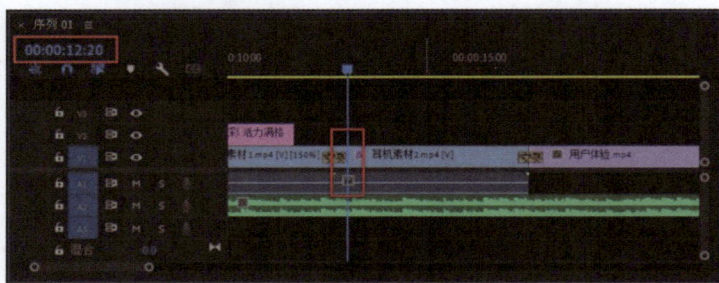

图7-44

10　在"节目监视器"面板中添加一段字幕，并适当调整字幕的各项参数，效果如图7-45所示。

图7-45

11　适当调整字幕的时长，效果如图7-46所示。

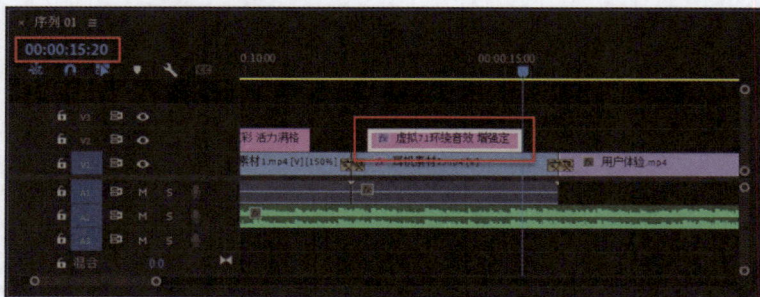

图7-46

12　将时间线后移，效果如图7-47所示。

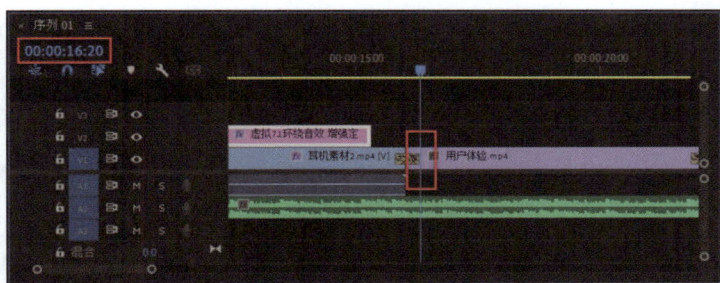

图7-47

13　在"节目监视器"面板中添加一段字幕，适当调整字幕的各项参数，效果如图7-48所示。

图7-48

14　适当调整字幕的时长，效果如图7-49所示。

图7-49

15　将时间线后移，效果如图7-50所示。

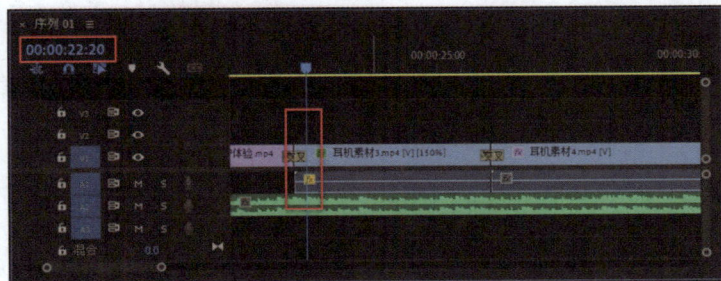

图7-50

16   在"节目监视器"面板中添加一段字幕，适当调整字幕的各项参数，效果如图7-51所示。

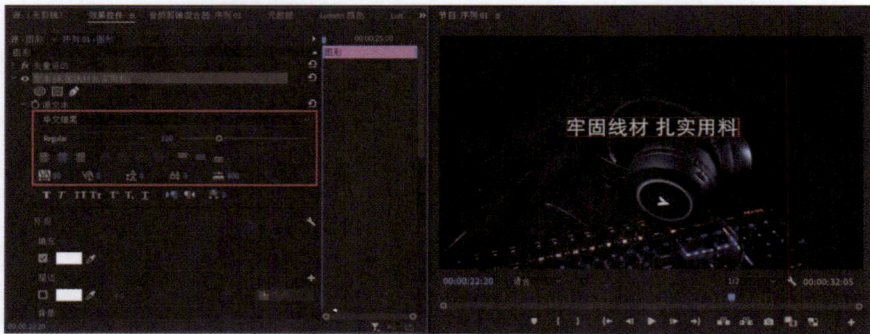

图7-51

17   适当调整字幕的时长，效果如图7-52所示。

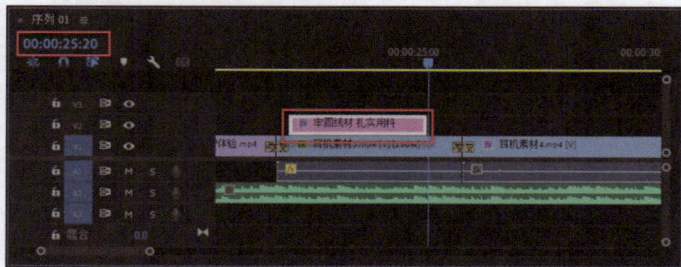

图7-52

18   将时间线后移，效果如图7-53所示。

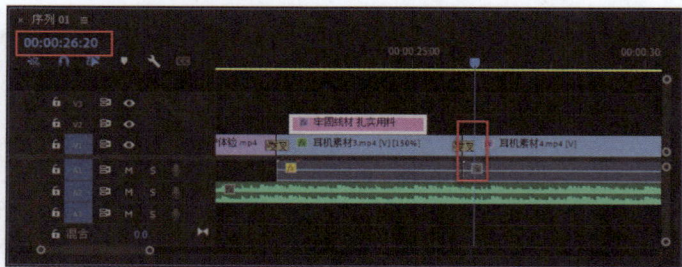

图7-53

19   在"节目监视器"面板中添加一段字幕，适当调整字幕的各项参数，效果如图7-54所示。

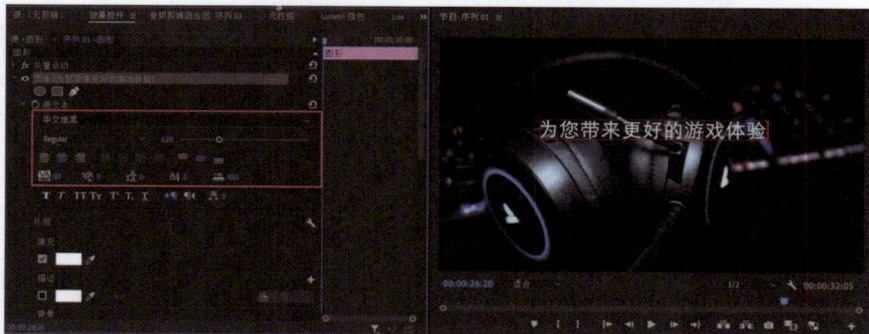

图7-54

20　适当调整字幕的时长，效果如图7-55所示。

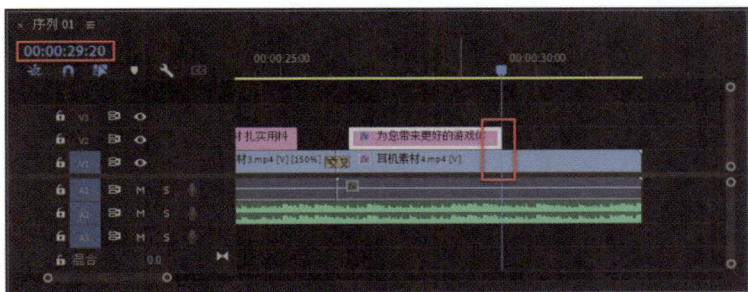

图7-55

具体的字幕时长分布如表7-2所示。

表7-2

字幕内容	开始时间	结束时间
Rapo VH200	00:00:00:00	00:00:03:00
一款好用的电竞耳机	00:00:05:00	00:00:07:45
RGB光影炫彩　活力满格	00:00:08:15	00:00:11:15
虚拟7.1环绕音效　增强定位能力	00:00:12:20	00:00:15:20
更低的延迟　更快的反应	00:00:16:20	00:00:19:20
牢固线材　扎实用料	00:00:22:20	00:00:25:20
为您带来更好的游戏体验	00:00:26:20	00:00:29:20

21　添加完上述字幕后，切换至"效果"面板，为字幕添加名为"交叉溶解"的视频过渡效果，使字幕过渡得更加自然，效果如图7-56所示。

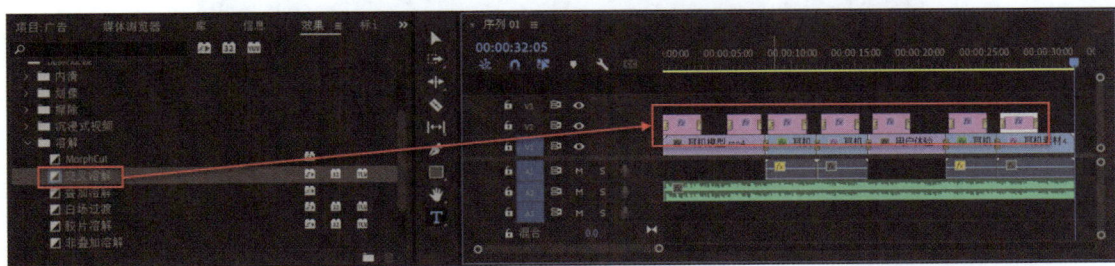

图7-56

22　选中名为"耳机素材1"的视频素材，如图7-57所示。

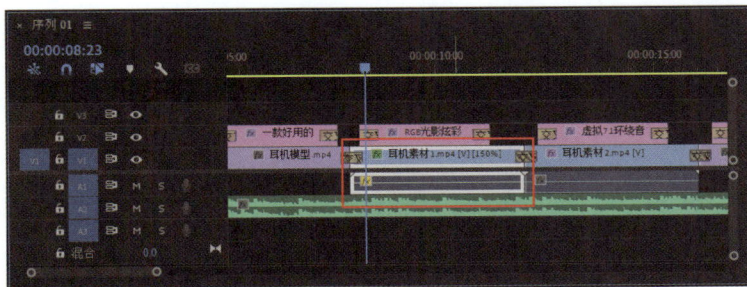

图7-57

23 右击该素材，在弹出的快捷菜单中执行"解除链接"命令，解除视频与音频的链接，并删除音频，效果如图7-58所示。

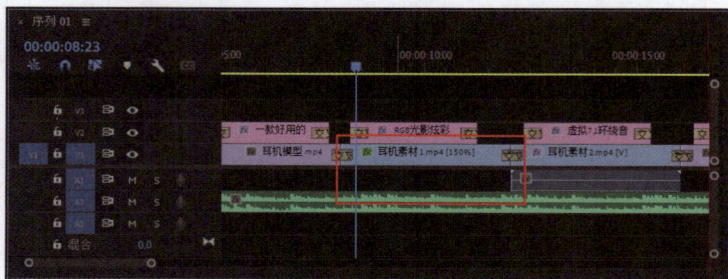

图7-58

24 参考步骤22与步骤23，删除所有链接的音频，效果如图7-59所示。

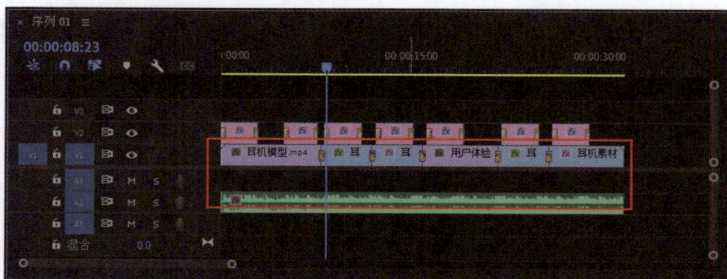

图7-59

25 调整A2轨道上的音频素材至A1轨道上，效果如图7-60所示。

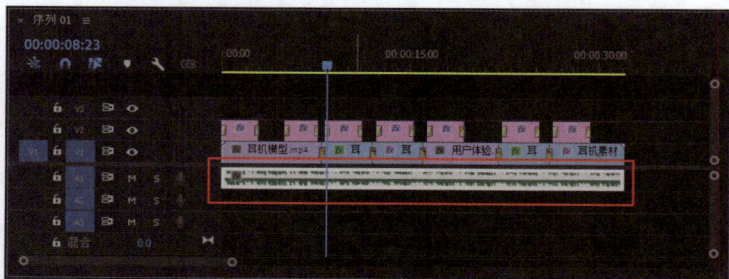

图7-60

至此，整个电商广告短视频的剪辑工作完成。

7.4 课后练习——制作一部搞笑短视频

1. 任务

制作一部搞笑短视频。

2. 任务要求

时长：1min 30s。

制作要求：撰写一份脚本，视频内容完整，主题明确，使用合适的素材。

第 8 章

Vlog制作

Vlog 作为时下最流行的短视频类型之一，拥有众多的观者和创作者。创作者以影像代替文字或者照片，记录下自己的生活，上传至各大短视频平台并分享给网友。本章将以旅行 Vlog 为例，结合案例为读者讲解 Vlog 的制作流程，帮助读者理解并制作出效果更好的 Vlog。

【学习目标】

➤ 熟悉 Vlog 的选题策划流程。

➤ 了解 Vlog 的拍摄准备过程。

➤ 了解 Vlog 的各种拍摄思路与技巧。

➤ 了解 Vlog 的剪辑与制作流程。

8.1 Vlog的选题策划

Vlogging（制作Vlog）在过去的几年中非常受欢迎。Vlog可以涵盖各种各样的主题，包括日常生活记录、旅行、美食、教育、娱乐和技术评测等。

这种短视频形式因其良好的互动性和视觉吸引力受到许多观者的喜爱，同时也为许多Vloggers（Vlog创作者）提供了建立自己品牌、与粉丝互动以及通过广告和赞助获得收入的机会。

Vlog的选题策划是Vlog拍摄的第一步，好的选题策划可以帮助创作者更快地创作出吸引观者的Vlog，带来更多浏览量。

8.1.1 确定拍摄框架

旅行Vlog很多时候我们都是选择一个不熟悉的地方作为旅行的目的地，旅途中有很多不可控因素，我们不知道在这次旅行的过程中会看到怎样的风景、结识怎样的朋友。因此，每次旅行都提前撰写Vlog脚本是不太可能的，那么创作者就要培养无脚本创作思维以进行旅行Vlog的创作。

无脚本并不意味着不需要任何纸面上的筹划，创作者还是需要提前确定本次拍摄的主题，带着主题去拍摄。例如，本案例中旅行的目的地为云南大理，在了解旅行目的地和当地人文历史、景点后，创作者将本次的旅行主题定为"追逐日出，拥抱自由"。

主题就相当于视频的标题，只有把标题想好，才能根据标题来制定拍摄框架。

提前确定框架会让创作者在拍摄的时候更加从容，并清晰地知道自己将要拍摄什么内容，侧重点在何处。

Vlog框架所包含的元素有重点拍摄项目、故事结构和必要的衔接素材。

1. 重点拍摄项目

利用搜索引擎可以快速了解某一个旅游城市值得去、值得拍的地点。按照搜索结果选择自己要拍的项目，然后将其全部罗列出来，进行一次"头脑风暴"，筛选出重点拍摄项目，避免在抵达目的地后将时间浪费在寻找拍摄场地和拍摄本身上。

此次旅行的地点设在云南大理，主题是"追逐日出，拥抱自由"。那么重点拍摄项目应该与日出相关，并能够向观者展示"自由"这一意象。

首先我们要了解大理。大理位于云南省西部，依山傍水，其宜居的气候、悠久的历史、多样化的民族符号等，都散发着迷人的光彩。近几年，大理越来越"出名"，在大理居住一时间成了大城市文艺青年的"梦想"。自此，大理超越了地理概念，成了阳光、自由、宜居的代名词。大理最有名的一个景点就是洱海，洱海拥有不错的自然气候，有较多的海鸥在此生活，创作者可通过海鸥飞翔、嬉戏的画面来展示自由的感觉。故拍摄的地点就定在了洱海，重点拍摄项目为洱海的日出和海鸥。图8-1所示为在洱海拍摄的日出。

图8-1

2. 故事结构

有了好的故事结构才有好的Vlog。创作者可以提前想好大概的故事结构并写下来，在旅途中遇到的意想不到的情节和创作者提前构思好的故事结构也许会擦出不一样的火花，产生不一样的趣味。但请注意，这里的故事不一定是影视剧中的故事，如不一定要有正派反派、相爱厮杀、破镜重圆等一系列情节。在旅行Vlog的创作中，把预先构思的主题的来龙去脉叙述清楚就可以得到一个有完整故事的Vlog。

本案例以云南大理为旅行目的地，旨在通过画面表达放松、自由的感觉。结合前面确定的主题，这个Vlog的故事框架就是：跨越上千公里来到洱海看日出，看飞翔的海鸥（见图8-2），享受放松自己的心情，忘记城市生活的喧嚣。

3. 衔接素材

在旅行途中，可以拍摄一些当地的路标、文字性的景物和特写镜头，这些片段将是后期剪辑时很好的衔接素材。图8-3所示为使用特写镜头拍摄的海鸥。

图8-2

图8-3

8.1.2　区分画面

到一个陌生的地方旅游，在没有脚本的情况下，我们要学会运用主画面和辅助画面并与主题进行搭配，把本次拍摄提前准备好的主题和故事交代清楚。

1. 主画面

在Vlog的制作过程中，所有Vlog的主画面都应该围绕主题和故事展开，特别是拍摄过程中人物对着镜头说话的部分，在只有一个人出镜的Vlog中将是整个故事的主线。在旅途中，要确保把重点项目的主线拍摄完整。在本案例的Vlog中，主画面是洱海的日出和海鸥。日出作为开头，符合时间上的旅途推进，海鸥则作为结尾（见图8-4），强调自由的感觉。

2. 辅助画面

一个高质量的Vlog不仅要有主画面，还要有辅助画面来丰富其内容。主画面的内容一般较为枯燥，因此必须配上解释说明用的辅助画面。画面中的字幕内容讲到哪里，就要补拍相应的素材进行解释说明，同时起到过渡的作用。例如，使用"今天出发　大理"作为字幕，那么在这段字幕和主画面之后，要加一段关于大理的素材进行解释说明，如图8-5所示。

图8-4

图8-5

8.1.3　培养分镜思维

在Vlog的拍摄过程中，带着分镜思维进行拍摄，会让后期剪辑拥有更多可以利用的素材，而且能够让Vlog更具观赏性。现实中，创作者不太可能事先制作出图像或者图表来详细说明应该如何去使用分镜进行拍摄，那么我们可以通过使用不同的景别和景深、不同的拍摄角度来重复记录同一个事物——让记录同一事物的镜头成组，在实践中形成具有个人特色的拍摄思维。例如，想要拍摄海鸥飞翔的画面，可以用多个镜头来展示海鸥的姿态，从海鸥立在石头上到海鸥飞往空中的过程中，将多个镜头组合能够让画面呈现不一样的质感。图8-6所示为海鸥在空中飞翔的画面。

带着分镜思维去拍摄的过程中，创作者可能需要多次记录同一被摄主体的重复动作。高质量的Vlog背后需要创作者反复琢磨素材，而这是需要付出一定的时间和精力才能做好的。

图8-6

需要注意的是，分镜设计要遵循一个原则：分镜数量不宜过多，否则屏幕前的观者很容易产生视觉疲劳。

提示

创作者如果不方便重复拍摄同一事物，那么在拍摄时可以选择拍摄清晰度更高的远景镜头，并在后期剪辑时将远景镜头变成中景、近景镜头，制作出类似的效果。但这种拍摄手法对拍摄设备的要求更高，也要求创作者在拍摄时对Vlog内容的把握更加精准。

8.1.4 运用因果思维进行拍摄

在拍摄过程中，运用因果思维能够给予屏幕前的观者更好的视觉体验，而反应镜头是利用因果思维最容易拍摄到的镜头之一。

在视频制作中，"反应镜头"是指捕捉和展示角色对某一情感、情节或其他角色的反应的特定拍摄镜头。这种镜头通常用于突出或强调角色的情感，以便观者更好地理解故事情节和角色之间的互动。

举一个简单的例子，人物的眼睛看向画外物体会让观者产生好奇心——该人物看到了什么呢？所以，如果人物的视线停留在某个物体上，下一个镜头就应该立即切换至这个物体上，解除观者的好奇心，这样的剪辑就会顺畅、自然。而且在一个新物体进入画面后，可以根据情况给予新物体一个特写镜头。

图8-7所示为摄影师正在拍摄植物，那么根据上述原则，下一个画面就应该是植物的画面，如图8-8所示。

图8-7

图8-8

如果在旅行途中拍摄到了一个有意思的场景，并且旁边有一些路人。在拍完这个场景后，也要记得拍下路人的反应，并将两个镜头剪辑在一起。这就是一个效果不错的带着因果思维的反应镜头。

除此之外，反应镜头还可以增加戏剧张力和制造悬念，尤其是当角色的反应与观者的期望不符时。逆着因果思维进行拍摄，能够为视频带来不一样的效果。

8.2　Vlog的拍摄准备

本节主要介绍关于Vlog拍摄环境、拍摄设备等的知识。

8.2.1　规划拍摄环境

在旅行Vlog中，拍摄环境即旅行地点，规划拍摄环境就相当于安排旅行行程。

旅行行程往往是最终视频的时间线，所以提前规划好旅行行程显得尤为重要。在旅行开始之前，要了解本次旅行的总时间、天气情况、交通工具，以及被摄主体的需求和时间安排等，综合考虑这些因素以确定总体规划。

出行前可以问自己关于"4个W"的问题，让拍摄过程变得更加顺利。

Who：和谁出行？几个人出行？重点拍摄对象是谁？

When：什么时候出发？什么时候返程？

Where：准备去什么地方（国家—城市—地点）？出行的人员中是否有已经去过某个地方的？曾经去过哪些地方？

What：大型交通工具和当地交通工具的选择，住宿地的选择，购物的选择，娱乐活动的选择和餐饮方面的选择。

把关于这"4个W"问题的所有能够想到的事件全部记录下来，慢慢梳理行程计划。这种方式很适合旅拍类Vlog，而且前期充足的准备也会给旅途中的拍摄带来极大的便利。

根据以上方法，我们计划本次旅行前往云南大理，选择乘坐飞机出行，选择汽车作为在旅行目的地的交通工具，住宿地选择在洱海旁。早上醒来之后，可以去洱海拍摄日出的素材，并在日出之后拍摄海鸥的素材，然后去古城内拍摄素材，最后在日落的时候回到洱海，拍摄日落的素材。图8-9所示为在古城内拍摄的素材画面。

在做好充分的准备并规划好总体的路线后，就可以确定每一个环节的具体拍摄时间。拍摄空镜和一些漂亮的人物镜头往往很依赖光线。如果旅拍大多在室外，那么创作者对于光线的把控就显得尤为重要。

一般来说，对于室外拍摄，日出和日落是一天当中拍摄的黄金时刻。这段时间的光线相对于正午的阳光，硬度偏软，色温偏低。此时的天光打在人的面部，不管是顺光还是逆光拍摄，都能获得较好的效果。另外，在日出和日落的时候，太阳和地平线的距离较近，还能拍摄出漂亮的剪影。图8-10所示为日出时拍摄的画面。

图8-9

图8-10

在拍摄前了解拍摄地点的人文背景，可以帮助创作者选择更合适的拍摄场景。很多景区有特殊要求，可能会不允许拍摄，作为Vlog创作者要遵循相关规定。

8.2.2　选择旅拍设备

1. 旅拍设备的选择原则

旅拍设备的选择原则为设备从简、拿取方便、焦段覆盖面广。

（1）设备从简

一台微单相机、一台运动相机、一架无人机，基本上就可以满足绝大多数场景下的旅拍需求。在本案例中，日出的画面就使用了无人机进行辅助拍摄，以获得更好的画面效果，如图8-11所示。我们也可以根据旅行人数对设备数进行调整。

（2）拿取方便

使用相机包能够"侧开侧取"，较为方便地拿取相机和镜头；使用相机肩带可以较为方便地进行拍摄，降低拍摄难度。图8-12所示为摄影师手持配备了肩带的相机的场景。

图8-11

图8-12

（3）焦段覆盖面广

虽然定焦镜头的成像效果更好，但旅拍不适合使用定焦镜头。能够覆盖广角和长焦段的变焦镜头是最适合旅拍使用的镜头。

2. 个人旅拍设备建议

独自旅行的自由度高，目的性强，如果不考虑体积和负重，创作者可以在力所能及的范围内携带更多种类的拍摄设备。图8-13为相机，变焦镜头和手机等多种设备。

选择覆盖面广，又能兼顾自拍的镜头，可以拍摄出更好的画面。同时，选择光圈略大的变焦镜头能在夜晚获得更好的拍摄效果。

另外，独自旅行还有一个必不可少的设备，那就是三脚架。三脚架可以让创作者在兼顾拍摄的同时也能进行自拍，如图8-14所示。

图8-13

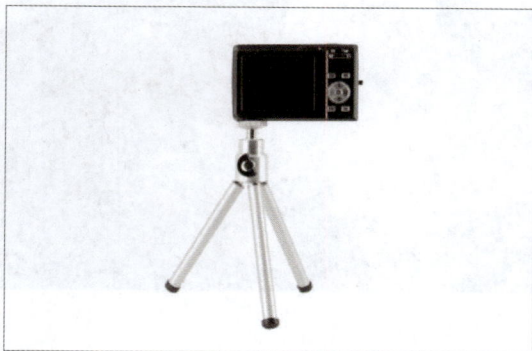

图8-14

8.3 Vlog的拍摄思路与技巧

在实际的旅拍过程中，应该拍摄什么样的素材呢？怎样才能拍摄出更好的画面效果呢？这是新手刚开始进行拍摄时问得最多的问题。他们看了很多相关的课程，可是实际拍摄时大脑却一片空白，完全没有拍摄思路。本节旨在帮助新手梳理拍摄思路，快速上手旅拍。

8.3.1 寻找有效素材

旅途中形形色色的人、车水马龙的街道很容易让人眼花缭乱，找不到亮眼的地方进行拍摄。所以很多新手拍摄出的素材在后期制作中往往无法使用。本小节旨在帮助新手寻找有效场景进行拍摄。

1. 寻找亮点

一条街道可能看上去人来人往、毫无亮点，但优秀的Vlog创作者要拥有一双能发现美的眼睛，去探索整条街道上的亮点，然后再进行拍摄。

发现美的能力不是很快就能学会的，需要创作者在摄影中不断练习，培养审美能力。创作者平时可以带上设备多外出进行拍摄，寻找不一样的画面，如图8-15和图8-16所示。

图8-15

图8-16

创作者要学会细心观察周围的事物，拍下具有故事感的瞬间，比如一个孩子的笑容、一只慵懒的猫，多记录这样的画面也可以锻炼我们发现亮点的能力。

2. 注意构图

构图的最终目的都是更好地表达主题。在旅拍过程中，构图是加分项。构图不完美但能够表达主题的素材也是可以使用的，如图8-17所示。但这并不意味着拍摄的素材在横平竖直都难以保证的情况下还能被使用。在画面中，水平线如果歪斜，那将是一个减分项。

图8-17

3. 沟通交流

旅拍过程中难免会遇到陌生人，那么捕捉一些陌生人的镜头作为人文素材以备后续使用也是不错的。但在拍摄前最好与他们进行沟通，询问是否可以拍摄他们，以免发生一些不必要的冲突。

4. 同步积累照片和视频

很多优秀Vlog创作者的旅拍作品除了视频素材，中间还会适当穿插一些图片素材，再配上合适的背景音乐，这样能够给观者带来不错的节奏感，让观者拥有更好的感官体验。

在旅拍的过程中，我们可以在选好拍摄角度与景别后，先拍摄几组照片，然后拍摄5～10s的视频素材。这样在拍摄中就做到了照片与视频素材的同步积累，而在后期剪辑中可用的有效素材也会更充裕。

5. 拍摄不同节奏的素材片段

针对同一场景拍摄节奏不同的两组素材可以帮助我们在Vlog的创作过程中摸索出适合自己的Vlog风格。

具体来说，在本案例中，我们可以在飞机上拍摄航行过程中的画面（慢节奏）和降落起飞的画面（快节奏）。在拍摄完成后，我们可以根据其他视频素材把握视频节奏，做到快慢结合、松弛有度。除此之外，我们也可以在古城中拍摄一组慢节奏的素材，如拍摄同伴在古城中慢慢走过或是下午明媚的阳光照在树叶上的场景，如图8-18所示。

我们也可以拍摄快节奏的素材，如拍摄古城中人来人往的繁华景象和使用延时摄影拍摄人流，如图8-19所示。

图8-18

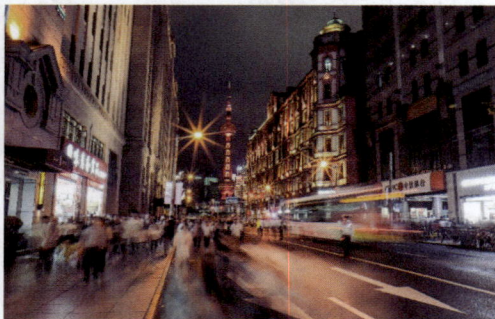

图8-19

采用这样的拍摄方法虽然在前期拍摄的时候有些麻烦，但很适合积累有效素材，也适用于还没考虑好后期剪辑思路的人。

我们要珍惜每一次拍摄的机会，这样在尝试不同风格的过程中，就可以逐渐形成属于自己的独特风格。

8.3.2 提升质感

要想提升Vlog的质感，除了使用好的拍摄设备，还要掌握一些拍摄技巧。比如，寻找合适的前景能够较好地营造立体感。那么什么是合适的前景呢？首先，前景要能够强化构图，并且不能遮挡主体，如图8-20所示。拍摄时加上前景可以让画面看起来更加饱满。

其次，作为前景的物体应该有助于点缀画面，但不能过于抢眼，喧宾夺主。作为前景的物体既不能显得突兀，又要让画面具有层次感，如图8-21所示。

最后，前景还可以起到叙事的作用。例如用路标

图8-20

引出拍摄的环节（见图8-22），就能让观者清楚地知道这是哪里。

图8-21

图8-22

8.3.3　拍摄空镜

在旅拍过程中，空镜的主要作用是向观者交代时间、空间和介绍人物所处的环境。知道拍摄空镜的主要目的后，我们就可以在拍摄过程中有针对性地拍摄一些空镜。

1. 旋转仰拍

略旋转的仰拍空镜素材在后期剪辑时可以用于衔接素材。一般来说，建筑物和树木是理想的拍摄对象，如图8-23所示。在拍摄时，要注意曝光和运镜速度。我们要保证物体和天空都清晰且曝光正确，运镜速度不宜过快，如果想加快运镜速度，可以在后期剪辑中进行处理。

2. 低角度拍摄

低角度拍摄会得到日常生活中很难见到的画面，这就需要使用具有翻转屏幕的相机来进行拍摄，否则将不利于取景。使用不一样的拍摄角度可以丰富空镜，让画面更具电影感，如图8-24所示。在本案例中，海鸥的特写镜头就使用了低角度拍摄的方法。

图8-23

图8-24

3. 巧用玻璃或者镜子进行拍摄

使用镜子或玻璃来反映周围的环境是非常有创意的拍摄方式。特别是在雨雪天气中，玻璃上的水珠缓缓滑落，往往能够渲染氛围，如图8-25所示。

4. 拍摄交通工具或标识牌

交通工具和标识牌在很多地方都是很有特色的，如图8-26所示。拍摄它们除了可以提升Vlog画面的美感，还能告诉观者拍摄地点的相关信息。

图8-25

图8-26

8.3.4　拍摄人物

人物是旅拍视频的重中之重，我们所有的准备、空镜、特效等都是为旅拍中的主要人物服务的。所以，人物拍摄 应当是短视频创作者付出练习时间最多的项目。

1．抓拍

抓拍的时候，被摄主体往往处于自然状态，会有生动的动作和表情，如图8-27所示。抓拍不需要过多地与被摄主体进行沟通，短视频创作者自由发挥即可。人物游玩、吃东西、发呆、思考等的场景都可以抓拍。抓拍能更显真实性，获得的画面比起刻意设计的更具美感。

2．细节

我们可以多拍摄一些人物其他方面的细节，如手部的特写。在图书馆中，除了拍摄人物的眼神、书籍等元素，也可以拍摄手轻轻划过书本的特写，如图8-28所示。这能让画面变得更加好看，使人物形象更加生动。一味地拍摄人物的面部表情会降低视频的丰富程度，容易使观者产生视觉疲劳。

图8-27

3．人物构图

掌握好人物和风景在画面中的占比，可以让整个画面看起来更加协调。以下介绍几种人物构图。

首先是人物占比小的构图。人物占比小是指人物在画面中占据比较小的空间。人物在画面中的作用主要是点缀、润色，以及突出环境。此时，可以把人物放在画面的中间或者黄金分割点上，同时注意不要移动镜头进行拍摄，固定镜头拍摄才是最佳方案，如图8-29所示。

图8-28

图8-29

其次是人物占比中等的构图。占比中等的构图相当于中景构图，需要突出人物主体，如图8-30

所示。拍摄时建议把人物放在画面的中间，这样更能凸显人物的状态，再稍微推动镜头，人物的形象会更加丰满。

最后是人物占比大的构图。这种构图很难展示环境。如果只需要突出人物，拍摄方法和人物占比中等的构图类似，如图8-31所示。但如果需要突出环境，就应使用运镜的技法。例如一开始拍摄远处的风景，然后将镜头后拉或者平移带入人物，这样就能将人物和风景都交代清楚。

图8-30

图8-31

8.3.5　拍摄美食

旅途中，很多当地特色美食不仅好吃，也很适合拍摄。从运动镜头到固定镜头，全方位展示当地特色美食也是丰富旅拍Vlog内容的重要手段。在旅拍过程中，我们往往只能拍到美食最终呈现的状态，这样的素材很普通。本小节将介绍如何拍摄出效果更好的美食画面。

1. 拍摄制作过程

通过拍摄美食的制作过程（见图8-32），以及结合背景音乐来实现镜头切换，可以制作出具有节奏感的画面，从而吸引观者观看。

2. 拍摄呈现方式

除了拍摄美食的制作过程，也可以拍摄美食的呈现方式。在必要的时候，使用补光灯能够更加凸显美食的质感，如图8-33所示。

图8-32

图8-33

8.4　Vlog的剪辑与制作

在Vlog的世界中，拍摄只是故事的开始。真正为内容赋予生命，让它动人心弦的，往往是剪辑与制作的过程。这一阶段不仅需要技巧，还需要创作者对叙事有深入的理解，以确保视频的每一瞬间都能与观者产生共鸣。从调整色彩、剪切画面，到添加音乐和特效，每一个环节都对完整的Vlog制作至关重要。

微课视频

8.4.1 制作片头

为Vlog制作片头可以帮助创作者明确主题，告诉观者Vlog的内容，为观者提供一个记忆点。

01 打开Premiere Pro，新建项目后新建序列，在"项目"面板中导入11段视频素材，如图8-34所示。

图8-34

02 在"项目"面板中，选中名为"飞机航行"的视频素材，在"源监视器"面板中为该素材添加出点和入点，添加后拖曳素材至"时间轴"面板中，将这段素材作为Vlog的开头，如图8-35所示。

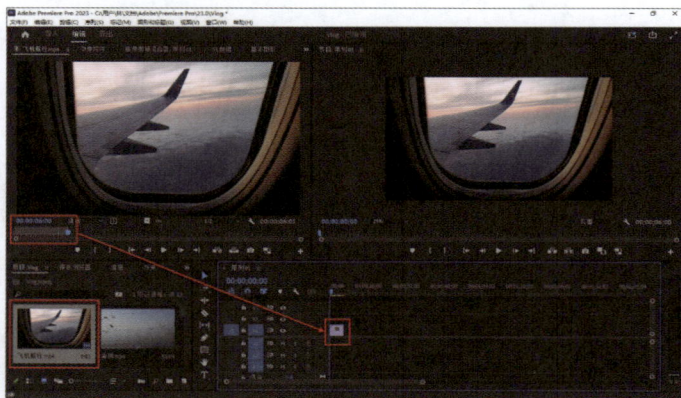

图8-35

03 选择"工具"面板中的"文字"工具**T**，在"节目监视器"面板中添加字幕，并适当更改字幕的各项参数，效果如图8-36所示。

图8-36

04 参考步骤03，添加第二段字幕，字幕内容为"大理"，适当调整字幕的各项参数，效果如图8-37所示。

图8-37

05 调整两段字幕的时长为2s15帧，并使两段字幕间隔1s，效果如图8-38所示。

图8-38

完成上述操作后，一个简单的片头就制作完成了。片头的音乐与音效都将在精剪环节添加，以便形成一个完整、流畅的Vlog。

> **提示**
>
> 创作者可以根据自身需求制作不一样的 Vlog 片头。有趣、有创意的片头可以迅速吸引观看者的注意力，激发他们继续观看视频的兴趣。片头的设计风格、音乐和动画等元素可以为 Vlog 确定特定的调性和氛围，无论是欢快、轻松还是深沉、故事性。

8.4.2 根据脚本进行粗剪

在Vlog的创作过程中，粗剪是连接前期与后期的桥梁。它不仅是对拍摄素材的初步筛选，更是将脚本中的创意真正转化为视觉故事的开始。通过对素材进行有序组织和调整，创作者将草稿转化为初稿，为接下来的细化工作打下坚实的基础，以确保每一个画面、每一个情节都与最初的创意保持一致。

01 在"项目"面板中选中名为"日出之前"的视频素材，在"源监视器"面板中为其添加出点和入点，控制视频素材的时长为5s左右，调整后添加素材至"时间轴"面板中，如图8-39所示。

02 参考步骤01，选中将要添加至"时间轴"面板中的视频素材，为素材添加出点和入点，调整名为"日出"的视频素材的时

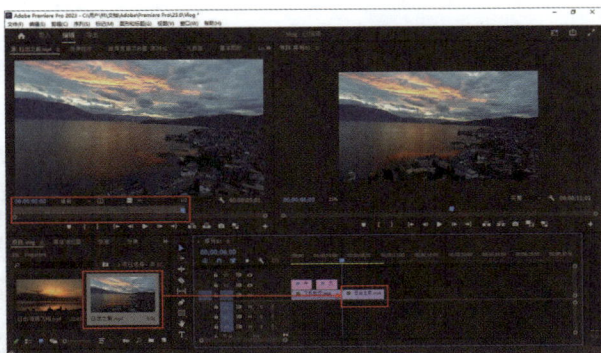

图8-39

长为7s左右，调整名为"日出海鸥""延时""喂海鸥""海鸥"的视频素材的时长为5s左右，效果如图8-40所示。

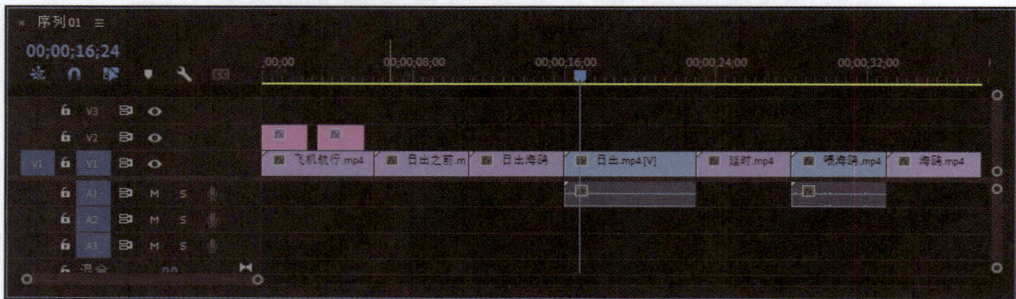

图8-40

03 在"项目"面板中选中名为"古城"的视频素材，根据视频画面中的4次变化添加出点和入点，从名为"古城"的视频素材里截出4个片段。第一个片段为仰拍古城，第二个片段为仰拍古城门，第三个片段为古城城内，第四个片段为古城城内的阳光。控制每个片段的时长为3s左右，效果如图8-41所示。

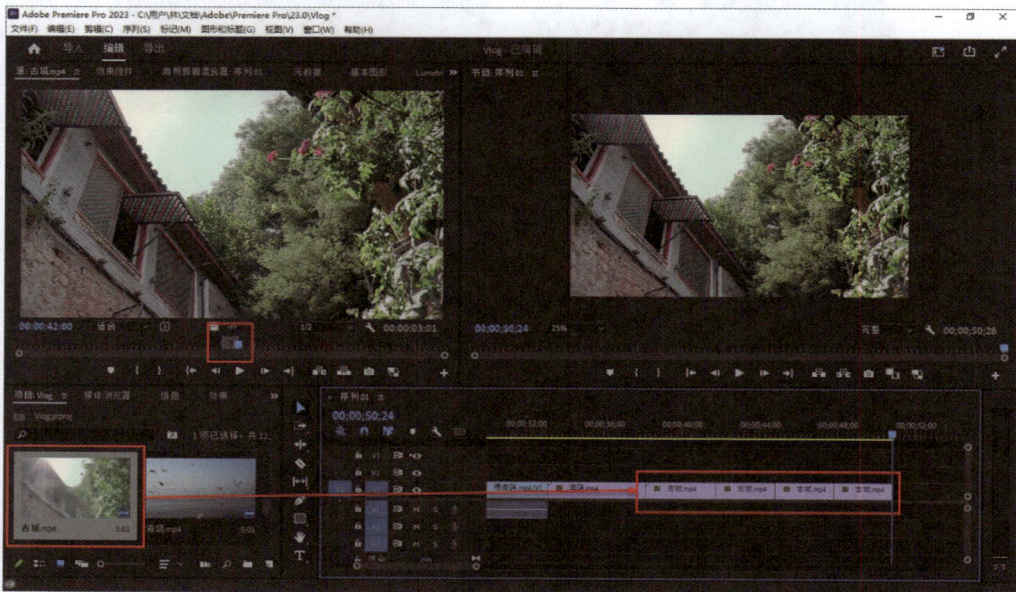

图8-41

04 选中"项目"面板中名为"海鸥特写"的视频素材，为其添加出点和入点，控制素材的时长为5s左右，拖曳素材至"时间轴"面板中，如图8-42所示。

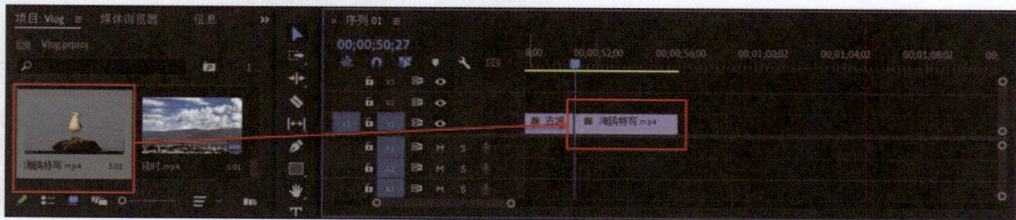

图8-42

05 参考步骤04，对名为"海鸥飞翔"和"海鸥飞翔慢动作"的视频素材进行相同操作，效果如图8-43所示。

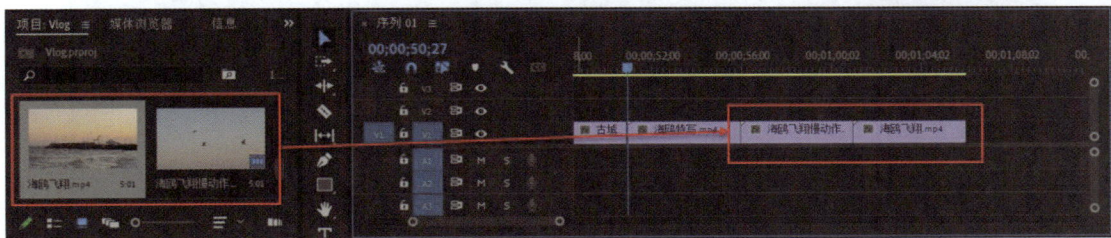

图8-43

具体的素材时间分布如表8-1所示。

表8-1

素材名称	入点时间	出点时间
飞机航行.mp4	00:00:00:00	00:00:06:00
日出之前.mp4	00:00:00:00	00:00:05:00
日出海鸥飞翔.mp4	00:00:00:00	00:00:05:00
日出.mp4	00:00:00:00	00:00:07:00
延时.mp4	00:00:00:00	00:00:05:00
喂海鸥.mp4	00:00:00:00	00:00:05:00
海鸥.mp4	00:00:00:00	00:00:05:00
古城.mp4	00:00:00:00	00:00:03:00
古城.mp4	00:00:18:00	00:00:21:00
古城.mp4	00:00:32:00	00:00:35:00
古城.mp4	00:00:40:00	00:00:43:00
海鸥特写.mp4	00:00:00:00	00:00:05:00
海鸥飞翔.mp4	00:00:00:00	00:00:05:00
海鸥飞翔慢动作.mp4	00:00:00:00	00:00:05:00

06 切换至"效果"面板，选择名为"交叉溶解"的视频过渡效果，并将其添加至前面几段视频素材的衔接处，同时调整过渡效果为"中心切入"，效果如图8-44所示。

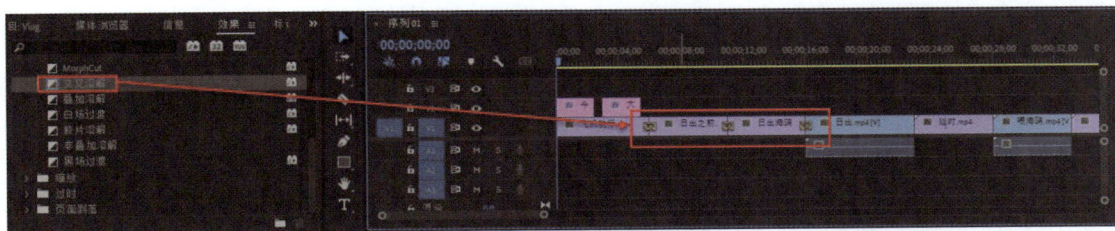

图8-44

07 参考步骤06，添加名为"黑场过渡"的视频过渡效果至名为"日出"和"延时"的视频素材的衔接处，效果如图8-45所示。

图8-45

08　切换至"效果"面板，在"效果"面板中找到名为"胶片溶解"的视频过渡效果，将其添加至图8-46中红框标记的素材的衔接处，并调整为"中心切入"。

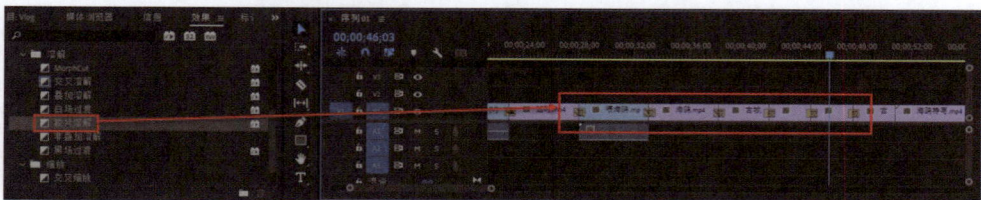

图8-46

09　参考步骤08，在剩下的视频素材的衔接处添加名为"黑场过渡"的视频过渡效果，如图8-47所示。

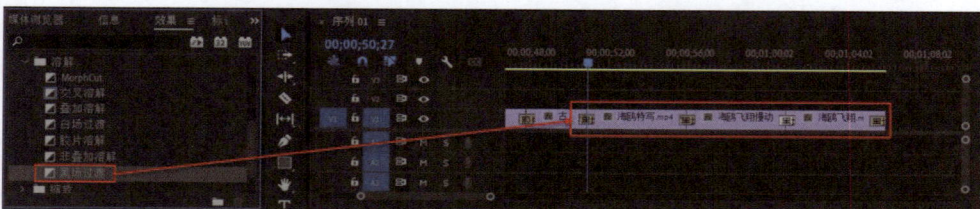

图8-47

完成上述操作后，即完成了对素材的粗剪。现在这个Vlog已经有了大概的雏形，接下来可以对这个Vlog进行精剪，进一步完善视频。

8.4.3　添加背景音乐并进行精剪

背景音乐在Vlog的后期制作中起着画龙点睛的作用。适当的背景音乐不仅能够增强画面的情感和节奏感，更能为整个视频营造出独特的氛围。在精剪阶段，背景音乐与视频内容的结合更是达到了微妙的平衡。我们不仅要选择与Vlog主题相匹配的背景音乐，还要确保背景音乐的节奏与画面动作、剪辑切换保持和谐、统一。此外，背景音乐的高潮与低谷也需要与Vlog的叙事结构相协调。总体来说，为Vlog添加背景音乐并进行精剪就是一个让背景音乐与画面完美融合的艺术过程。

01　在"项目"面板中导入一段名为"背景音乐"的音频素材，并将其拖曳至"时间轴"面板中的A2轨道上，对其进行适当的裁剪，使音频素材的时长与视频素材的时长保持一致，如图8-48所示。

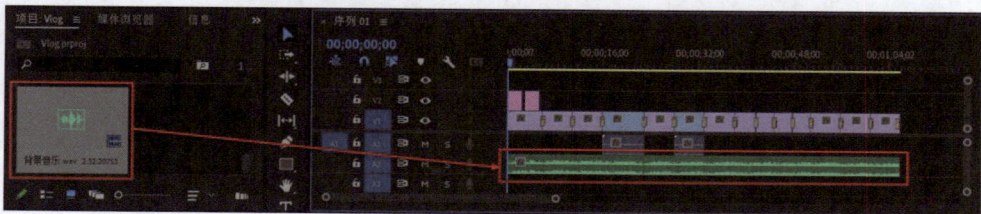

图8-48

02　导入名为"飞机航行"的音频素材，将其拖曳至"时间轴"面板中的A3轨道上，对其进行适当裁剪，使音频素材的结束处与第一段视频素材的结束处对齐，如图8-49所示。

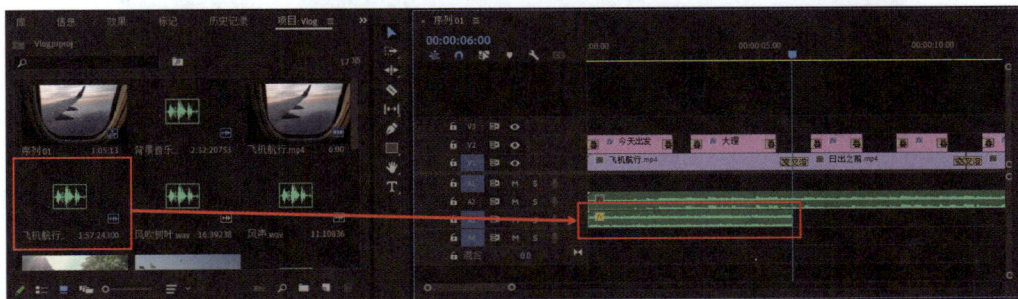

图8-49

03　调整"飞机航行"音频素材的音频增益为−5dB，如图8-50所示。

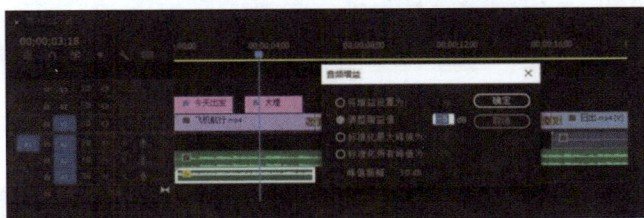

图8-50

04　导入名为"风声"的音频素材，将其拖曳至"时间轴"面板中的A3轨道上，并复制两次该段素材，使"时间轴"面板中存在3段名为"风声"的音频素材，如图8-51所示。

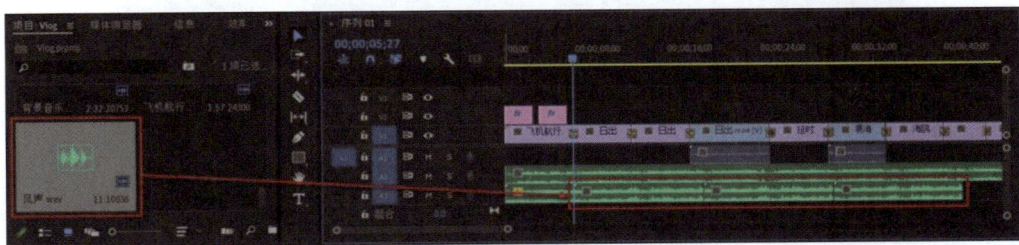

图8-51

05　导入一段名为"风吹树叶"的音频素材，将其拖曳至"时间轴"面板中的A3轨道上，并适当裁剪素材，使该段音频素材的结束位置与名为"古城"的视频素材的结束位置对齐，如图8-52所示。

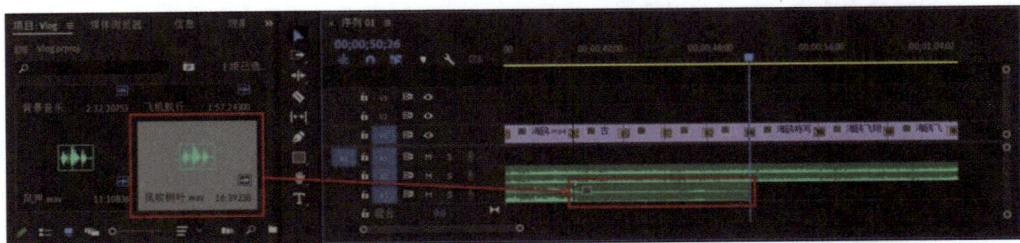

图8-52

06　导入一段名为"海鸥"的音频素材，将其拖曳至"时间轴"面板中的A3轨道上，裁剪该段素材，使其结束位置与最后一段视频素材的结束位置对齐，如图8-53所示。

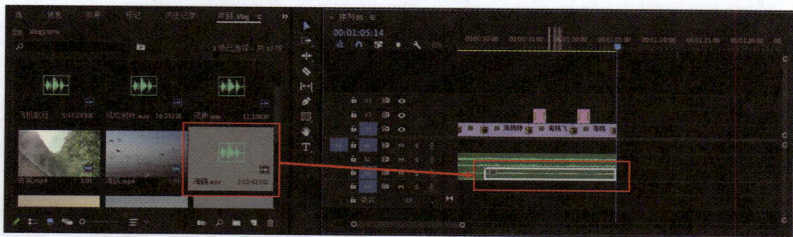

图8-53

07　切换至"效果"面板，选择名为"恒定功率"的音频过渡效果，将其添加至图8-54所示的音频素材的衔接处，并调整切入方式为"中心切入"，使音频过渡更加自然。

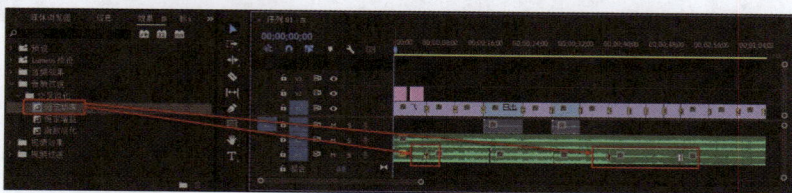

图8-54

08　在"效果"面板中选择名为"指数淡化"的音频过渡效果，并将其添加至A2、A3轨道上的音频素材的结尾处，如图8-55所示。

图8-55

完成上述操作后，添加背景音乐的这部分工作就完成了。

8.4.4　进行高级调色

画面调色是Vlog后期制作中不可或缺的一环，它能够将原始素材转化为视觉艺术品，增强视频的吸引力和表现力。通过选择适当的调色风格，根据Vlog主题精细调整每个镜头，创作者可以使自己的Vlog具有独特的视觉特点，使观者沉浸在创作者的故事中。从日光明媚到梦幻温馨，调色是营造视频氛围的有力工具，可以让Vlog更加吸引人。

01　选中名为"日出之前"的视频素材，切换至"Lumetri颜色"面板，进行调色。为了让画面拥有更好的表现效果，适当调整画面的色温、色彩、饱和度，使日出之前的云霞色彩更加鲜艳。调整对比度，以确保画面中云彩的部分能保留较好的色彩表现。同时适当调整高光与阴影部分，保留画面中暗部的细节，效果如图8-56所示。

图8-56

02　选中名为"海鸥"的视频素材，切换至"Lumetri颜色"面板，进行调色。适当调整色温与饱和度的数值，使画面中的蓝色更为浓郁。同时适当调整画面中的高光与阴影的数值，打造清澈的蓝色画面，渲染情绪氛围，调整曝光数值，使画面更明亮，如图8-57所示。

图8-57

完成上述操作后，调色部分的工作就完成了。

8.4.5　字幕制作

在Vlog的制作中，字幕不仅可以提高视频的可访问性和吸引力，还可以帮助观者理解内容。通过为视频添加字幕，创作者可以确保观者在任何情况下都能轻松地理解想要表达的信息。添加字幕这个简单而有效的技巧可以扩大视频的观者群体。

01　根据Vlog主题、脚本和初具规模的视频来创作一份文案，如图8-58所示。

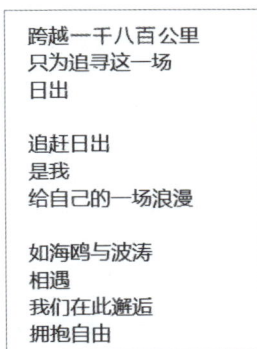

跨越一千八百公里
只为追寻这一场
日出

追赶日出
是我
给自己的一场浪漫

如海鸥与波涛
相遇
我们在此邂逅
拥抱自由

图8-58

02　使用"文字"工具 T 在"节目监视器"面板中添加字幕，并适当更改字幕的各项参数，使字幕显示在画面中央，如图8-59所示。

图8-59

03 参考步骤02，依次添加前面设计好的文本作为字幕，并适当调整字幕的时长和字幕的各项参数，使字幕在画面中处于居中位置。调整字幕在"时间轴"面板中的位置，如图8-60所示。

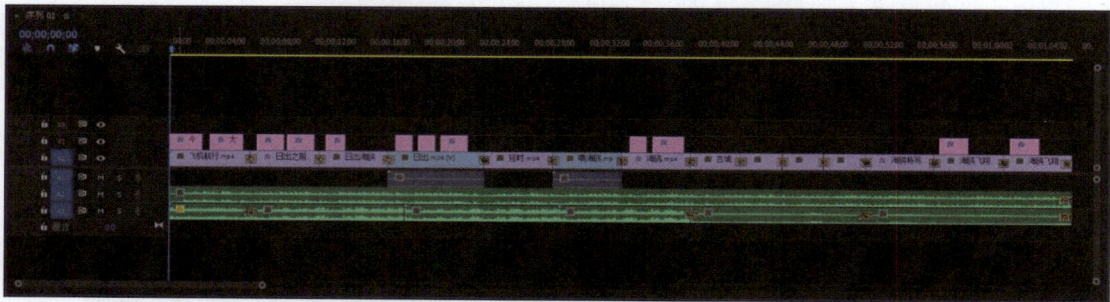

图8-60

具体的字幕时间分布如表8-2所示。

表8-2

字幕内容	开始时间	结束时间
跨越一千八百公里	00:00:06:15	00:00:08:00
只为追寻这一场	00:00:09:00	00:00:10:15
日出	00:00:11:15	00:00:14:00
追赶日出	00:00:16:15	00:00:18:00
是我	00:00:18:15	00:00:20:00
给自己的一场浪漫	00:00:20:15	00:00:22:15
如海鸥与波涛	00:00:33:20	00:00:35:05
相遇	00:00:35:20	00:00:37:05
我们在此邂逅	00:00:55:25	00:00:57:10
拥抱自由	00:01:00:25	00:01:02:10

04 调整字幕内容"日出"和"相遇"的参数（见图8-61），使字幕内容更加突出。

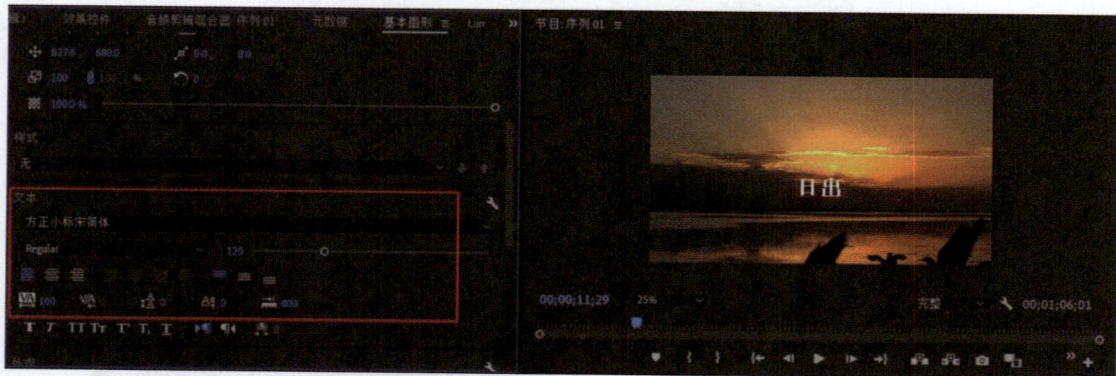

图8-61

05 切换至"效果"面板，选择"叠加溶解"视频过渡效果，将其添加至每段字幕的开始处与结束处，并调整视频过渡效果的持续时长为10帧，效果如图8-62所示。

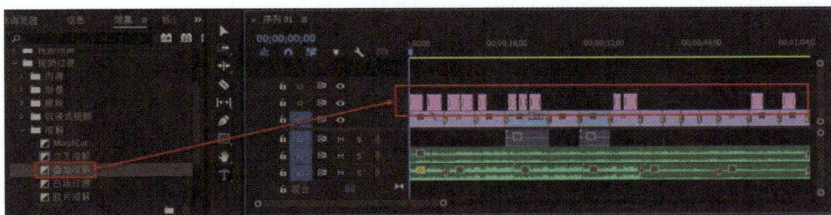

图8-62

06 右击名为"日出"和"喂海鸥"的视频素材，在展开的快捷菜单中执行"取消链接"命令，然后删除A1轨道上的音频素材，并删除A1轨道，效果如图8-63所示。

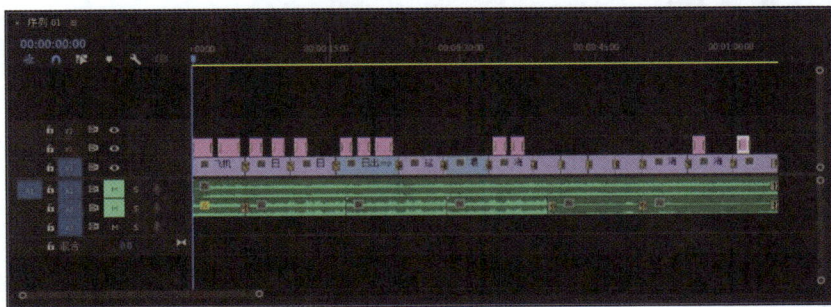

图8-63

07 完成上述操作后，预览视频画面效果，如图8-64所示。

图8-64

8.5 课后练习——拍摄Vlog《我的一天》

1. 任务
拍摄Vlog《我的一天》。

2. 任务要求
时长：不超过5min。

素材数量：不得少于10个。

制作要求：撰写一份Vlog脚本，并根据脚本进行Vlog创作。

第 **9** 章

微电影制作

　　微电影只有短短的几分钟或几十分钟，却能传达深刻的情感、故事和意义。微电影制作融合了电影制作的各个方面，包括摄影、导演、剧本、演员表演、音乐和后期制作等，是一个完整而富有挑战性、融合创意与技术的创作过程。

【学习目标】

➢ 了解微电影的策划流程。

➢ 了解微电影的拍摄技巧。

➢ 熟悉微电影的剪辑与制作过程。

9.1 微电影的策划

微电影的策划是一个令人激动的创作过程，它涉及故事构思、角色设定、场景选择、预算规划和时间安排等各个方面。创作者只有将精彩的故事、视觉表现和情感融合在一起，才能创作出引人入胜的微电影作品。

9.1.1 构思剧情内容

构思一部微电影的剧情内容是一个富有创造力和想象力的过程。这个过程需要深思熟虑，且充满了挑战和乐趣。微电影是电影的精华凝缩，它要在很短的时间内讲述一个令人难忘的故事，引起观者的情感共鸣。创作者在构思剧情内容时要注意以下几点。

首先，创作者要考虑希望微电影向观者传达什么样的主题和情感，主题是一个感人的爱情故事还是一个发人深思的社会议题。确定主题将有助于创作者构思的剧情内容保持一致。

其次，创作者需要从生活中的任何地方寻找与获得创作灵感。灵感可以来源于一则新闻报道、一本书、一个梦境，甚至来源于日常生活中的一些小事。创作者要学会留意那些引起自身兴趣或触动自身情感的"点子"，并将其记录在备忘录或者笔记本中，以免遗忘。

本案例将以"远离城市、拥抱自然、寻找自我"为主题，以从孤独迷茫到坚定自信的情感变化为主线，进行名为《自然之心》的微电影的创作。图9-1所示为本次微电影的拍摄地点——森林。

在确定微电影的主题和情感后，就可以为故事创建有趣的角色，并构建一个引人入胜的冲突。故事有了冲突才会有跌宕起伏，以及能够吸引观者目光的亮点。冲突是推动故事发展的"引擎"，可以是人际冲突、道德冲突或情感冲突。本案例中选择了构建情感冲突，即角色在城市生活中感到孤独迷茫，想在大自然中寻找自我，从而意识到自己的精神需求，变得坚定自信。

同时，因为微电影的时间有限，所以情节必须紧凑而引人入胜。考虑到情节的起伏，要确保有足够的高潮和情感高点。创作者可以寻找一个独特的视角或转折点，为观者制造反差，如图9-2中展示的古今建筑的反差感。创作者要让自己的微电影在众多微电影中脱颖而出，也要让微电影中的角色随着剧情的发展而变化和成长。例如在本案例中，反差在于城市生活的快节奏和大自然的慢节奏，而角色的成长在于从城市生活中抽身离开，来到大自然中寻找自我。

图9-1

图9-2

如果观者能够看到角色的变化，将更容易引起他们的共鸣，使他们投入更多的情感。观者投入了感情就能为自己带来更加沉浸的观影体验，从而使自己更理解角色的心情变化，促使自己与角色建立起情感上的联系，让情感作为沟通的桥梁，跨越屏幕，传达创作者的思想。

在完成了前面的构思后，就可以为微电影设置一个结局，从而画上一个圆满的句号。这个"句号"可以是一个意外的反转、一个感人的时刻，或者一个引发思考的问题。

完成上述构思后，创作者就可以着手去撰写一份概要或大纲来整理想要讲述的故事，确保情节连贯且有序。现在，我们扩写一下主题，就可以得到一个故事梗概：在现代城市生活中迷失自我的女主人公，通过脱离城市的喧嚣生活，寻找大自然的美丽和内心的平静，最终找到自己，不再迷茫。这份简短的故事梗概可以在后续的创作中不断地完善，逐渐丰满，变成一个真正的故事。而这需要创作者反复、不断地修改、构思，以确保故事中的每个细节都贴合微电影的主题和情感。

9.1.2　设计剧情三幕结构

剧情三幕结构是一种常见的故事叙述方式，广泛用于电影、戏剧和其他文学作品。它将一个故事分为3个主要部分，每个部分都具有独立性，同时又有联系，共同推动着整个故事的发展。这个结构有助于故事的紧凑和引人入胜。

这三幕分别是第一幕（起始）、第二幕（发展）、第三幕（高潮和结局）。

1. 第一幕

第一幕通常用来引入故事的背景、主要角色（主角）和基本情境。观者将了解到故事的背景设定和主要冲突。通常在第一幕中，主角会面临一些问题，这些问题将在后面的故事中得到解决。第一幕的主要目标是引起观者的兴趣，让观者关注故事的发展。本案例中，主角所面临的问题是在城市的快节奏生活（见图9-3）中丢失了自我，该如何找回自我。

图9-3

2. 第二幕

第二幕是故事的主要发展部分。在这个部分，主角将面临更多的挑战和冲突，故事情节也将逐渐展开。通常，在第二幕中，主角会经历起伏，取得小的胜利或遭遇挫折，同时也会逐渐解决第一幕中面临的问题。这个部分的目标是深化情节发展，增加紧张感，并引导剧情走向高潮。此时主角发现了问题，她决定去大自然中感受自我，寻找自我。

3. 第三幕

第三幕是故事的高潮和结局部分。在这部分里，故事的冲突达到最高点，主角面临最大的挑战，必须作出决定并采取行动。高潮通常包括解决主要冲突的关键时刻、决定性的行动或转折点。接着是故事的结局，解决所有的"未解之谜"，展示主角的成长或变化，最终给观者一个满意的结局。主角来到森林中，她想起了自己童年时在乡下度过的那段时光，由此想到了自己在城市生活的疲惫。乡下时光和城市生活就是故事冲突，主角童年的快乐和工作后的不满是情感冲突，故事冲突和情感冲突共同将故事推向高潮。而最后的结局是主角与自己和解，决意开始新的生活。

剧情三幕结构的优点在于它能够为故事提供清晰的起承转合，使观者更容易理解故事和沉浸在故事中。它是许多较为成功的电影和戏剧的故事叙述方式，因为它在讲述复杂故事时保持了结构上的清晰和戏剧性。微电影虽然篇幅有限，不能拥有与电影、戏剧同样的叙事时长，但能够在短时间内给予观者较强的冲击，从而吸引更多的观者。毕竟在如今的互联网中，有的人没有太多的时间可以花费在观影上，微电影刚好符合这类人群的需求。

9.1.3　编写剧本和拍摄脚本

在编写剧本的过程中，创作者要学会让创意自由流动，不拘泥于传统的故事模式，勇于尝试新颖的想法和观点。微电影是一个允许创作者发挥创造力的精彩媒体，通过创作让剧本独特且具有深度，吸引观者的关注。

1. 编写剧本

编写微电影剧本需要一定的技巧和创意，创作者要根据之前的构思明确主题和构建角色，并不断往里面填充细节。

在构思阶段，大纲可以只是一个故事，而剧本却不能只是一个故事。剧本要有角色简谱、明确的时间线、对白和台词、场景等要素，在反复修改中逐渐完善。刚刚列举的这些剧本要素具备不同的效果，具体如下。

➢ 角色简谱（设定）：角色的个人信息与性格，故事发生时的心境，都是要在角色设定中写明的。详细的角色设定可以帮助演员迅速了解角色形象，揣摩角色心理，进而演绎角色。而创作者要创建有趣和具有深度的角色，每个角色都应该有独特的特点、目标和冲突，观者才能够与角色建立起情感联系。

➢ 时间线：注意时间线可确保故事的发展合乎逻辑。时间线应该清晰，避免出现逻辑错误。一个有清晰的时间线的剧本不一定是一个好剧本，但毋庸置疑的是，一个没有清晰的时间线的剧本一定是一个不好的剧本。

➢ 对白和台词：写出对白和台词，让角色之间的交流更生动。对白和台词应该反映出角色的性格和情感。

➢ 场景：决定故事发生的地点和背景。场景应该与故事情节和主题相契合，提升观者的情感体验。

接下来将以《自然之心》剧本的创作为例，详细展示应该如何去编写一份微电影剧本。

场景1：城市喧嚣

开场：城市的高楼大厦和拥挤的街道，街上的行人行色匆匆，仿佛没有东西能够让他们停下向前的步伐，而行人脸上漠然的神情像极了不知疲倦的机器人，一切都是那么的冷漠。

主人公夏清和是一名都市白领，她疲惫的样子跟街上的行人一样。

旁白：这城市束缚了我。

场景2：疲惫的日常

白天的会议，夜晚的社交，夏清和感到筋疲力尽。

住在小小的公寓里，手机的光照射在她的脸上，孤独和疲惫一览无余。

旁白：这城市限制了我，我无法呼吸，这生活是那么疲惫。

场景3：寻求变革

一天，夏清和在网上看到一个关于大自然的纪录片，回忆起在乡下生活的童年时光。

她开始渴望离开城市，去寻找自己迷失的内心。

旁白：我……想家了。

场景4：自然之旅的准备

夏清和请了长假，准备好行囊。

她离开城市，开始她的自然之旅。

场景5：融入自然

夏清和来到森林中，感受大自然的美丽和宁静。在森林中漫步，看阳光透过树叶落在她的指尖，感受大自然的气息。

　　旁白：在群山环抱中，忘记喧嚣纷扰。循着自然的气息。

　　场景6：乡村生活
　　夏清和回到童年生活的村子，看望很久没见的奶奶。坐在奶奶身边，一起回忆童年的开心时光。
　　旁白：感受生活。

　　场景7：自我发现
　　夜晚时分，夏清和在庭院中，躺在摇椅上，看着繁星点点的夜空，开始思考自己的生活。童年的快乐和工作的疲惫在她的脑海中盘旋，她开始反思自己的生活，然后她的内心逐渐平静了下来。
　　旁白：人生不过二三事。

　　场景8：回归城市
　　自然之旅结束后，夏清和回到城市，但她已经变了，她不再孤独迷茫，而是拥有了更健康的生活方式和更明确的目标。
　　旁白：既然人生短暂。

　　场景9：结尾
　　夏清和坐在自己的小阳台上，看着城市的星空，她找到了内心的平静，拥抱了大自然，也找到了自我。
　　旁白：不如快意生活。
　　这部微电影的剧本强调了大自然与主角内心的深刻联系，以及追求自我发现和改变生活方式的重要性。这是一段充满情感和启发的旅程。
　　2. 根据剧本撰写分镜头脚本
　　根据剧本撰写分镜头脚本是将故事从文字转化为具体画面的过程。以下是一些步骤和技巧，可帮助我们编写分镜头脚本。
　　➤ 阅读剧本：仔细阅读完整的剧本，确保对故事的情节和角色有充分的了解。
　　➤ 确定关键场景：确定剧本中的关键场景和情节转折点。这些场景通常是需要特别关注的。
　　➤ 创建分镜头列表：创建一个分镜头列表，按照剧本的顺序列出每个场景或情节。每个分镜头都应有一个独特的编号。
　　➤ 场景描述：对于每个分镜头，写下场景的描述，包括地点、时间、天气等相关信息。场景描述应该清晰而简洁。
　　➤ 角色和动作：描述每个角色在场景中的动作和表情，包括角色的位置、移动方式和互动形式。
　　➤ 摄影指导：提供摄像师所需的指导，包括镜头角度、拍摄手法、镜头大小和焦距。这有助于实现所需的视觉效果。
　　➤ 台词：如果有台词，将其与相应的场景和角色一起列出。
　　➤ 特殊效果和道具：如果需要特殊效果或道具，确保它们在分镜头脚本中被明确列出，并描述它们的使用方式。
　　➤ 镜头过渡：考虑如何进行镜头过渡，将一个场景顺畅地连接到下一个，包括剪辑方法和过渡效果的考虑。
　　➤ 时间和音乐：如果有需要，可以在分镜头脚本中注明每个场景或镜头的持续时间，以及是否需要特定的音乐或音效。
　　➤ 反复修订：反复修订分镜头脚本，确保所有细节都准确无误，并与剧本保持一致。
　　➤ 与制作团队协作：与制作团队密切协作，确保其成员理解和能够实现我们在分镜头脚本中提出的视觉效果和创意。

最终，分镜头脚本应该是一个清晰的指南，可以帮助制作团队将故事从文字转化为画面。它是一个关键的工具，有助于确保视频制作的顺利进行和创作愿景的实现。

分镜头脚本格式如图9-4所示。

《XXXX》分镜头脚本导演版（15min）							
镜号	景别	拍摄手法	画面内容	声音			备注
				台词	音乐	音效	
1	远景	推镜头	要点1：少用抽象形容词，多用具象化的描述	对白	背景音乐	环境音等	
2	全景	拉镜头	要点2：客观描述画面，不要进行过多文学修饰	……	……	……	
3	中景	摇镜头	……				
4	近景	移镜头					
5	特写	跟镜头					
6	……	……					

图9-4

其中包含的主要项目如下。

➢ 标题：在最上方标注该脚本的标题，说明是哪部微电影的分镜头脚本。

➢ 时长：说明成片的大致时长，以便拍摄时把握各个镜头的时长。

➢ 镜号：又称机位号，通常用于多机位拍摄的情况，用数字1、2、3……来表示。

➢ 景别：表示该镜头将使用怎样的景别进行拍摄，有全景、远景、中景、近景、特写5种景别。创作者可以灵活使用这5种景别，打造不一样的视频画面。

➢ 拍摄手法：又称拍摄技法，可分为推镜头、拉镜头、移镜头、摇镜头、跟镜头、升镜头、降镜头等。

➢ 画面内容：将文学脚本中的画面内容按照镜号依次写上，在描述画面时应少抽象多具体，以便拍摄时能够更快拍出想要的画面，避免浪费过多时间在理解脚本上。

➢ 声音：包含台词、音乐、音效3部分。台词是指剧中人物的对白、旁白等，音乐是指背景音乐，而音效则是指同期声中的环境音或在后期制作时加入的特殊音效。

➢ 备注：标注一些该镜头下需要的特殊操作，如升格拍摄等。

在了解分镜头脚本的一些基础知识和模板后，我们就可以根据前面所写的剧本来撰写《自然之心》的分镜头脚本了，如图9-5所示。

《自然之心》分镜头脚本(15min)							
镜号	景别	拍摄手法	画面内容	声音			备注
				台词	音乐	音效	
1	中景	从下往上摇镜头	高楼 街道 行人	这城市束缚了我		街上的噪声	突出快节奏
2	中景	固定镜头	夏清和在工位上工作	这城市限制了我		办公室的噪声	营造烦躁、疲惫的氛围
3	中景	跟镜头	夏清和下班之后一个人回家	我无法呼吸		街上的噪声	营造烦躁、疲惫的氛围
4	近景	固定镜头	夏清和洗漱之后坐在沙发上看手机	这生活是那么疲惫		手机中短视频的声音	营造孤独、寂寞的氛围，避免明亮的光线
5	近景	固定镜头	夏清和刷到了关于大自然的纪录片			纪录片的声音	
6	特写	固定镜头	夏清和手机上正在播放的纪录片			纪录片的声音	
7	中景	固定镜头	夏清和在乡下生活的童年时光	我……想家了		微风吹过树叶的声音和鸟鸣声	慢镜头
8	近景	固定镜头	夏清和收拾行李				
9	全景	摇镜头	夏清和来到森林	在群山环抱中	钢琴曲	风吹过树叶的音效	
10	近景	固定镜头	夏清和在森林中漫步	忘记喧嚣纷扰		溪水流动、风吹树叶的音效和鸟鸣声	
11	特写	固定镜头	光线透过树叶	循着自然的气息			
12	远景	固定镜头	村落中炊烟升起	感受生活			慢镜头
13	近景	固定镜头	乡村生活的细节				
14	中景	固定镜头	夏清和躺在摇椅上看星空	人生不过二三事		风吹树叶的音效	
15	中景	固定镜头	夏清和回家放下行李准备上班	既然人生短暂			
16	近景	固定镜头	夏清和坐在自己的阳台上看夜空	不如快意生活		街上的噪声	营造轻松、平静的氛围

图9-5

提示

上面的文字分镜头脚本适用于资金较少、规模较小的制作团队，脚本在此处的作用主要是让团队成员理解剧本，以便制作微电影。除了这种较为简单的文字分镜头脚本，还有另外两种分镜头脚本，分别是图画分镜头脚本和视频分镜头脚本。图画分镜头脚本是指分镜设计师根据文字分镜头脚本，将文字描述的画面变成手绘画面，这样表现会更加直观。而视频分镜头脚本则是根据文字分镜头脚本，将文字做成动态视频，通过各种特效来还原文字分镜头脚本，相当于在真人出演之前做了一版动画。较之其他分镜头脚本，视频分镜头脚本花费的时间和资金更多。一般用文字分镜头脚本就已经能够满足小团队的各种需求。

9.1.4 分配团队工作

当微电影项目的制作团队的人数较少、资金有限时，高效的工作分配和创意解决方案将变得至关重要。在这种情况下，明确的职责、节约资源和创意方法将成为成功的关键。

团队成员可能需要担任多个角色。例如，导演兼制片人，摄像师兼剪辑师，演员兼化妆师等。这可以降低人员成本，并提高沟通效率，确保制作工作顺利进行。在团队中要尽量确保每个团队成员的职责明确，并最大限度地发挥他们的专业技能。这有助于避免重复工作和混淆任务。越小的团队越要避免重复工作和混淆任务，以免拖慢工作进度，消耗工作热情，破坏团队工作氛围。并且在小团队中，良好的沟通尤为重要。确保团队成员之间保持联系，随时分享进展，并共同解决问题。图9-6所示为团队正在沟通交流。

根据剧本、脚本来制订详细的计划，明确每个任务的起止时间，以及需要的资源。确保时间表合理，以最大限度地避免浪费时间。在制订计划时，应考虑如何最大限度地节约资源。使用现有的设备和场地，寻找廉价或免费的道具，以及寻求志愿者的帮助，都能够在一定程度上节约创作者的拍摄资源。在资金有限的情况下，需要创意的解决方案，好的创意能够让创作者的微电影在众多微电影中脱颖而出。创作者应留意如何在拍摄中充分利用可用的资源，以及如何在后期制作中使用特效来降低成本。图9-7所示为后期制作者正在为视频制作特效。

图9-6

图9-7

考虑在一个较短的时间内集中完成拍摄，以缩短制作周期和降低制作成本。尽量选择容易获得许可的拍摄地点，以降低拍摄成本和法律风险。确保拍摄地点之间的距离较近，以避免浪费时间。在某些情况下，可以考虑将一些任务外包出去，如特效制作或音乐创作，以便专注于核心任务——微电影制作。

始终保持对预算的控制。制订详细的预算计划，并尽量避免不必要的开支。也可以寻找志愿者或合作伙伴，他们可能愿意提供额外的帮助或资源，以支持创作者的微电影项目。

即使是人数较少的微电影制作团队，也要确保团队中包括以下成员，这样才能确保这部微电影被正常拍摄。

➤ **导演：** 导演是制作团队的核心，负责指导演员的表演，选择镜头角度，确保故事的连贯性，并协调整个拍摄过程。

> 摄像师：摄像师负责捕捉画面，选择灯光和摄像设备，确保画面的高质量，通过摄影技巧和美学知识来增强故事的情感表达。摄像师与导演密切合作，可实现导演的视觉愿景。

> 编剧：编剧负责创作剧本，包括对话、情节和角色发展，确保故事有引人入胜的情节和对话。一个引人入胜的剧本是吸引观者的关键，而编剧正是撰写剧本、构建微电影的重要人员。

> 制片人：制片人负责组织和协调整个制作过程，以及负责管理预算、筹备拍摄、协调团队、寻求资金支持，并确保拍摄按计划进行。

> 演员：演员负责扮演剧中角色，传达情感和展现故事情节。他们需要理解角色，并通过表演将角色栩栩如生地呈现出来。演员的表演直接影响着观者情感并能引起观者共鸣。

> 剪辑师：剪辑师负责将拍摄的素材剪辑成最终的微电影，他们通过剪辑塑造故事，传达情感。选择合适的镜头、剪辑场景，添加音效和音乐，并确保故事的节奏和连贯性。

> 服装师和化妆师：服装师负责准备角色的服装和配饰，化妆师负责为演员化妆，以确保演员符合角色和场景的要求，增强角色的真实感。

> 道具师：道具师负责寻找、制作和维护在拍摄中需要用的道具，以确保故事的逼真性。使用合适的道具有助于创造真实的世界，使观者更投入。

这些成员共同协作，确保微电影项目得以成功完成。虽然团队规模有限，但每个成员都起着关键作用，为微电影的制作贡献了重要的力量。

9.2 微电影的拍摄技巧

拍摄微电影需要综合运用各种技巧，以创作出引人入胜的作品。通过不断的学习和实践，创作者可以不断提高自己的微电影拍摄技巧，制作出更具吸引力和品质更好的微电影作品。

9.2.1　根据环境进行拍摄

在拍摄微电影的过程中，根据现场环境进行拍摄是至关重要的，因为环境可以成为故事的一部分，同时也会影响影片的视觉和情感效果。创作者要注意以下几点。

首先，选择适合故事情节的场地是关键。创作者要考虑场地的外观、氛围和实际可用性，确保获得场地使用许可和拍摄许可（如果有需要）。本案例中，根据前面设计好的剧本，我们选择的主要拍摄场地是城市中的办公室、街道、主人公生活的公寓，以及森林与村庄。

拍摄团队来到拍摄场地后，要确保场地整洁，并观察拍摄场地的光线条件。光线是影响影片视觉效果的重要因素。根据拍摄时间和天气条件，考虑如何利用自然光或人造光源。不同的天气条件可以为影片赋予不同的氛围。根据场地的可用性和光线条件，选择最合适的拍摄时间。黄金时段（如黄昏和黎明时分）通常可提供柔和的光线。在光线充足、阳光明媚的条件下进行拍摄，拍摄出来的画面的整体感觉是积极向上的；而在光线较少、阴云密布的条件下进行拍摄，拍摄出来的画面的整体感觉是抑郁、低落的。

拍摄团队也要根据故事需要，设计和布置场景的装饰。确保装饰与故事和角色相搭配，以创造一致的情感和叙事效果。本案例中，在拍摄城市生活的过程中，我们可以适当地对场景进行设计，使拍摄环境更贴合剧本。例如，我们可以增加一些小道具，在前期主人公迷茫时，使其家中杂乱无章；而在后期主人公找回自我后，使其家中整洁有序，桌上多出一盆绿植，以此来暗示主人公的转变。

拍摄时也要考虑周围的环境音，如嘈杂的交通声、自然声音或其他人的谈话声。如果需要，可使用外接麦克风或后期进行音频处理来提高音频质量，录制效果更好的同期声能让微电影更加真实。

根据拍摄的进展和实际场地条件进行调整。有时需要适应意外的情况，如突发天气变化。在拍摄时要考虑后期制作的需求，以便后期可以有效地处理和编辑影片。图9-8所示为正在使用中的摄影棚。

图9-8

综合考虑以上因素，并在拍摄前做好充分的准备，可以帮助我们取得更好的效果。此外，与团队成员的有效沟通和合作也是成功的关键因素。

9.2.2 通过画面变换暗示人物情感

在拍摄微电影的过程中，通过画面变换可以巧妙地暗示人物情感，增强叙事和情感效果。通过剪辑将不同的镜头相互切换，以呈现人物情感变化的不同阶段。改变光线和画面色彩，可以影响观者对情感的感知。明亮的光线和温暖的色调可以用来表现快乐和温馨，而阴影和冷色调可以强调悲伤或不安的情感。我们可以在主人公下班的时候拍摄特写镜头，着重展示主人公疲惫的表情；然后将镜头从特写切换至远景，拍摄下班路上昏暗的光线，暗示主人公内心的低落和迷茫。

通过调整焦点来改变画面的清晰度，可以强调人物的情感。模糊的前景或背景可以使观者集中注意力到人物情感上。对于主人公下班的场景，我们可以先模糊画面中的人物，拍摄周围环境，然后再聚焦于人物身上，暗示情绪的变化，渲染低落的氛围。

综合运用这些技巧，创作者可以通过画面变换巧妙地暗示人物情感，增加叙事的情感深度，使观者更深刻地理解剧情和产生共鸣。

9.2.3 使用各种镜头表达人物情感

在微电影制作中，巧妙地使用各种镜头是表达人物情感的关键。

➤ 特写镜头：特写镜头聚焦在人物的脸部，特别是眼睛和嘴巴，以展现微妙的表情。特写镜头通常用于表达人物内心的情感和思想。

➤ 近景镜头：近景镜头主要拍摄人物胸部及以上的画面。这种镜头既能看清人物微表情，又能通过肩部动作传递更多信息。

➤ 中景镜头：中景镜头将人物置于画面中央，显示其上半身，展示人物的姿态和身体语言，以传达情感。

➤ 远景镜头：远景镜头捕捉人物与周围环境的关系，可用于展示人物的孤独感、融入感或与其他角色的互动。

➤ 侧面镜头：侧面镜头可强调人物的轮廓，通常用于表达坚决或坚定的情感。

➤ 背对镜头：背对镜头的人物通常表现出思考、矛盾或隐秘的情感，观者可以通过角色的动作和环境来推测情感。

> 运动镜头：运动镜头可以传达人物的活力和紧张情绪。不同的摄像机运动方式（如跟踪、扫视或抖动）可以传达不同的情感。

> 低角度镜头：低角度镜头可以使人物显得更强大或令人尊敬，用于表达自信或威严的情感。

> 高角度镜头：高角度镜头可以使人物显得较小或较弱，用于表达脆弱、不安或害怕的情感。

> 倾斜镜头：倾斜镜头可以传达紧张、不稳或混乱的情感，因为倾斜的画面会给人一种不平衡感。

> 慢镜头和快镜头：慢镜头可以凸显情感细节，而快镜头可以增加紧张感和动感。

运用这些不同的镜头，导演和摄像师可以精确地传达人物的情感和内心世界，使观者更深入地理解故事角色和情节。镜头是微电影制作中强有力的情感表达工具，需要结合剧本需求和导演的视觉创意来使用。

提示

> 创作者可以先拍摄高清晰度的远景镜头，然后利用后期剪辑的各种技巧，模拟镜头的远、中、近景的变化。

9.2.4　使用延时摄影拍摄时间流逝

使用延时摄影可以创造时间流逝的画面效果，将长时间的事件或景象在较短的视频片段中呈现出来。例如，在展示城市快节奏生活的时候，可以使用延时摄影拍摄车水马龙的街道。

首先选择一个有趣的场景或景象，可以是城市街道、云彩、星空等。重要的是要确保拍摄场景有足够的动态变化，才能保证后续延时摄影的画面能够展现足够好的效果。

延时摄影需要一台相机，最好是单反相机或微单相机，以及一个稳定的三脚架，以确保相机固定在拍摄位置。图9-9所示为摄像师正在使用三脚架稳定相机。同时需要使用一个定时遥控器或相机的内置定时拍摄功能，以控制拍摄间隔时间。拍摄间隔时间即相邻两张照片之间的时间。而使用多长的拍摄间隔时间，则取决于所要呈现的时间流逝效果。较短的间隔时间会呈现较快的时间流逝效果，而较长的间隔时间则会呈现较慢的时间流逝效果。

在固定了相机之后，开始设置相机的各项参数，包括快门速度、光圈大小和感光度，以获得所需的曝光效果。通常建议使用较小的光圈和较慢的快门速度，以获得长时间曝光。然后让相机连续拍摄一段时间，可以是几分钟到几小时，具体取决于所要呈现的时间流逝效果。

最后导入拍摄的照片到计算机中，使用视频编辑软件将这些照片序列合成时间流逝的视频。在视频编辑软件中，可以调整帧速率和添加音乐等。图9-10所示为使用延时摄影的方式拍摄的街道车流的照片。

图9-9

图9-10

9.3 微电影的剪辑和制作

微电影的剪辑和制作需要创作者对故事情节、视觉效果和声音效果有深刻的理解，以确保最终的作品能够引起观者的共鸣并传达所要表达的信息和情感。这一过程可能需要投入大量的时间和精力，但它对制作出高质量的微电影至关重要。

本案例将根据《自然之心》剧本的内容，对照分镜头脚本，制作镜号9～12的分镜头片段，帮助读者理解微电影的制作流程。

微课视频

9.3.1 根据剧本和脚本粗剪视频

在微电影的制作过程中，根据剧本和脚本对视频素材进行粗剪是制作流程中的关键步骤。它有助于筛选出最重要和相关的素材，为后续的剪辑和制作奠定基础。

01 打开Premiere Pro，新建项目后，导入名为"清晨森林"等的8段视频素材，如图9-11所示。

02 选中名为"清晨森林"的视频素材，在"源监视器"面板中为视频素材添加入点和出点，调整视频素材的时长为5s左右，拖曳"项目"面板中的该视频素材至"时间轴"面板中，如图9-12所示。

03 选中名为"清晨阳光下"的视频素材，参考步骤02添加入点和出点，调整时长为3s左右，如图9-13所示。拖曳"项目"面板中的该视频素材至"时间轴"面板中。

图9-11

图9-12

图9-13

04 选中"项目"面板中名为"远足"的视频素材，拖曳至"时间轴"面板中，如图9-14所示。

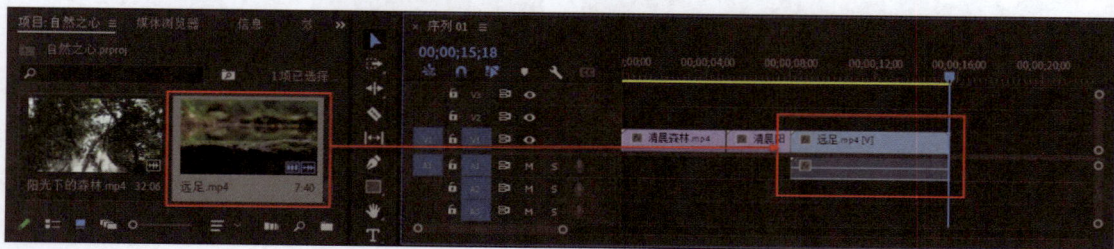

图9-14

05　选中"项目"面板中名为"阳光下的森林"的视频素材，在"源监视器"面板中为其添加出点，出点的位置如图9-15所示。拖曳"项目"面板中的该视频素材至"时间轴"面板中。

06　选中"项目"面板中名为"拍摄森林"的视频素材，在"源监视器"面板中为其添加入点与出点，入点与出点的位置如图9-16所示。拖曳"项目"面板中的该视频素材至"时间轴"面板中。

图9-15

图9-16

07　选中"项目"面板中名为"小溪"的视频素材，在"源监视器"面板中添加出点，调整时长为3s左右，如图9-17所示。将"项目"面板中的该视频素材拖曳至"时间轴"面板中。

08　选中"项目"面板中名为"小桥流水"的视频素材，在"源监视器"面板中为其添加出点，调整时长为7s左右，如图9-18所示。将"项目"面板中的该视频素材拖曳至"时间轴"面板中。

图9-17

图9-18

09　选中"项目"面板中名为"炊烟"的视频素材，在"源监视器"面板中为其添加出点，调整时长为5s左右，如图9-19所示。将"项目"面板中的该视频素材拖曳至"时间轴"面板中。

图9-19

至此，所有素材都已经过筛选，留下需要的镜头在"时间轴"面板中，如图9-20所示。

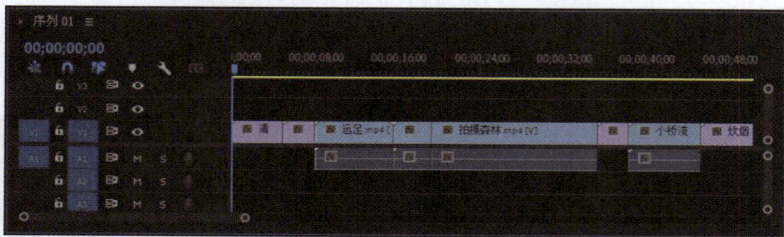

图9-20

具体的素材时间分布如表9-1所示。

表9-1

素材名称	入点时间	出点时间
清晨森林.mp4	00:00:00:00	00:00:05:00
清晨阳光下.mp4	00:00:00:00	00:00:03:00
阳光下的森林.mp4	00:00:00:00	00:00:03:15
拍摄森林.mp4	00:00:10:00	00:00:26:00
小溪.mp4	00:00:00:00	00:00:03:00
小桥流水.mp4	00:00:00:00	00:00:07:00
炊烟.mp4	00:00:00:00	00:00:05:00

10　选中"时间轴"面板中名为"远足"的视频素材，右击展开快捷菜单，执行"取消链接"命令，删除A1轨道上的音频素材，效果如图9-21所示。

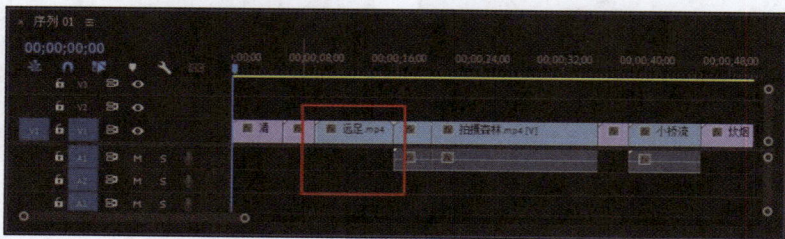

图9-21

11　对"时间轴"面板中其他同为蓝色的视频素材进行相同操作，效果如图9-22所示。

图9-22

完成上述操作后，微电影的粗剪工作可以告一段落。

9.3.2 添加背景音乐并进行精剪

完成粗剪后，还要继续进行微电影的详细剪辑、色彩校正、音频混音和其他后期制作工作，以最终呈现高质量的微电影作品。为微电影添加背景音乐并进行精剪是微电影后期制作的关键步骤之一，可以增强观者的体验感并提升微电影的整体质量。

01 在"项目"面板中导入名为"钢琴""风声""鸟鸣"的3段音频素材，如图9-23所示。

02 为视频素材添加背景音乐，确保背景音乐能够较好地符合视频画面。选中"项目"面板中名为"钢琴"的音频素材，将其拖曳至"时间轴"面板中的A1轨道上，如图9-24所示。

03 适当分割A1轨道上的音频素材，使其时长与V1轨道上的视频素材时长保持一致，如图9-25所示。

图9-23

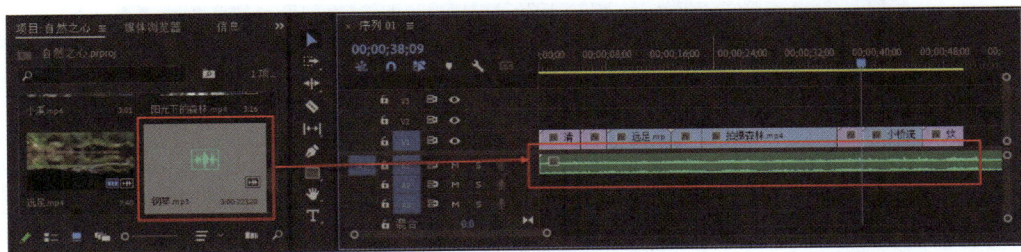

图9-24

图9-25

04 选中"项目"面板中名为"风声"的音频素材，将其拖曳至"时间轴"面板中的A2轨道上，如图9-26所示。

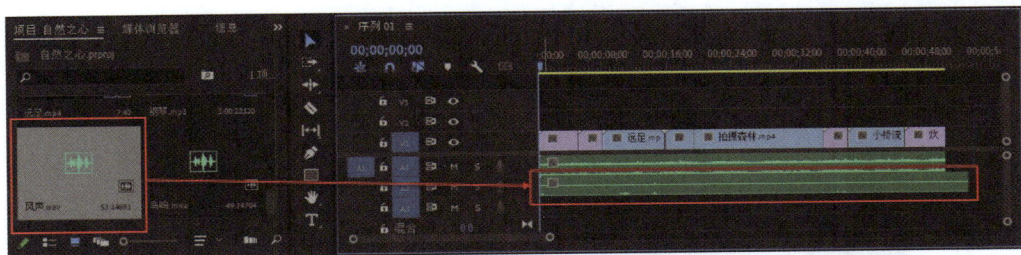

图9-26

05 适当分割A2轨道上的音频素材，使其结尾处与名为"小桥流水"的视频素材的开始处对齐，分割后删除多余片段，如图9-27所示。

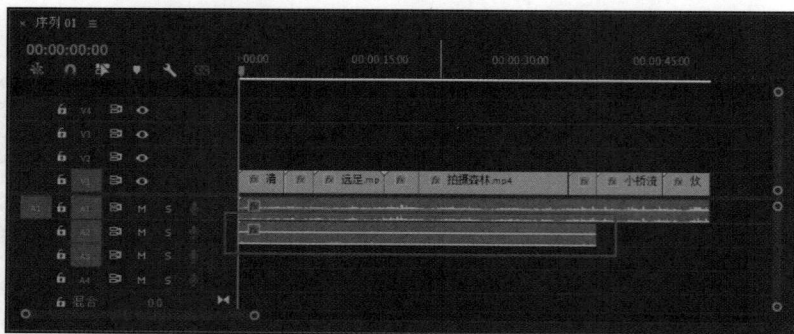

图9-27

06　选中"项目"面板中名为"鸟鸣"的音频素材，将其拖曳至"时间轴"面板中的A3轨道上，如图9-28所示。

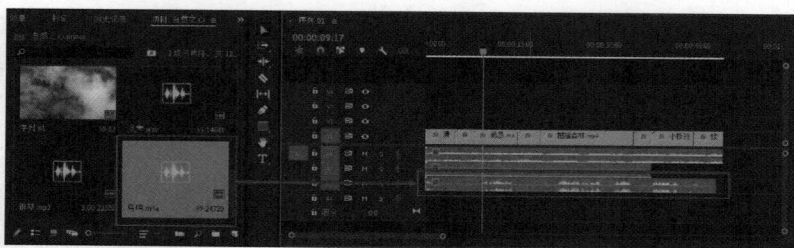

图9-28

07　根据视频画面和脚本适当分割A3轨道上的音频素材，使其结尾处与名为"小桥流水"的视频素材的开始处对齐，分割后删除多余片段，如图9-29所示。

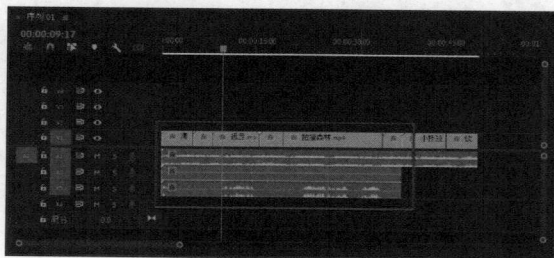

图9-29

08　切换至"效果"面板，在"效果"面板中找到"音频过渡"，为"时间轴"面板中的每个音频素材都添加名为"恒定功率"的音频过渡效果，如图9-30所示。

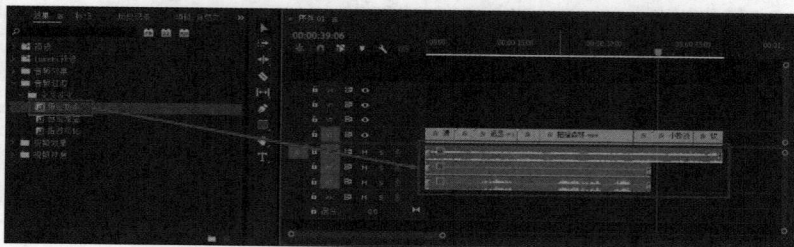

图9-30

09　选中A3轨道上的素材，调整音频增益为−5dB，如图9-31所示。

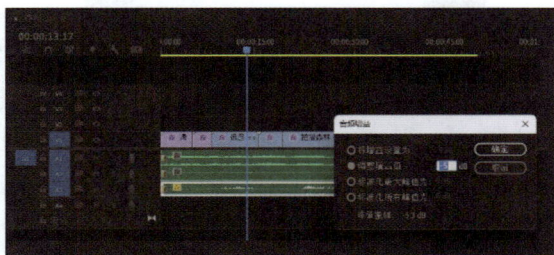

图9-31

至此，为该微电影添加背景音乐的精剪工作就告一段落。

9.3.3　添加字幕和视频过渡效果

为微电影添加字幕和视频过渡效果是微电影后期制作的关键步骤之一，这些元素可以增强视觉吸引力、提供信息和改善故事叙述方式。

01　将时间线移至视频开始处，使用"文字"工具**T**在"节目监视器"面板中添加一段字幕，内容为"在群山环抱之中"，如图9-32所示。

图9-32

02　切换至"基本图形"面板，在"基本图形"面板中适当调整字幕的样式，如图9-33所示。

图9-33

03　将时间线拖曳至名为"远足"的视频素材的开始处，如图9-34所示。

04　使用"文字"工具**T**在"节目监视器"面板中添加一段字幕，调整字幕内容为"忘记喧嚣纷扰"，并适当调整字幕的样式，如图9-35所示。

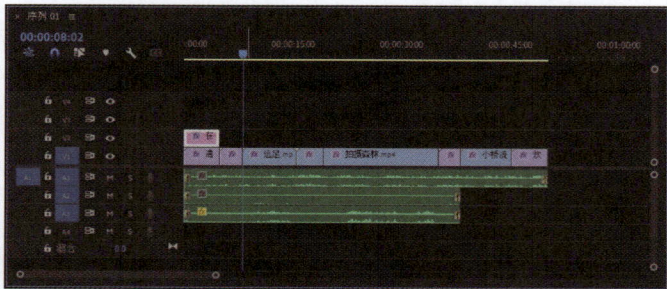

图9-34

图9-35

05　将时间线后移至名为"阳光下的森林"的视频素材的开始处，如图9-36所示。

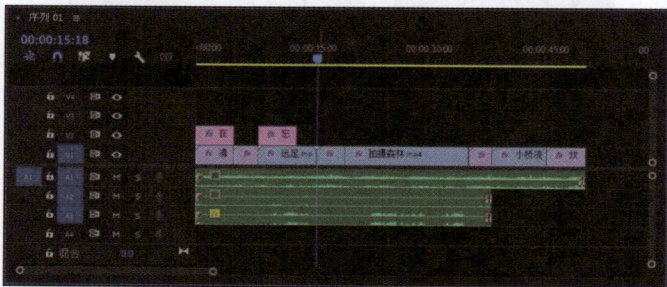

图9-36

06　使用"文字"工具 T 在"节目监视器"面板中添加一段内容为"循着自然气息"的字幕，切换至"基本图形"面板，适当调整字幕的样式，如图9-37所示。

图9-37

07　将时间线后移至名为"炊烟"的视频素材的开始处，如图9-38所示。

图9-38

08　使用"文字"工具T在"节目监视器"面板中添加一段内容为"感受生活本意"的字幕，并在"基本图形"面板中适当更改字幕的样式，如图9-39所示。

图9-39

09　在"时间轴"面板中适当调整字幕的时长，将每段字幕的时长调整为3s。适当调整字幕的位置，效果如图9-40所示。

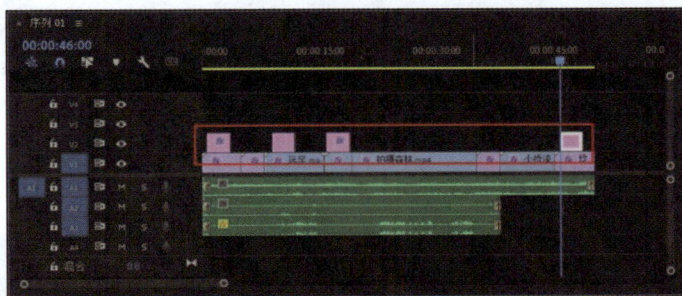

图9-40

具体的字幕时间分布如表9-2所示。

表9-2

字幕内容	开始时间	结束时间
在群山环抱之中	00:00:00:15	00:00:03:15
忘记喧嚣纷扰	00:00:09:00	00:00:12:00
循着自然气息	00:00:16:00	00:00:19:00
感受生活本意	00:00:46:00	00:00:49:00

10 切换至"效果"面板，在"视频过渡"下找到名为"叠加溶解"的视频过渡效果，将其添加至每段字幕的开始处与结束处，并调整视频过渡效果的持续时间为00:00:00:15，效果如图9-41所示。

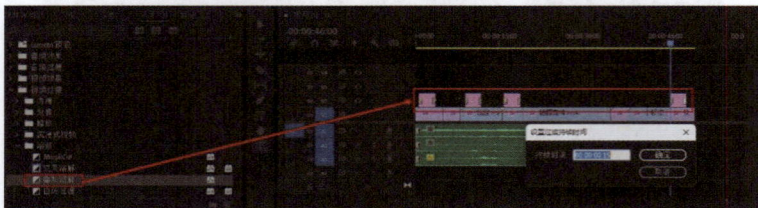

图9-41

11 在"视频过渡"下找到名为"黑场过渡"的视频过渡效果，将其添加至名为"清晨阳光下"和"远足"，以及名为"小溪"和"小桥流水"的视频素材的两个衔接处，并更改其对齐方式为"中心切入"，效果如图9-42所示。

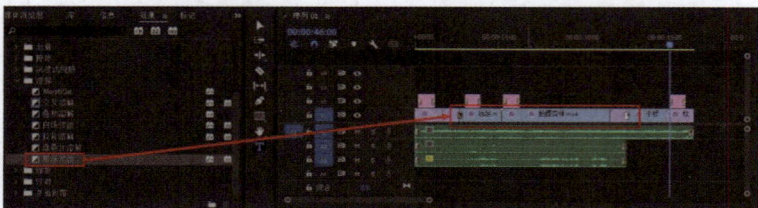

图9-42

12 在"视频过渡"下找到名为"白场过渡"的视频过渡效果，将其添加至名为"阳光下的森林"和"拍摄森林"的视频素材的衔接处，并调整其对齐方式为"中心切入"，效果如图9-43所示。

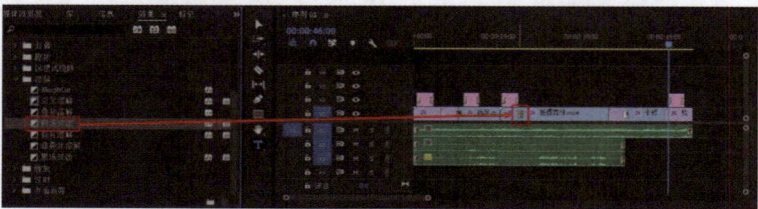

图9-43

13 在"视频过渡"下找到名为"胶片溶解"的视频过渡效果，将其添加至剩下还未添加视频过渡效果的素材的衔接处，并调整其对齐方式为"中心切入"，效果如图9-44所示。

图9-44

完成上述操作后，即完成了微电影的字幕与视频过渡效果的添加工作。

提示

在不同情况下，不同的视频过渡效果能起到不同的作用，如突出镜头的切换、使叙事更自然顺畅等。

9.3.4　进行调色

调色是一项关键的后期制作技术，它通过调整色彩效果，使影片的色调统一并传达所需的情感和视觉效果。通过导入素材、选择参考图像、进行色彩校正、创建自定义LUT以及逐个调整镜头的色彩，创作者可以使微电影中的视觉效果统一，使观者沉浸在故事中。这一过程需要创作者具有好的艺术眼光和技术，以确保微电影能传达所期望的情感和视觉效果。正确的色调可以提升微电影的品质，并赋予作品独特的视觉魅力。

01　选中"时间轴"面板中V1轨道上的第1段视频素材，切换至"Lumetri颜色"面板，适当调整各项参数，使画面表现更好，如图9-45所示。

图9-45

02　选中第2段视频素材，在"Lumetri颜色"面板中更改各项参数，如图9-46所示。

图9-46

03　选中第3段视频素材，在"Lumetri颜色"面板中更改各项参数，如图9-47所示。

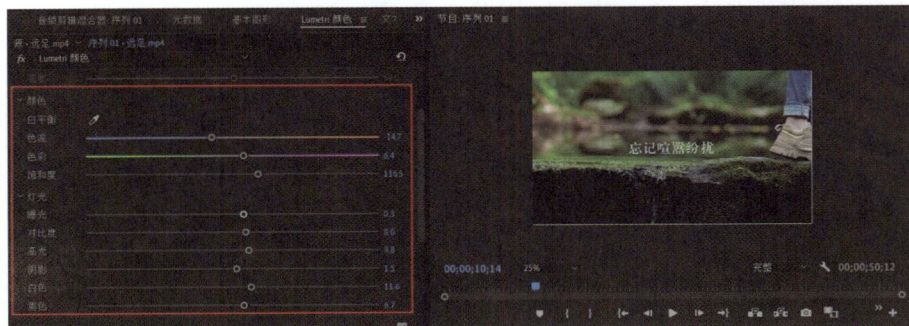

图9-47

04　选中第4段视频素材，在"Lumetri颜色"面板中更改各项参数，如图9-48所示。

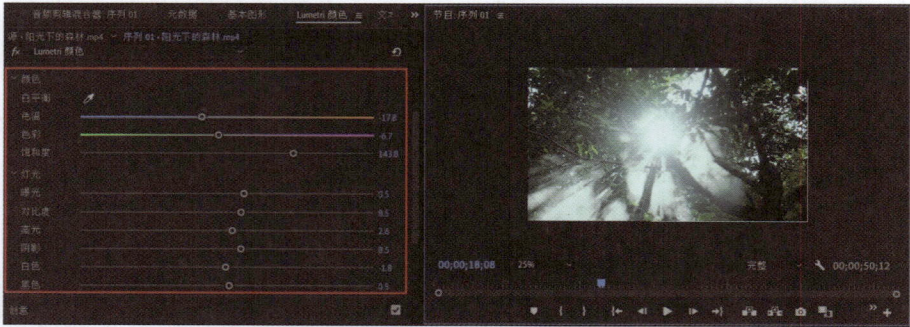

图9-48

05　选中第5段视频素材，在"Lumetri颜色"面板中更改各项参数，如图9-49所示。

图9-49

06　选中第6段视频素材，在"Lumetri颜色"面板中更改各项参数，如图9-50所示。

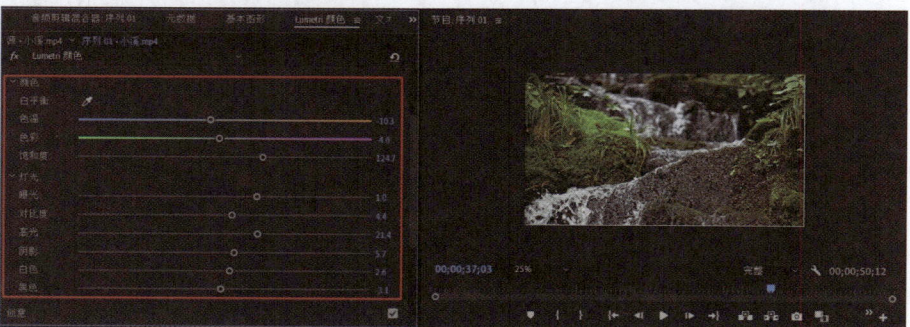

图9-50

07　选中第7段视频素材，在"Lumetri颜色"面板中更改各项参数，如图9-51所示。

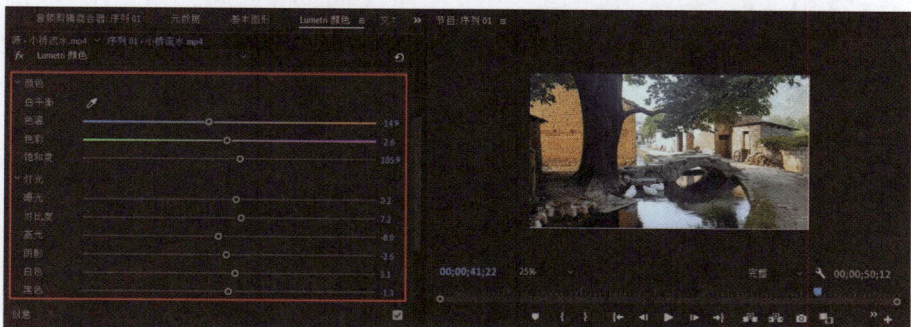

图9-51

08　选中第8段视频素材，在"Lumetri颜色"面板中更改各项参数，如图9-52所示。

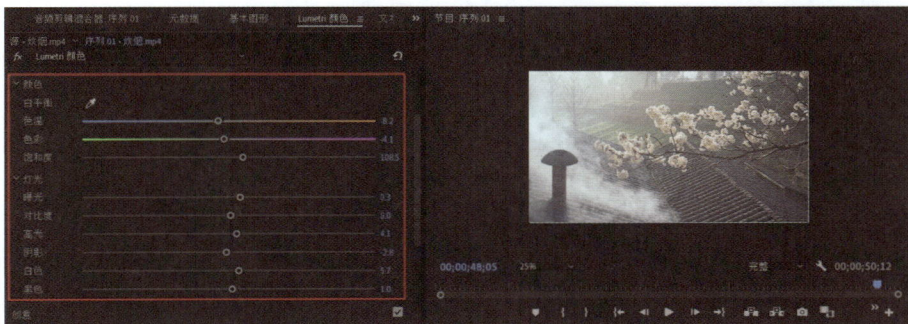

图9-52

至此，整个微电影的剪辑工作就全部完成了。

提示

　　分析剧本和脚本，镜号9～12的镜头内容应该是偏向于冷色调的，凸显出平静的感觉，但画面又不失明亮，画面色彩表现应该是平静、柔和的，而不是沉郁的。故在调色的过程中，在色温的调节上应向蓝色偏移，同时适当调整高光、曝光等的数值。增加对比度和饱和度的数值往往有助于丰富画面色彩，呈现出人物内心从迷茫到坚定的变化。

9.3.5　调整尺寸和输出成片

　　微电影制作完成后，调整尺寸和输出成片是确保作品在各个平台上正常播放的重要一步。通过选择适当的分辨率、帧速率和编解码器，创作者可以定制微电影以适应不同的观者需求。导出并保存备份，确保创作者可以随时进行修改或重新导出。最后，与观者分享创作好的微电影，让更多人欣赏这个作品。这是将创作者的故事传达给观者的关键一步。

　　01　在菜单栏中执行"文件"|"导出"|"媒体"命令，如图9-53所示。

　　02　在导出设置界面中调整视频尺寸，如图9-54所示。

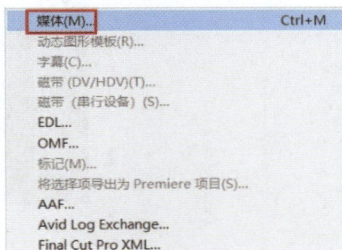

图9-53

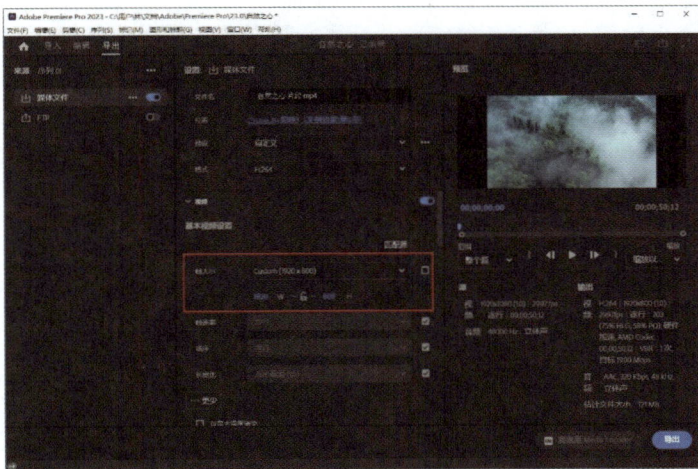

图9-54

03　单击右下角的"导出"按钮，如图9-55所示，导出媒体文件。

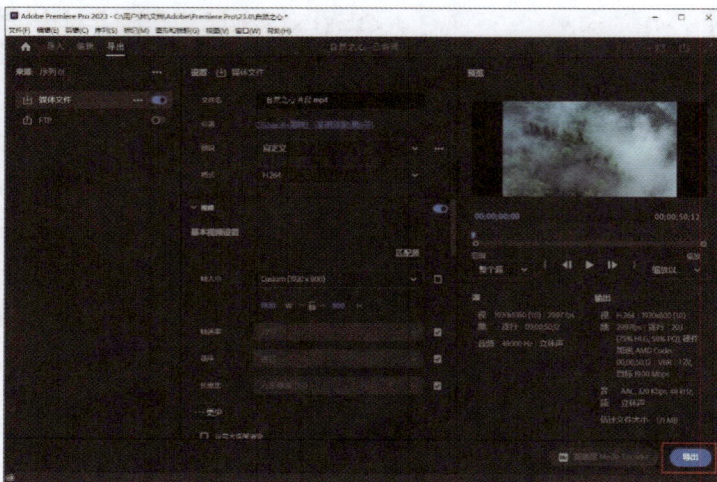

图9-55

04　预览视频画面效果，如图9-56所示。

图9-56

提示

　　选择导出为 21：9 的宽屏视频，宽屏视频相较于传统的 16：9（1080p 等）视频更能营造电影感氛围，吸引观者目光。

9.4　课后练习——制作一部故事完整的微电影

1. 任务

制作一部故事完整的微电影。

2. 任务要求

时长：5min以内。

素材数量：不得少于30个。

素材要求：贴合主题，画面协调。

制作要求：撰写一份故事完整的微电影脚本，并根据脚本内容进行微电影的制作。

第 **10** 章

短视频运营与变现

　　短视频创作及运营方面的人才可能是近年来新媒体公司最为需要的。如今，许多小企业和个人团队纷纷进入网络短视频行业，想要在这个大环境下分一杯羹。但短视频的盈利并不容易，在完成短视频的拍摄和剪辑工作后，不仅要筛选平台进行发布，还要通过运营团队去分享和推广，这样才能收获更多的播放量和关注度。

【学习目标】

➤ 了解短视频的发布渠道。

➤ 了解增加短视频曝光量的方法。

➤ 熟悉短视频的运营技巧。

➤ 了解短视频的变现渠道。

10.1 选择发布渠道

每个短视频平台及其受众都有各自的属性及特点，发布渠道的选择则是获取精准流量和用户的重要途径，因此选择什么样的发布渠道决定了短视频的打开方式是否正确。

目前，短视频发布渠道大致可以分为以下几种，未来是否会有新的种类产生，现在还不得而知，但创作者一定要学会有侧重点地进行运营，找到最适合自身作品的发布渠道。

10.1.1 在线视频渠道

在线视频渠道通常是通过搜索关键词和创作者推荐来获得相关视频的播放量的，如搜狐视频、优酷视频、爱奇艺、腾讯视频和哔哩哔哩等平台，这些平台的人为主观因素对视频播放量的影响非常大。如果想让视频的播放量有显著的提升，最重要的就是获得一个很好的推荐位置。例如，一些短视频在平台上线之后，会在各个在线视频渠道进行广告推广，甚至会购买视频网站的首页广告位，以此来吸引潜在的观看用户。

10.1.2 资讯客户端渠道

资讯客户端渠道大多数是通过平台的推荐算法来获得视频的播放量的，如今日头条、一点资讯、网易新闻客户端、UC浏览器等，都是利用推荐算法给视频打上多个标签，并推荐给对应观者群体的。目前，这种机制被应用到了很多平台上，这也被认为是未来的趋势。

"今日头条"作为老牌的资讯客户端渠道，它的收益方式主要是平台分成、平台广告收益、观者打赏、问答奖励、千人万元计划和自营广告。这里需要注意的是，"今日头条"在"新手期"阶段只有少量的头条广告收益。如果想得到平台分成，就一定要度过"新手期"。观者打赏、千人万元计划则是要得到内容"原创"标签，拥有"原创"标签的内容可以获得观者打赏，从中获得额外的收益，并且有"原创"标签的内容还可以获得更多的广告收入。图10-1所示为"今日头条"平台上的个人视频收益示意。

收入	自营广告	商品
头条广告(昨日)	视频收益(昨日)	赏赐(昨日)
0	**94.92**	**0**
粉丝收益：0 ⑦	粉丝收益：3.17 ⑦	本月：0
本月：0	本月：1,578.74	

图10-1

10.1.3 社交平台

社交平台是大部分网友进行社交的工具，可以分为微信、微博、QQ这三大类。在这些平台上，网友可以结识更多兴趣相同的人。作为短视频的重要发布渠道之一，社交平台更像是一个堡垒、一个基地，是连接粉丝、连接广告主、连接商务合作的通道。

以前微博基本上是没有收益的，但如今微博渠道的收益方式变化很大。随着微博的不断革新，目前该平台的收益方式主要为广告收益、微博打赏和微博问答这3种。

➢ 广告收益：只要满足通过个人认证（见图10-2）、持续产出固定领域内容和发布10条视频微博这几个前提条件，就可以开通微博自媒体广告收益。

➢ 微博打赏：如果之前是微博自媒体用户，官方会私信该用户进行试用；如果想自行开通，就需要先给微博自媒体发送私信以进行申请。

➢ 微博问答：这个功能需要去任务中心申请加入帮帮团之后才可以开通，但微博账号还需要有认证才可以进行问答。

图10-2

10.1.4　短视频渠道

从2014年开始，很多人便意识到短视频比直播更有发展前景，越来越多的短视频平台开始出现在大众的视野中。2014年7月28日，秒拍4.0全面升级上线；美图秀秀出品的美拍也于2014年上线，仅用9个月的时间其用户数就突破了一亿。此外，还有最早可以在移动端进行视频制作的小影，以及主打资讯类短视频的梨视频、从今日头条拆分出来的西瓜视频、360上线的快视频等。相信短视频渠道的"纷争"还会持续很长时间，这也会是短视频创作者的最佳机会。

以美拍这一渠道为例，它主要的分成模式为粉丝打赏。在这个平台上，创作者可以通过渠道内积累的粉丝进行变现。此外，美拍支持用户在创作内容时插入商品购买链接，这对电商变现也发挥着至关重要的作用。

多种短视频渠道的涌现还不能说明短视频在未来是一个趋势，真正可以验证这个观点正确性的是垂直渠道的出现。目前，冲在最前面的是电商平台，比如淘宝、天猫、拼多多等电商平台主要通过短视频帮助消费者更全面地了解商品，从而促进商品买卖行为的产生，如图10-3所示。

快手、抖音、微视等平台不管是视频内容还是算法都具有一定的差异。面对同样庞大的流量池，各位短视频创作者有必要做出一些尝试。例如快手与抖音火山版这两个平台再次放出补贴政策，推出更加年轻化的产品，引来了无数短视频创作者的参与，各位创作者也应当抓住机会进行入驻，并及时开展运营工作。

图10-3

10.2　增加短视频曝光量

在账号创建初期，通过冷启动曝光获得足够多的种子用户是短视频运营者在初期运营时的重心。下面为大家介绍几种增加短视频曝光量的方式。

10.2.1 多渠道转发

　　利用个人的社交关系和影响力，在朋友圈、微信群、知乎、贴吧和微博等渠道转发视频，可以获得更多观者的关注，如图10-4所示。

　　这种方式主要建立在观者的喜好基础上，想要收获更多的播放量，就需要动用自己的人脉关系去转发。这也是抖音推荐机制的一个核心点。创作者平时可以加入一些相关的社交群，多在群内互动，发布短视频后，及时分享到这些社交群中；或者创建抖音互助群，群成员若发布了新内容，可相互分享、点赞，实现互利共赢。

图10-4

10.2.2 参加挑战和比赛

　　很多短视频平台都有挑战项目，这些项目自带巨大流量。例如抖音平台推出的"话题挑战赛"，每天都有各种主题的热门话题和挑战活动，鼓励用户积极参加。参与话题挑战赛就是跟拍其他用户的同款视频，最后看谁拍的视频效果好。这样一种娱乐竞赛性质的活动不仅可以起到很好的引导、推广作用，还有机会通过话题引来大量流量。图10-5所示为"#美好生活看信阳"挑战赛活动，可以看到该话题的播放量高达5.8亿次。

10.2.3 付费推广

　　一些平台提供了付费推广渠道，以帮助创作者的作品获取更大的曝光量，例如抖音推出的"DOU＋上热门"功能，如图10-6所示。作为抖音内置的内容加热工具，它支持自投放和代投放，通过高效、智能的推荐算法，可以将创作者的视频精准地推荐给对该内容感兴趣的潜在用户，从而实现播放量、点赞量和粉丝量的快速提升。

图10-5

图10-6

10.2.4 蹭热度

　　"蹭热度"是一种高效、可行的增加曝光量的方法。短视频运营者可以在一些流量较大的"大V"的热门微博下进行评论、回复，积极分享自己的观点，帮助别人解决问题，用精彩、独到的观点吸引别人的关注。这也是一种获取流量的方法。

此外，一些自带流量和关注度的热点新闻、热点话题也是短视频运营者需要随时关注的。将这些话题融入自己的视频内容，通常可以产生强烈的共鸣，引发热烈的讨论。例如，2019年爆红的短视频系列"朱一旦的枯燥生活"的制作团队通过将网上的一些热点话题"融梗"到短视频中，加上独特的脚本、"黑色幽默"式的艺术风格，吸引了众多网友的转发和讨论。

10.2.5　活动推广

活动推广大致可以分为以下几种。

➢ 为品牌方拍摄短视频：为品牌方拍摄短视频是一种高回报的行为。例如，抖音账号"西瓜奇幻工厂"（见图10-7）为HUAWEI P40系列的手机拍摄的广告视频如图10-8所示。

➢ 转发抽奖：转发抽奖是经常被使用的形式。转发抽奖活动的设置比较关键，可以是用户感兴趣的，也可以是其他形式。奖品设置的关键是从用户的角度出发，因此短视频运营者需要考虑什么样的抽奖机制能提高用户的参与度。

➢ 线下推广：成功的线下推广能以比较低的成本吸引精准的用户群体。进行线下推广时，要尽量选择商场、地铁站、高校食堂这类人员较多的场地，同时一定要注意和场地工作人员提前协商好。

10.2.6　导流

与其他的自媒体人进行合作，相互导流也是很好的沉淀用户的方式。例如B站知名UP主"咻咻满"和"JKAI杰凯"就曾合作拍摄视频，两位UP主都具有一定的粉丝基础，通过合作可以实现粉丝的相互导流，创下不错的播放量，如图10-9所示。但对于一些跨平台的导流操作，则需要提前了解两个平台之间是否允许相互导流，只有在被允许的情况下进行操作才算正规。

图10-7

图10-8

图10-9

10.3　短视频运营技巧

10.3.1　平台运营

短视频日益火爆，大量的短视频App纷纷上线。对短视频运营者来说，选择平台时不要局限于一个，建议根据自身特点，结合各平台的运营规则来选择适合自己的平台，以最大化实现流量和粉丝数的双增长。

1. 根据自身特点

不同的短视频创作者拍摄视频的诉求可能会有所不同，有些人拍视频是为了更广泛地传播信息，有些人则更多地关注视频变现。除此之外，各自的账号属性和内容定位也有所区别，因此要根据自身特点合理地选择平台。

2. 结合平台情况

不同平台的资源结构是有所差异的，用户的组成也存在很大的差异，从性别比例、地域差异、教育背景到兴趣爱好都不尽相同。尽量选择适合自己内容方向的平台来发布视频，这样用户的精准度会更高。

下面分析几个主流短视频平台的基本情况。

➤ 抖音：机器算法，以年轻用户群体为主，女性用户数量稍多于男性用户数量。

➤ 快手：机器算法加推荐系统，男性用户数量较多。

➤ 秒拍：和微博之间有强大的导流作用，更多地依赖资源推荐。

➤ 美拍：更多地依赖算法推荐，以女性用户群体为主，盛行"网红"文化。

➤ 今日头条：更多地依赖算法推荐，以男性用户群体为主。

不同平台的运营技巧也存在差异。

下面举例说明几个不同平台的运营技巧。

➤ 抖音：无论是做受众广泛的娱乐类型还是深耕某个垂直领域，都需要通过专业的内容、用户运营，同时保证产出的内容有创意和质量高。

➤ 秒拍：用在其他平台上获取的收入，快速扩大秒拍的流量规模。

➤ 美拍：提升视频中"网红"的知名度。

➤ 今日头条：利用平台补贴优势扶持其他平台同一账号的流量。

提示

在平台上运营时，衡量流量价值有一个基本规则，即流量获取难度代表流量价值大小。通常换算方法为"1个微信播放量 = 1个今日头条播放量 = 100个秒拍播放量"，由此可以轻松地换算出1000个微信播放量相当于100000个秒拍播放量。

10.3.2 粉丝运营

对短视频运营者来说，粉丝是维系账号发展的重要支撑，能够为短视频账号带来庞大的利益，只有维护好、利用好粉丝，才能使账号逐步升级。维护粉丝的主要手段就是不断地与粉丝进行互动，提高粉丝活跃度，引导他们持续关注账号。下面详细介绍几种提高粉丝黏性的方法。

1. 评论互动

互动是短视频算法中一个重要的指标。短视频运营者在发布视频后，若观者产生了观看、评论和点赞等行为，运营者可以从以下两个方面来进一步回应和沟通。

➤ 在视频中引导评论：通过在视频中设置提问环节，抛出能够引发观者共鸣和思考的问题，可以有效地提升观者的参与感，引导观者进行评论和讨论。

➤ 回复评论：运营者及时回复观者评论，可以激发观者的参与热情。一旦发现高质量、幽默且具有代表性的评论，运营者可以将其设置为精选置顶评论，借此引导更大范围的互动。

2. 私信

对于一些互动频率和质量较高的观者，运营者可以将其作为重点培养对象，进行互相关注、跟进评论，或者是私信沟通，产生友好的互动关系。

3. 话题活动

富有创意和传播性的活动是短视频运营中的一种重要形式，也是提高粉丝黏性的有效方式。鉴于短视频平台的局限性，运营者可以通过社群的方式将粉丝沉淀下来，通过后续各种活动来获取观者反馈，提高观者黏性；也可以鼓励观者积极表达，帮助他们成为内容的生产者。需要注意的是，单纯的抽奖活动并不是长久之计，能够调动人群参与热情的话题才是关键。

10.3.3　数据运营

短视频的所有运营行为都是以数据为导向的。运营者除了需要通过数据持续了解播放量、点赞量和转发量外，还需要观测后续数据发展，调整短视频的内容、发布时间和发布频率，逐步提升短视频的平台流量。

1. 数据分析的意义

数据是运营的灵魂，所有的运营都建立在数据分析的基础之上。对于短视频运营者来说，数据分析的意义大致可以分为以下两个方面。

（1）数据引导内容方向

在创作初期，团队对时长和选题的了解还不够充分，需要借助数据来找到内容方向。经过用户定位、竞品分析后，选取资源较为充足的选题，按照最小化启动原则，不断根据播放量、点赞量和转发量等数据的对比来统计短视频的受欢迎程度，持续调整内容方向。

在内容方向稳定下来后，数据的意义就显得更加重要了。运营者需要通过和竞品数据的对比，以及自身账号几个维度的数据分析，改进选题，提升流量，提高粉丝黏性。

（2）数据指导发布时间

短视频的发布频率和时间也是短视频运营的关键环节。每个平台都有自己的观看流量高峰，单靠人工去判断高峰时段和推荐机制的差异，工作量很大，准确率也不够高。此时通过数据管理工具则可以大大提升效率，获得精确数据。图10-10所示为短视频数据分析平台"飞瓜数据"的官网界面。

图10-10

2. 数据分析的关键指标

在运营短视频时，数据分析是不可或缺的环节，所有运营行为的分析和优化都建立在数据的基础上。以下几种数据是短视频运营者需要关注的。

（1）固有数据

固有数据是指发布时间、视频时长、发布渠道等与视频发布相关的数据。

（2）基础数据

基础数据通常包括以下几点。

➤ 播放量：通常涉及累计播放量和同期对比播放量，通过播放量的变化可以总结出一些基本规律，如标题含金量、选题方向等。

➤ 评论量：反映了短视频引发共鸣、关注和争论的程度。

➤ 点赞量：反映了短视频受欢迎的程度。

➤ 转发量：反映了短视频的传播度。

➤ 收藏量：反映了短视频的利用价值。

（3）关键比率

视频的基础数据是变化的，但比率是有规律的。比率是分析数据的关键指标，是进行选题调整和内容改进的重要依据。

➤ 评论率：评论率＝评论量/播放量×100%，体现出哪些选题更容易引发大家的共鸣，引起大家讨论的欲望。

➤ 点赞率：点赞率＝点赞量/播放量×100%，反映短视频受欢迎的程度。

➤ 转发率：转发率＝转发量/播放量×100%，代表观者的分享行为，说明观者认可视频表达的观点和态度。通常转发率高的视频带来的新增粉丝量也比较多。

➤ 收藏率：收藏率＝收藏量/播放量×100%，能够反映观者对短视频价值的认可程度。观者收藏短视频后很可能再次观看，可提升完播率。

➤ 完播率：完播率是指完整看完整个视频的人数比率，是短视频平台数据考核的一个重要维度。完播率的提升要注意两点：第一是调整短视频节奏，努力在最短的时间内抓住观者眼球；第二是通过文案引导观者看完整个短视频。

进行短视频数据分析不仅要分析自己的视频数据，还要分析同行视频数据、榜单视频数据；进行各维度比对时，可从宏观和微观角度把握趋势和内容方向。

可视化分析是将数据以可视化形式呈现出来的数据分析方法。最基础的可视化分析工具就是Excel表格，运营者可以将自己需要的数据加以整合，然后转化为Excel表格，使数据更加直观和清晰。而对于一些较大量数据的分析，则可以借助其他可视化分析工具来进行。下面介绍两款比较高效的数据分析平台。

飞瓜数据可以用于查看各网站的运营数据，如播放量统计、用户量统计等，还可以用于显示各平台的数据，帮助内容创作者更好地跟踪内容数据，优化选题。图10-11所示为飞瓜数据的粉丝特征分析界面。

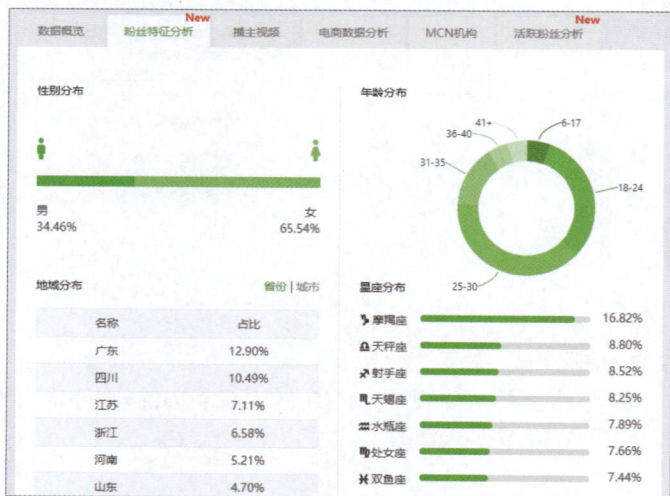

图10-11

卡思数据是一款基于全网各平台的数据开放平台，为用户提供了全方位的数据查询、趋势分析、舆情分析、用户画像、视频监测和数据研究等服务，为创作团队在内容创作和用户运营方面提供了数据支持，为广告主的广告投放提供了数据参考，为内容投资提供了全面、客观的价值评估。图10-12所示为卡思数据的官网界面。

图10-12

数据对短视频运营者的重要性不言而喻，想要尽早实现内容变现，时刻关注市场数据走向是很有必要的。通过数据，创作者可以精确地掌握全网热点，了解观者的喜好，高效打造爆款涨粉视频。对于一些需要带货的主播或淘宝客来说，通过数据可以有效地定位平台近期热门、爆单的商品，逐步实现商品变现。具体流程如图10-13所示。

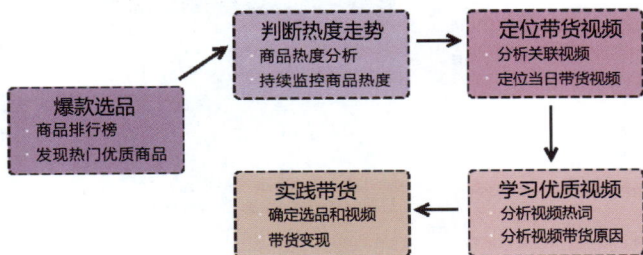

图10-13

10.4　短视频变现

短视频行业瞬息万变，但变现始终是短视频创作者关心的一个核心问题。如今，抖音、快手、西瓜视频、今日头条、大鱼号等平台纷纷推出丰厚的补贴政策、流量扶持和商业变现计划，以"抢夺"优质的短视频资源。但对于许多短视频制作团队来说，单靠平台补贴是远远不够的，还需要从广告、电商等方面入手。

本节介绍几种目前比较主流的短视频变现方式，包括广告变现、电商变现和粉丝变现等。

10.4.1　广告变现：个人玩家的变现方式

随着短视频的快速发展，众多商家萌生了以短视频形式进行产品推广的想法，并争先恐后地涌入短视频领域，纷纷进行广告投放。商家涌入短视频广告市场，给运营者和平台带来了不少利润，运营者此时应当把握时机，率先通过创意性广告让受众更容易接受广告的内容，同时提高短视频广告的变现效率。这是一种比较适合新手的短视频变现方式。

短视频的广告大致可以分为以下3种。

1. 贴片广告

贴片广告一般会出现在短视频的片头或片尾，是随着短视频的播放加贴的一个专门制作的广告，主要用于展现品牌本身，如图10-14所示。这类广告通常与短视频本身的内容无关，突然出现往往让观者感到突兀和生硬，如果贴片广告处理得不够巧妙，很容易让观者产生抗拒心理。

2. 浮窗Logo

浮窗Logo通常是指短视频播放时出现在边角位置的品牌Logo。例如，知名科普视频博主"中国国家地理"一般会在短视频上方添加Logo，如图10-15所示。这样不仅能防止短视频被盗用，还有一定的商业价值。观者在观看短视频的同时，不经意间瞟到角落的Logo，久而久之便会对品牌产生深刻的记忆。

图10-14

3. 内容中的创意软植入

内容中的创意软植入即将广告和内容相结合，使广告成为内容本身。最好的方式就是将品牌融入短视频场景，如果产品和广告结合巧妙，那么观者在观看短视频的同时会很自然地接纳产品。这类广告不像前两种广告那么生硬，且分红也是比较客观的。

在很多短视频中，经常可以看到创作者在传递主题内容的同时，自然而然地提及某个品牌，或是拿出一件产品，如图10-16所示。如果这样的广告植入自然且幽默，那么观者会喜闻乐见，大都愿意为喜爱的博主做出购买行为。

对于品牌商家来说，这种形式的广告成本比传统的竞标式电视、电影广告低，因为短视频行业流量可观，用户消费水平较高。对于有一定粉丝基础的短视频创作者来说，有想法、有创意、有粉丝愿意买单，一旦产生可观的利润，自然会引得商家纷纷抛来合作的"橄榄枝"。

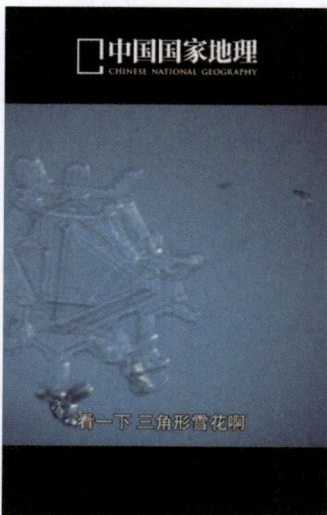

图10-15

图10-16

10.4.2 电商变现：商家首选的变现方式

在短视频浪潮的推动之下，电商已经成为当前短视频行业的热门趋势，越来越多的企业、个人通过发布自己的原创内容，并凭借基数庞大的粉丝群体构建起了自己的营利体系。电商逐渐成为探索商业模式的一个重要选择。

电商变现是指通过短视频创作者发布的短视频，为一些店铺进行推广和营销，从而获得一部分盈利。电商变现包括以下两种形式。

1. 自营电商

自营电商符合自我品牌诉求和消费者所需要的采购标准，引入、管理和销售各类品牌的商品，以众多可靠品牌为支撑点，凸显自身品牌的可靠性。自营电商的优点是针对自身的精准用户提供商品，盈利也相对更多。

2. 淘宝客

淘宝客是按成交计费的推广模式展开的，只要从淘宝客推广专区获取商品代码，买家就可以通过淘宝客的个人网站、微博或者发出的商品链接进入淘宝卖家店铺。购买成功后，淘宝客就可得到由卖家支付的佣金。这类变现方式相对来说比较简单，适合一些小团队或个人。

10.4.3　知识付费：专业达人的付费课程

知识付费主要是指通过付费课程来营利，这是典型的粉丝变现方式。知识付费的变现方式主要被一些能提供专业技能的运营者所使用，运营者以视频的形式帮助观者提高专业技能，观者向运营者支付费用。2020年2月3日，抖音正式支持用户售卖付费课程。根据此前数据平台"新抖"对2月点赞排名前100的抖音卖课视频的统计数据可以得知，线上受欢迎、销量好的视频有如下特点。

➢ 场景学习：以视频的形式还原知识应用场景，让观者了解学习课程的必要性。

➢ 低门槛：点赞率较高的卖课视频的时长通常在1min以内，观看门槛低，大部分课程都是针对零基础观者的。对于创作者来说，在降低理解门槛的同时，还需要让观者在看完后觉得有所收获，愿意进一步购买付费课程。

➢ 价格合理：合理的价格让观者购买门槛变得更低，让观者产生"用最少的钱买最有用的知识"这种想法，有利于销量增长。

➢ 课程实用性：大部分点赞率高的卖课视频关联的付费课程都比较实用，对于一些零基础观者来说，技能知识要"简单易上手且实用"才会激发自己的购买欲。因此，课程的包装不宜太专业化，强调课程的实用性才是最重要的。

> **提示**
>
> 　　让观者接受付费课程并非一件容易的事情。运营者要确保观者能从视频中学到知识，可以尝试为培训课程制定一套完整的体系，为观者进行阶段性的讲解；也可以针对观者的某一需求和难题给出解决方案，有针对性地为观者提供帮助。

10.4.4　直播变现：抖音网红的流量变现

直播是最近开始火爆的一种新型娱乐方式，很多企业就利用这种新颖的方式来变现，并提升企业销售额。直播变现有多种形式，如直播带货、直播打赏等，下面一一进行介绍。

1. 直播带货

直播带货是直播变现的一种形式，主要是以直播为媒介，将黏性较高的粉丝吸引进直播间，通过面对面直播的方式推荐商品，引导观者产生购买行为，商家和主播因此获取收益。

以抖音直播间为例，主播在右下角放置商品链接，观者在点击商品链接后可以跳转至相关界面进行购买，如图10-17和图10-18所示。在开通平台的电商功能之前，用户最好提前了解平台的相关准则及入驻要求，避免违规交易及操作。

2. 直播打赏

直播打赏是网络直播的主要变现手段之一，直播带来的丰厚经济效益是吸引众多短视频运营者转入直播的原因。

许多短视频平台都具备直播功能，运营者通过开通直播功能可以与粉丝进行实时互动，平台的打赏功能也为那些刚入门的运营者提供了能够坚持下去的动力。当前短视频的变现方

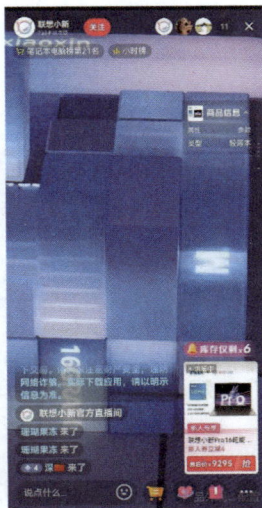

图10-17

图10-18

式主要集中在直播和电商两个层面，一些运营者的短视频质量很高，但是运营者不擅长直播，也没有相应的推广品牌，这样就容易造成变现困难的局面，而打赏功能在一定程度上可以缓解这一难题。图10-19和图10-20所示为抖音推出的直播礼物及直播打赏界面展示。

图10-19　　　　　　　　　　　图10-20

从运营者的角度来看，在直播完成后可以通过提现来将收获的抖币转换为收入，这样就达成了通过直播变现的目的。许多短视频运营者通过平台打赏功能获得了相当可观的收入，足不出户就可以通过展示才艺获得丰厚的收入。

观者打赏一般分为两种情况：第一种是观者对运营者直播的内容感兴趣，第二种是观者对运营者传达的价值观表示认同。打赏作为变现的一种方式，在一定程度上凸显了"粉丝经济"的惊人力量。对短视频运营者来说，想要获得更多打赏金额，还是应该从直播内容出发，为账号树立良好口碑，尽量满足观者需求，多与观者进行互动交流。

10.4.5　星图平台：商单交易的独立平台

星图平台是抖音官方推出的接单平台，与微博"微任务"及快手"快接单"功能类似。该平台集智能交易与管理于一体，主要功能是为广告主、多频道网络（Multi-Channel Network，MCN）公司和明星/达人们提供广告任务，撮合合作并从中收取分成或附加费用。图10-21所示为星图平台官网首页。下面介绍星图平台的使用方法和功能，帮助读者更好地运营抖音。

图10-21

1. 怎样入驻星图

星图目前有3个入口：达人、MCN公司及广告主入口。达人只要开通抖音、抖音火山版、西瓜视频、今日头条这4个平台的账号，符合对应平台资质门槛及星图入驻要求，即可申请入驻。需要注意的是，每个平台都有单独的星图，不可以跨平台使用。

达人入驻星图有门槛。抖音达人入驻时，粉丝数量需要在10万以上；西瓜视频和抖音火山版的达人入驻时，粉丝数量需要在5万以上。达人可以通过和MCN公司签约入驻，成为MCN签约达人。

MCN公司入驻的门槛有两个：一是成立时间在一年以上，不足一年但达人资源丰富且内容独特的，可申请单独特批；二是公司必须有合法资质，公司旗下达人不少于5人，相关达人有一定的粉丝数量和服务运营能力。

2. 星图平台的功能

星图平台有订单交易、达人管理、项目分析、任务报价、数据服务等功能，可以帮助创作者在有官方平台保障的基础上，实现内容交易过程中各方的对接与沟通。

星图平台会根据近期抖音爆火的视频主题和达人进行智能定位，提供达人资料及粉丝数据，并智能整合各类达人所擅长拍摄的短视频类别，方便客户根据需求更快地选择代言人。抖音平台希望通过星图平台更好地保障多方权益，实现用户、明星/达人、MCN公司和广告主的价值共创。

3. 星图平台有何好处

抖音短视频巨大的流量池为星图平台吸引优质客户提供了重要基础，平台的独有特点也为自身发展提供了有利条件。

MCN公司或达人满足一定条件，并通过身份、账号名称等信息的审查后，可在平台中接单。创作的视频将经过星图平台的专业团队的审核与把控。为保障内容优质与高效触达，星图平台会层层把关（从创作者到创作全程）。星图平台还将在交易全程提供创意诊断与优化服务，保障在持续输出原生、优质视频的同时，最大化提升抖音平台用户的体验。

10.4.6　商品橱窗：增加商品变现的概率

抖音商品橱窗，顾名思义，就是抖音平台中用于展示商品的一个界面，或者说是一个集中展现商品的功能。如今，许多短视频平台都推出了"边看边买"的功能，观者在观看短视频时，对应商品的链接将会显示在短视频下方，通过点击该链接，可以跳转至对应的电商平台进行购买。

以抖音为例，该平台如今上线了"商品分享"功能，在短视频左下角放置商品链接，点击商品链接后便会出现商品推荐信息，点击"领券购买"按钮，可以跳转至购买界面，如图10-22～图10-24所示。

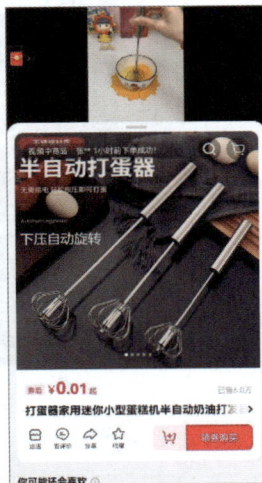
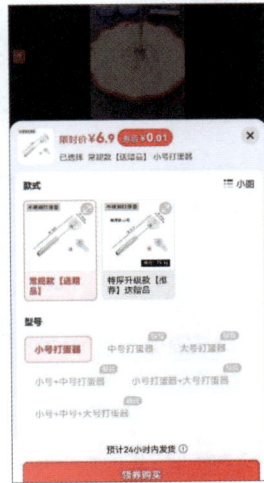

图10-22　　　　　　　　　图10-23　　　　　　　　　图10-24

10.4.7 抖音小店：商家卖货的又一渠道

抖音小店是抖音平台研发、推出的线上商店，支持用户在抖音上完成"下单—支付—收货"这一行为。当用户点开商品链接之后，点击"立即购买"按钮，即可直接跳转至付款界面进行购买，如图10-25和图10-26所示。

提示

> 抖音小店无须跳转链接到其他平台，用户在抖音内部就能完成交易，这大大地提高了运营者的商品成交率。大家会发现，抖音小店和商品橱窗的相似度很高，两者虽然都是抖音上的卖货渠道，但是抖音小店是店铺，和淘宝店铺的性质相同，商品橱窗只是淘宝的跳转链接。商品橱窗添加的是第三方店铺的商品，抖音小店的商品是创作者自己的。

10.4.8 流量变现：流量红利的直观体现

使自己的变现方式与众不同，有效地将自己的流量转化为实在收益，是运营者成功变现的决定性因素之一。除了上述常规变现方式外，大家还可以尝试从短视频平台提供的条件入手，寻求变现新方向，具体如下。

1. 渠道分成

对于运营者来说，渠道分成是运营初期最直接的变现手段之一，选取合适的渠道分成模式可以快速积累所需资金，从而为后期其他短视频的制作与运营提供便利。

2. 签约独播

如今网络上各大短视频平台层出不穷，为了获得更强的市场竞争力，很多平台纷纷开始与运营者签约独播。与平台签约独播是实现短视频变现的一种快捷方式，但这种方式比较适合运营成熟、粉丝众多的运营者。因为对于新人来说，想要获得平台青睐，得到签约收益不是一件容易的事情。

3. 活动奖励

为了提高用户活跃度，一些短视频平台会设置一些奖励活动，运营者完成活动任务便可以获得相应的虚拟货币或专属礼物。图10-27和图10-28所示为抖音推出的"百万开麦"活动。

图10-25

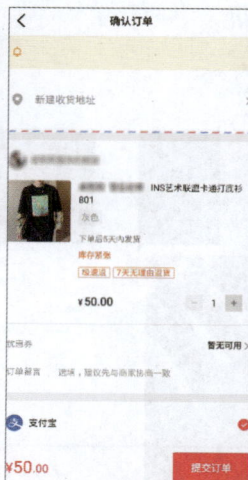
图10-26

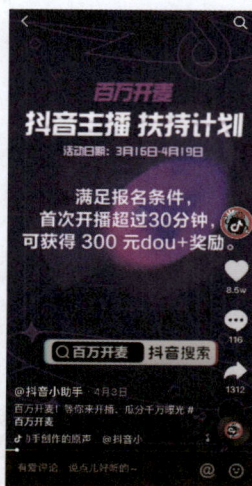
图10-27

图10-28

10.4.9 IP变现：内容变现的最佳方式

知识产权是指作者通过自身才智创造的作品所产生的专利权、商标权、著作权、版权等，具有知识产权的可以是一首歌，一部网络小说、话剧，或者是某个人物形象，甚至只是一个名字、短语、符号，一个有共同特征的群体，一些自带流量的内容等。

在互联网领域，IP已经被拓展引申为拥有知名度、具备一定市场价值、有潜在变现能力的事物。短视频创作者或者团队孵化IP是未来寻求商业变现的必经之路。

下面介绍IP变现常见的5种方式。

1. 带货变现

带货变现是"网红"和"网红级企业家"的主要变现方式，"网红级企业家"有雷军等。

2. 社群变现

当IP有了一定的价值之后，受众就会增加，这时就可以利用社群进行变现。比如PPT达人"秋叶大叔"通过分享PPT、时间管理方法发展社群会员等。

3. 课程变现

教育类的IP还可以通过开设课程来变现，比如抖音账号"破点思维教育"在其商品橱窗展示了一些关于店铺如何营销、引流的课程，如图10-29和图10-30所示。

图10-29

图10-30

4. 图书变现

一些个人IP会通过出书的方式进行IP变现，比如经济学教授薛兆丰，如图10-31所示。

5. 广告变现

广告变现的方式多种多样，有平台广告分成、打赏及广告主广告投放等。广告变现的方式在抖音上非常常见（见图10-32），短视频左下角带有"视频同款"字样的就是广告。

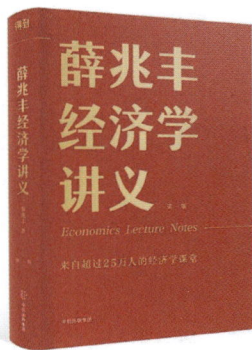

图10-31

图10-32

10.5　课堂实训——将短视频上传至抖音平台

　　短视频的上传和发布渠道众多，操作也比较简单。如果是用手机拍摄和剪辑的短视频，那么上传和发布就更加便捷、简单。本实例将讲解在抖音平台上传短视频的具体操作方法。

　　01　在剪映中完成短视频的剪辑工作之后，点击界面右上角的"导出"按钮，如图10-33所示。

　　02　将短视频导出后，点击界面中的"抖音"图标，如图10-34所示。

　　03　跳转至抖音平台后，点击"下一步"按钮，如图10-35所示。进入短视频发布界面，为短视频填写文案并设置封面后，点击界面下方的"发布"按钮，如图10-36所示。

　　04　发布完成后，在界面浮窗中点击"留在抖音"选项，即可在抖音平台上看见刚刚发布的短视频，如图10-37所示。

图10-33　　　　　　　　　图10-34

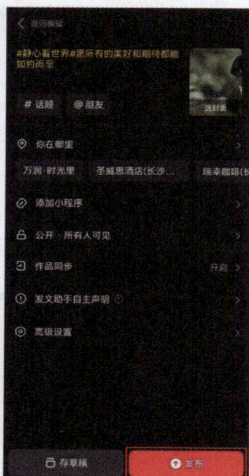

图10-35　　　　　　图10-36　　　　　　图10-37

10.6　课后练习——将短视频上传至快手平台

　　参考在抖音平台发布短视频的操作方法，尝试在快手平台发布一条短视频。